城镇供水行业职业技能培训系列丛书

水表装修工
基础知识与专业实务

南京水务集团有限公司　主编

中国建筑工业出版社

图书在版编目（CIP）数据

水表装修工基础知识与专业实务/南京水务集团有限公司主编.
北京：中国建筑工业出版社，2018.2（2020.11重印）
（城镇供水行业职业技能培训系列丛书）
ISBN 978-7-112-23165-2

Ⅰ.①水…　Ⅱ.①南…　Ⅲ.①城市供水-水表-技术培训-教材
Ⅳ.①TU991.63

中国版本图书馆 CIP 数据核字（2019）第 005417 号

　　本书为丛书之一，以水表装修工本岗位应掌握的知识为指导，坚持理论联系实际的原则，从基本知识入手，系统地阐述了本岗位应该掌握的基础理论与基本知识、专业知识与操作技能以及安全生产知识，为了更好地贯彻实施《城镇供水行业职业技能标准》，进一步提高供水行业从业人员职业技能，南京水务集团有限公司主编了《城镇供水行业职业技能培训系列丛书》。

　　本书可供城镇供水行业从业人员参考。

责任编辑：何玮珂　李玲洁　杜　洁
责任校对：张　颖

城镇供水行业职业技能培训系列丛书
水表装修工基础知识与专业实务
南京水务集团有限公司　主编
*
中国建筑工业出版社出版、发行（北京海淀三里河路 9 号）
各地新华书店、建筑书店经销
北京科地亚盟排版公司制版
北京建筑工业印刷厂印刷
*
开本：787×1092 毫米　1/16　印张：18　字数：449 千字
2019 年 4 月第一版　　2020 年 11 月第二次印刷
定价：**59.00 元**
ISBN 978-7-112-23165-2
（33218）

3

《城镇供水行业职业技能培训系列丛书》
序　言

城镇供水，是保障人民生活和社会发展必不可少的物质基础，是城镇建设的重要组成部分，而供水行业从业人员的职业技能水平又是供水安全和质量的重要保障。1996年，中国城镇供水协会组织编制了《供水行业职业技能标准》，随后又编写了配套培训丛书，对推进城镇供水行业从业人员队伍建设具有重要意义。随着我国城市化进程的加快，居民生活水平不断提升，生态环境保护要求日益提高，城镇供水行业的发展迎来新机遇、面临更大挑战，同时也对行业从业人员提出了更高的要求。我们必须坚持以人为本，不断提高行业从业人员综合素质，以推动供水行业的进步，从而使供水行业能适应整个城市化发展的进程。

2007年，根据原建设部修订有关工程建设标准的要求，由南京水务集团有限公司主要承担《城镇供水行业职业技能标准》的编制工作。南京水务集团有限公司，有近百年供水历史，一直秉承"优质供水、奉献社会"的企业精神，职工专业技能培训工作也坚持走在行业前端，多年来为江苏省内供水行业培养专业技术人员数千名。因在供水行业职业技能培训和鉴定方面的突出贡献，南京水务集团有限公司曾多次受省、市级表彰，并于2008年被人社部评为"国家高技能人才培养示范基地"。2012年7月，由南京水务集团有限公司主编，东南大学、南京工业大学等参编的《城镇供水行业职业技能标准》完成编制，并于2016年3月23日由住建部正式批准为行业标准，编号为CJJ/T 225—2016，自2016年10月1日起实施。该《标准》的颁布，引起了行业内广泛关注，国内多家供水公司对《标准》给予了高度评价，并呼吁尽快出版《标准》配套培训教材。

为更好地贯彻实施《城镇供水行业职业技能标准》，进一步提高供水行业从业人员职业技能，自2016年12月起，南京水务集团有限公司又启动了《标准》配套培训系列丛书的编写工作。考虑到培训系列教材应对整个供水行业具有适用性，中国城镇供水排水协会对编写工作提出了较为全面且具有针对性的调研建议，也多次组织专家会审，为提升培训教材的准确性和实用性提供技术指导。历经两年时间，通过广泛调查研究，认真总结实践经验，参考国内外先进技术和设备，《标准》配套培训系列丛书终于顺利完成编制，即将陆续出版。

该系列丛书围绕《城镇供水行业职业技能标准》中全部工种的职业技能要求展开，结合我国供水行业现状、存在问题及发展趋势，以岗位知识为基础，以岗位技能为主线，坚持理论与生产实际相结合，系统阐述了各工种的专业知识和岗位技能知识，可作为全国供水行业职工岗位技能培训的指导用书，也能作为相关专业人员的参考资料。《城镇供水行业职业技能标准》配套培训教材的出版，可以填补供水行业职业技能鉴定中新工艺、新技术、新设备的应用空白，为提高供水行业从业人员综合素质提供了重要保障，必将对整个供水行业的蓬勃发展起到极大的促进作用。

中国城镇供水排水协会

2018 年 11 月 20 日

《城镇供水行业职业技能培训系列丛书》
前　　言

城镇供水行业是城镇公用事业的有机组成部分，对提高居民生活质量、保障社会经济发展起着至关重要的作用，而从业人员的职业技能水平又是城镇供水质量和供水设施安全运行的重要保障。1996 年，按照国务院和劳动部先后颁发的《中共中央关于建立社会主义市场经济体制若干规定》和《职业技能鉴定规定》有关建立职业资格标准的要求，建设部颁布了《供水行业职业技能标准》，旨在着力推进供水行业技能型人才的职业培训和资格鉴定工作。通过该标准的实施和相应培训教材的陆续出版，供水行业职业技能鉴定工作日趋完善，行业从业人员的理论知识和实践技能都得到了显著提高。随着国民经济的持续、高速发展，城镇化水平不断提高，科技发展日新月异，供水行业在净水工艺、自动化控制、水质仪表、水泵设备、管道安装及对外服务等方面都发展迅速，企业生产运营管理水平也显著提升，这就使得职业技能培训和鉴定工作逐渐滞后于整个供水行业的发展和需求。因此，为了适应新形势的发展，2007 年，建设部制定了《2007 年工程建设标准规范制订、修订计划（第一批）》，经有关部门推荐和行业考察，委托南京水务集团有限公司主编《城镇供水行业职业技能标准》，以替代 96 版《供水行业职业技能标准》。

2007 年 8 月，南京水务集团精心挑选 50 名具备多年基层工作经验的技术骨干，并联合东南大学、南京工业大学等高校和省住建系统的 14 位专家学者，成立了《城镇供水行业职业技能标准》编制组。通过实地考察调研和广泛征求意见，编制组于 2012 年 7 月完成了《标准》的编制，后根据住房城乡建设部标准定额司、人事司及市政给水排水标准化技术委员会等的意见，进行修改完善，并于 2015 年 10 月将《标准》中所涉工种与《中华人民共和国执业分类大典》（2015 版）进行了协调。2016 年 3 月 23 日，《城镇供水行业职业技能标准》由住建部正式批准为行业标准，编号为 CJJ/T 225—2016，自 2016 年 10 月 1 日起实施。

《标准》颁布后，引起供水行业的广泛关注，不少供水企业针对《标准》的实际应用提出了问题：如何与生产实际密切结合，如何正确理解把握新工艺、新技术，如何准确应对具体计算方法的选择，如何避免因传统观念陷入故障诊断误区等。为了配合《城镇供水行业职业技能标准》在全国范围内的顺利实施，2016 年 12 月，南京水务集团启动《城镇供水行业职业技能培训系列丛书》的编写工作。编写组在综合国内供水行业调研成果以及企业内部多年实践经验的基础上，针对目前供水行业理论和工艺、技术的发展趋势，充分考虑职业技能培训的针对性和实用性，历时两年多，完成了《城镇供水行业职业技能培训系列丛书》的编写。

《城镇供水行业职业技能培训系列丛书》一共包含了 10 个工种，除《中华人民共和国执业分类大典》（2015 版）中所涉及的 8 个工种，即自来水生产工、化学检验员（供水）、供水泵站运行工、水表装修工、供水调度工、供水客户服务员、仪器仪表维修工（供水）、供水管道工之外，还有《大典》中未涉及但在供水行业中较为重要的泵站机电设备维修工、变配电运行工 2 个工种。

本系列《丛书》在内容设计和编排上具有以下特点：（1）整体分为基础理论与基本知识、专业知识与操作技能、安全生产知识三大部分，各部分占比约为 3：6：1；（2）重点介绍国内供水行业主流工艺、技术、设备，对已经过时和应用较少的技术及设备只作简单说明；（3）重点突出岗位专业技能和实际操作，对理论知识只讲应用，不作深入推导；（4）重视信息和计算机技术在各生产岗位的应用，为智慧水务的发展奠定基础。《丛书》既可作为全国供水行业职工岗位技能培训的指导用书，也能作为相关专业人员的参考资料。

《城镇供水行业职业技能培训系列丛书》在编写过程中，得到了中国城镇供水排水协会的指导和帮助，刘志琪秘书长对编写工作提出了全面且具有针对性的调研建议，也多次组织专家会审，为提升培训教材的准确性和实用性提供了技术指导；东南大学张林生教授全程指导丛书编写，对每个分册的参考资料选取、体量结构、理论深度、写作风格等提出大量宝贵的意见，并作为主要审稿人对全书进行数次详尽的审阅；中国生态城市研究院智慧水务中心高雪晴主任协助编写组广泛征集意见，提升教材适用性；深圳水务集团，广州水投集团，长沙水业集团，重庆水务集团，北京市自来水集团、太原供水集团等国内多家供水企业对编写及调研工作提供了大力支持，值此《丛书》付梓之际，编写组一并在此表示最真挚的感谢！

《丛书》编写组水平有限，书中难免存在错误和疏漏，恳请同行专家和广大读者批评指正。

南京水务集团有限公司

2019 年 1 月 2 日

前　言

随着社会和供水行业不断发展，现代供水企业对员工综合业务素质和职业技能提出了更高的要求。水表是供水计量最基础、也是最重要的计量器具，水表装修工是通过对水表生产、使用的全生命周期管理实现供水计量的准确、公平、高效。如今水表的生产与管理正逐步走向电子化、信息化、智能化，对水表装修工的理论知识和实际操作技能提出了更高的要求。目前相关培训教材编纂于2004年，内容相对老旧，已无法满足当下水表装修工培训和职业技能鉴定以及日常工作学习的需要。为此，编写组根据《城镇供水行业职业技能标准》CJJ/T 225—2016中"水表装修工职业技能标准"要求，编写了本教材。

本教材根据水表装修工岗位技能要求，吸收了2004年版《水表装修工》的精髓，广泛调研了供水行业计量现状和发展趋势，扩充了行业新技术和新设备的应用知识，在广泛征求意见以及认真总结编者们多年工作实践经验的基础上编写而成。本书主要内容有水表技术要求、电子水表及远传输出装置、水表检测设备、水表零部件成型与检验；水表使用、水表检定（生产）管理知识。

本教材在编写过程中，东南大学张林生教授对本书提出了宝贵的意见和建议，在此表示诚挚的感谢！

本书编写组水平有限，书中难免存在疏漏和错误，恳请广大读者和同行专家们批评指正。

水表装修工编写组

2019年1月

目　　录

第一篇　基础理论与基本知识

第1章　计量管理

1.1　计量基础知识

1.1.1　计量基础

（1）计量的概念

计量是实现单位统一、量值准确可靠的活动。

计量在历史上称为度量衡，其含义是关于长度、容积、质量的测量，所用的主要测量器具是尺、斗、秤。在英语中尺子和统治者是同一词（ruler），中国古代把砝码称为"权"，至今仍用天平代表法制和法律的公平，这些都表明计量象征着权利和公正。

（2）计量的分类

当前，国际上趋向于把计量分为科学计量、工程计量和法制计量三类，分别代表计量的基础、应用和政府起主导作用的社会事业三个方面。

1）科学计量是指基础性、探索性、先行性的计量科学研究，通常用最新的科技成果来精确地定义与实现计量单位，并为最新的科技发展提供可靠的测量基础。

2）工程计量是指各种工程、工业、企业中的实用计量，又称工业计量。例如，有关能源或材料的消耗、工艺流程的监控以及产品质量与性能的测试等。工程计量涉及面甚广，随着产品技术含量提高和复杂性的增大，为保证经济贸易全球化所必需的一致性和互换性，它已成为生产过程控制不可缺少的环节。

3）法制计量是指与法定计量机构工作有关的计量，涉及对计量单位、计量器具、测量方法及测量实验室的法定要求。法制计量由政府或授权机构根据法制、技术和行政的需要进行强制管理，其目的是用法规或合同方式来规定并保证与贸易结算、安全防护、医疗卫生、环境监测、资源控制、社会管理等有关的测量工作的公正性和可靠性，因为它们涉及公众利益和国家可持续发展战略。

（3）计量的内容

随着科技、经济和社会的发展，计量的内容也在不断地扩展和充实。通常可概括为以下六个方面：

1）计量单位与单位制；

2）计量器具（或测量仪器），包括实现或复现计量单位的计量基准、标准与工作计量器具；

3）量值传递与溯源，包括检定、校准、测试、检验与检测；

4）物理常量、材料与物质特性的测定；

5）不确定度、数据处理与测量理论及其方法；

6）计量管理，包括计量保证与计量监督等。

（4）计量的特点

计量的特点概括地说，可归纳为准确性、一致性、溯源性及法制性四个方面。

1）准确性：是指测量结果与被测量真值的一致程度。由于实际上不存在完全准确无误的测量，因此在给出量值的同时，必须给出适应于应用目的或实际需要的不确定度或误差范围。否则，所进行的测量的质量（品质）就无从判断，量值也就不具备充分的实用价值。所以量值的准确性，即是在一定的不确定度、误差极限或允许误差范围内的准确性。

2）一致性：是指在统一计量单位的基础上，无论在何时何地采取何种方法、使用何种计量器具，以及由何人测量，只要符合有关的要求，其测量结果就应在给定的区间内有其一致性。也就是说，测量结果应是可重复的、可再现（复现）、可比较的。换言之，量值是确实可靠的，计量的核心实质上是对测量结果及其有效性、可靠性的确认，否则计量就失去了其社会意义。计量的一致性不限于国内，也适用于国际。

3）溯源性：是指任何一个测量结果或测量标准的值，都能通过一条具有规定不确定度的连续比较链，与计量基准联系起来。这种特性使所有的同种量值，都可以按这条比较链通过校准向测量的源头追溯，也就是溯源到同一个计量基准（国家基准或国际基准），从而使其准确性和一致性得到技术保证。量值出于多源或多头，必然会在技术上和管理上造成混乱。所谓"量值溯源"，是指自下而上通过不间断地校准而构成的溯源体系；而"量值传递"，则是自上而下通过逐级检定而构成的检定系统。

4）法制性：则来源于计量的社会性，因为量值的准确可靠不仅依赖于科学技术手段，还要有相应的法律、法规和行政管理规范。特别是对国计民生有重要影响，涉及公众利益和可持续发展或需要特殊信任的领域，必须由政府起主导作用，建立起法制保障。否则，量值的准确性、一致性及溯源性就不可能实现，计量的作用也难以发挥。计量学作为一门科学，它同国家法律、法规和行政管理紧密结合的程度，在其他科学中是少有的。

计量不同于一般的测量。测量是为确定量值而进行的全部操作，一般不具备、也不必具备计量的四个特点。所以，计量属于测量而又严于一般的测量，在这个意义上可以狭义地认为计量是与测量结果置信度有关的、与不确定度联系在一起的一种规范化的测量。从学科发展来看，计量学原本是物理学的一部分，后来随着领域和内容的扩展而形成一门研究测量理论实践的综合性学科。

（5）计量管理与计量立法

计量管理是指协调计量技术、计量经济、计量法制三者之间的关系，但它决不仅限于计量器具的管理，而是内容丰富的一门管理科学。

1985 年 9 月 6 日，《中华人民共和国计量法》由全国人大通过，自 1986 年 7 月 1 日起施行，现行生效版本为 2017 年 12 月 27 日修正版。

1.1.2　计量法及法定计量单位

（1）法制计量的概念

法制计量是"计量的一部分，即与法定计量机构所执行工作有关的部分，涉及对计量单位、测量方法、测量设备和测量实验室的法定要求。"

法制计量工作包括：计量立法、计量器具的控制和测量结果的管理。计量立法包括《中华人民共和国计量法》的制定，各种计量法规和规章的制定，以及各种技术法规的制定，计量器具控制包括型式批准、首次检定、后续检定和使用中检定。测量结果的管理包括对计量实验室的法定要求，对实验室的计量认证，计量标准器考核，定量包装商品等商品量的监督管理等。

（2）《中华人民共和国计量法》的主要内容

《中华人民共和国计量法》共 6 章，35 条，其中有关主要内容归纳如下：

1）法定计量单位

我国采用国际单位制。国际单位制计量单位和国家选定的其他计量单位为国家法定计量单位。

2）计量基准

国家计量基准是统一全国量值的最高标准。计量基准由国务院计量行政部门负责批准和颁发证书。

3）计量标准

县级以上地方人民政府计量行政部门，根据本地区需要建立本行政区域内社会公用计量标准。社会公用计量标准是统一本地区量值的依据，在社会上实施计量监督具有公证作用，其数据具有权威性和法律效力。

4）计量检定

① 强制检定是指计量标准器具或工作计量器具必须定期定点地由法定的或授权的计量检定机构检定。强制检定的计量器具范围有：

a. 社会公用计量器具；

b. 部门和企业、事业单位使用的最高计量标准器具；

c. 用于贸易结算、安全防护、医疗卫生、环境监测等方面的列入计量器具强制检定目录的工作计量器具。如水表、电表、气表等。

② 非强制检定的计量器具可由使用单位依法自行定期检定，本单位不能检定的，由有权开展量值传递工作的计量检定机构进行检定。计量检定工作应当按照经济合理、就地就近的原则进行。

5）国家计量检定系统表和计量检定规程

国家计量检定系统表和国家计量检定规程是全国法定性的计量技术文件。计量法规定：计量检定必须按照国家计量检定系统表进行；计量检定必须执行计量检定规程，没有国家计量检定规程的，由国务院有关主管部门和省、自治区、直辖市人民政府计量行政部门制定部门计量检定规程和地方计量检定规程。

（3）法定计量单位及构成

我国法定计量单位包括以下内容：

1）国际单位制的基本单位（表 1-1）；

表 1-1 国际单位制的基本单位

量的名称	单位名称	单位符号	定义
长度	米	m	光在真空中（1/299792458）s 时间间隔内所经过路径的长度。[第 17 届国际计量大会（1983）]
质量	千克（公斤）	kg	国际千克原器的质量。[第 1 届国际计量大会（1889）和第 3 届国际计量大会（1901）]

续表

量的名称	单位名称	单位符号	定义
时间	秒	s	铯-133 原子基态的两个超精细能级之间跃迁所对应的辐射的 9192631770 个周期的持续时间。[第 13 届国际计量大会 (1967)]
电流	安[培]	A	在真空中，截面积可忽略的两根相距 1m 的无限长平行圆直导线内通以等量恒定电流时，若导线间相互作用力在每米长度上为 2×10^{-7}N，则每根导线中的电流为 1A。[国际计量委员会 (1946) 决议 2。第 9 届国际计量大会 (1948) 批准]
热力学温度	开[尔文]	K	水三相点热力学温度的 1/273.16。[第 13 届国际计量大会 (1967)]
物质的量	摩[尔]	mol	是一系统的物质的量，该系统中所包含的基本单元（原子、分子、离子、电子及其他粒子，或这些粒子的特定组合）数与 0.012kg 碳-12 的原子数目相等。[第 14 届国际计量大会 (1971)]
发光强度	坎[德拉]	cd	是一光源在给定方向上的发光强度，该光源发出频率为 540×1012Hz 的单色辐射，且在此方向上的辐射强度为 (1/683)W/sr。[第 16 届国际计量大会 (1979)]

说明：

① 7 个 SI 基本单位的名称，除千克、秒是意译外，其余 5 个都按音译。在 5 个音译中安培、开尔文是以人名命名的计量单位，其符号为正体大写，其余 3 个均不是来源于人名，其符号均用正体小写，如坎德拉（意指"烛光"）符号为 cd。

② 除千克目前仍以实物原器作为国际标准外，其余 6 个 SI 基本单位都是以自然基准复现的。

③ 单位符号除特殊指明外，均指我国法定计量单位中所规定的符号以及国际符号，下同。

④ 表中：圆括号"()"中的名称，是它前面的名称的同义词，如（公斤）是千克的同义词，下同。

⑤ 表中：无方括号的量的名称与单位名称均为全称。方括号"[]"中的字，在不引起混淆、误解的情况下，可以省略。去掉方括号中的字即为其名称的简称，下同。

⑥ 人民生活和贸易中，质量习惯称为重量。

⑦ 在平常谈述 SI 的基本单位，只能讲"量的 SI 基本单位是××"，不能讲"×× 是 SI 的基本单位"。如电流 SI 基本单位安培，作为电流单位来说是 SI 基本单位，而作为磁位差（或磁势）的单位时，即是 SI 导出单位。因此只能讲"电流的 SI 基本单位是安培"，不能讲"安培是 SI 基本单位"，这是不严密的。

⑧ 在使用时，要分清表中"量的名称"、"量的符号"、"单位名称"、"单位符号"，否则会弄错。

2）国际单位制中包括辅助单位在内的具有专门名称的导出单位（表 1-2）；

表 1-2　包括 SI 辅助单位在内的具有专门名称的 SI 导出单位

量的名称	导出单位		说明	
	单位名称	单位符号	用 SI 基本单位和 SI 导出单位表示	被纪念科学家的国籍、生卒年
[平面]角	弧度	rad	1rad＝1m/m＝1	—
立体角	球面度	sr	$1sr＝1m^2/m^2＝1$	—
频率	赫[兹]	Hz	$1Hz＝1s^{-1}$	德国（1857—1894）
力	牛[顿]	N	$1N＝1kg \cdot m/s^2$	英国（1643—1727）
压力，压强，应力	帕[斯卡]	Pa	$1Pa＝1N/m^2$	法国（1623—1662）
能[量]，功，热量	焦[耳]	J	$1J＝1N \cdot m$	英国（1818—1889）

续表

量的名称	导出单位		说明	
	单位名称	单位符号	用 SI 基本单位和 SI 导出单位表示	被纪念科学家的国籍、生卒年
功率，辐［射能］通量	瓦［特］	W	$1W=1J/s$	英国 (1736—1819)
电荷［量］	库［仑］	C	$1C=1A\cdot s$	法国 (1736—1806)
电压，电动势，电位，（电势）	伏［特］	V	$1V=1W/A$	意大利 (1745—1827)
电容	法［拉］	F	$1F=1C/V$	英国 (1791—1867)
电阻	欧［姆］	Ω	$1\Omega=1V/A$	德国 (1787—1854)
电导	西［门子］	S	$1S=1\Omega^{-1}$	德国 (1816—1892)
磁通［量］	韦［伯］	Wb	$1Wb=1V\cdot S$	德国 (1804—1891)
磁通［量］密度，磁感应强度	特［斯拉］	T	$1T=1Wb/m^2$	美国 (1857—1943)
电感	亨［利］	H	$1H=1Wb/A$	美国 (1799—1878)
摄氏温度	摄氏度	℃	$1℃=1K$	(1948 年第 9 届 CGPM 通过采用)
光通量	流［明］	lm	$1lm=1cd\cdot sr$	(1960 年第 11 届 CGPM 通过采用)
［光］照度	勒［克斯］	lx	$1lx=1lm/m^2$	(1960 年第 11 届 CGPM 通过采用)
［放射性］活度	贝可［勒尔］	Bq	$Bq=1s^{-1}$	法国 (1852—1908)
剂量当量	希［沃特］	S_V	$1S_V=1J/kg$	瑞典 (1896—1966)
吸收剂量，比授［予］能，比释功能	戈［瑞］	Gy	$1Gy=1J/kg$	英国 (1905—1965)

说明：

① 单位名称来源于人名时，符号的第一个字母大写，第二个字母小写，但均为正体，如 N（牛顿），Pa（帕斯卡），不能写成 n，pa 和 n，pa 等。

② 单位名称要整体使用，不能分开，如温度 20℃ 应读为 20 摄氏度，不能读为摄氏 20 度。

③ 在说明栏中单位符号和其他表示可以等同使用。如力的单位牛顿（N）和千克米每二次方秒（kg·m/s²）是完全等同的。

④ 除了弧度、球面度，流［明］、勒［克斯］等 4 个单位的名称不是人名（前两个为意译、后两个为音译），其余 17 个单位的名称均是以科学家的名字命名（为音译）。

⑤ 具有专门名称的 SI 导出单位所表示的导出量，大都由基本量通过乘、除形式导出，唯有摄氏度（℃）表示的摄氏温度（量符号 t）是由以开尔文（K）表示的热力学温度（量的符号 T），按 $t=T-273.15$，$1℃=1K$。

⑥ 贝可［勒尔］（Bq）、希［沃特］（Sv）、戈［瑞］（Gy）为 3 个由人类健康安全防护上的需要而确定的具有专门名称的 SI 导出单位。

3）我国选定的可与国际单位制单位并用的非国际单位制单位（表 1-3）；

表 1-3　可与国际单位制单位并用的非国际单位制单位

量的名称	单位名称	单位符号	与 SI 单位的关系
时间	分	min	$1min=60s$
	［小］时	h	$1h=60min=3600s$
	日，（天）	d	$1d=24h=86400s$

续表

量的名称	单位名称	单位符号	与 SI 单位的关系
	［角］秒	″	$1'' = (\pi/648000)\,\mathrm{rad}$
（平面）角	［角］分	′	$1' = 60'' = (\pi/10800)\,\mathrm{rad}$
	度	°	$1° = 60' = (\pi/180)\,\mathrm{rad}$
体积	升	L，（l）	$1\mathrm{L} = 1\mathrm{dm}^3 = 10^{-3}\mathrm{m}^3$
质量	吨	t	$1\mathrm{t} = 10^3\mathrm{kg}$
	原子质量单位	u	$1\mathrm{u} = 1.660540 \times 10^{-27}\mathrm{kg}$
旋转速度	转每分	r/min	$1\mathrm{r/min} = (1/60)\mathrm{s}^{-1}$
长度	海里	nmile	$1\mathrm{nmile} = 1852\mathrm{m}$（只用于航程）
速度	节	kn	$1\mathrm{kn} = 1\mathrm{nmile/h} = (1852/3600)\mathrm{m/s}$（只适用于航海）
能	电子伏	eV	$1\mathrm{eV} = 1.6602177 \times 10^{-19}\mathrm{J}$
级差	分贝	dB	—
线密度	特［克斯］	tex	$1\mathrm{tex} = 10^{-6}\mathrm{kg/m}$（适用于纺织行业）
面积	公顷	hm²	$1\mathrm{hm}^2 = 10^4\mathrm{m}^2$

4）由以上单位构成的组合形式的单位；

5）由 SI 词头和以上单位构成的倍数单位（十进倍数和分数单位）。

1.1.3　测量误差及数据处理

（1）测量误差概述

测量——以确定量值为目的的一组操作（该操作可以是自动进行的）。在进行测量时常借助各式各样的仪器设备、按照一定方法（如检定规程或规范中规定的方法）、在一定的工作环境条件下通过检测人员的操作，得出（或读出）测量的数值。

由于在操作过程中不可避免存在对测量结果有影响的因素，例如，计量器具本身的准确度，测量对象不稳定，测量方法不完善，测量环境不理想，测量人员本身素质和经验等，使得在对各类量值进行测量时，所得结果与被测对象的真实量值（即真值）不一致，存在一定的差值，这个差值就是我们所讲的测量误差。

（2）误差定义和表达

在测量领域，某给定特定量（确定的、特殊的、规定的量）的误差，根据其表示方法不同，可分为绝对误差、相对误差和引用误差等。

1）绝对误差

定义：所获得结果减去被测量的真值。即

$$\Delta = x - x_0 \tag{1-1}$$

式中，Δ——绝对误差；

　　　x——测量结果（如测得值、示指）；

　　　x_0——真值（如理论真值、约定真值）。

2）相对误差

定义：绝对误差与被测量的（约定）真值之比，即

$$\Delta r = \frac{\Delta}{x_0} = \frac{\Delta}{x} \tag{1-2}$$

式中，Δr——相对误差；

$\qquad$ x——测量结果（如测得值、示指）；

$\qquad$ x_0——真值（如理论真值、约定真值）。

注：① 相对误差 Δr 呈无量纲形式。

$\qquad$ ② 相对误差一般用百分数（%）表示。

3）引用误差

定义：计量器具的绝对误差与其特定值（x_N）之比，即

$$r = \frac{\Delta}{x_N} \qquad (1\text{-}3)$$

式中，r——引用误差；

$\qquad$ Δ——绝对误差；

$\qquad$ x_N——特定值。

注：① 引用误差一般用百分数（%）表示。

$\qquad$ ② 特定值——一般称为引用值，它可以是计量器具的量程或标称范围的最高值（或上限值）。

（3）误差的来源与分类

1）误差的来源

按计量科学及检定中的实际情况，误差来自以下几方面：

① 仪器设备误差

这是由于仪器设备本身性能不完善所产生的误差。主要包括：标准器本身带有的误差，仪器仪表的校准误差。刻度误差、读数分辨率不高引入的读数误差，元件、机构等不稳定所导致的稳定性误差，及测量附件误差，动态误差等。

② 环境误差

由于温度、湿度、气压、震动、照明、重力加速度等环境因素与所要求的标准状态不一致所引起的仪器本身和被测量的变化而造成的误差。

③ 方法误差

由于测量使用方法的不完善，经验公式中系数确定的近似性等所引起的误差。

④ 人员误差

这是由于人的感官和运动器官不完善所产生的误差。如测量者分辨力不够，感官工作疲劳而产生的生理变化，固有习惯及精神上的因素产生的一时疏忽等引起的误差。

2）误差的分类

按照误差的特点和性质，误差可分为系统误差、随机误差、粗大误差三类；

（4）误差的特性及其应用

1）算术平均数。一般可分为简单算术平均数和加权算术平均数两类型。其中简单算术平均数就是将一组数据中所有数据之和再除以这组数据的个数，如下所示：

$$\bar{x} = \frac{1}{n}\sum_{i=1}^{n} x_i = \frac{1}{n}(x_1 + x_2 + \cdots + x_n) \qquad (1\text{-}4)$$

而加权算数平均数主要用于处理经分组整理的数据。具体使用方法：设原始数据被分

成 k 组，各组的组中的值为 $x_1, x_2, \cdots, x_k$，各组的频数分别为 $f_1, f_2, \cdots, f_k$，加权算术平均数的计算公式为：

$$M = \frac{x_1 \times f_1 + x_2 \times f_2 + \cdots x_k \times f_k}{f_1 + f_2 + \cdots f_k} \tag{1-5}$$

2）标准偏差

当对某一量进行 n 次等精度测量时，其测量值和它们的随机误差是服从正态分布的。图 1-1 是表明该测量中的随机误差之分布曲线图。

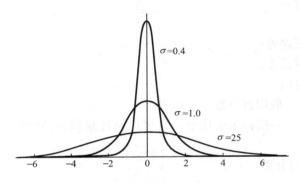

图 1-1　随机误差分布曲线图

图中三条曲线的峰顶高度与曲线包含的区间宽度不同。顶峰越高，则曲线下包含的区间越窄（曲线也显得陡峭），表明测量的随机误差越集中，反之，峰顶越低，曲线越平坦，表明测量的随机误差越分散。为了描写测量的随机误差的分散程度，统计学中通常使用标准偏差 σ。

测量列中单次测量的标准偏差 σ 是表征同一被测量值的 n 次测量所得结果的分散性的参数，并按下式计算。

$$\sigma = \sqrt{\frac{\sum_{i=1}^{n} d_i^2}{n}} \tag{1-6}$$

式中，n——测量次数（应充分大）；

d_i——测得值与被测量的真值之差。

实际上，真值通常是不可知的，n 往往有限，因此，实际工作中，可用贝塞尔公式计算标准偏差。

$$\sigma = \sqrt{\frac{\sum_{i=1}^{n} V_i^2}{n-1}} \tag{1-7}$$

式中，$V_i = a_i - \bar{a}$ 简称为"残差"；

a_i 是测量列中第 i 列测得值；

$\bar{a}$ 是测量列的算术平均值。

（5）误差的传递

在许多测量中，常常遇到一些物理量不能直接测量，只能测得一些与它有关的量，再通过一定的函数关系，经计算求得。这就是间接测量的方法。此外，也还有一些量，用间接测量可以比用直接测量测出的结果更精确，则往往也使用间接测量的方法求得。

例如，某一液体的流量可以分别测出在某一个时间间隔 t 和在 t 时间内流过的体积总量 V，然后按下列函数关系进行计算求得：

$$Q = \frac{V}{t} \tag{1-8}$$

间接测量的量值与各个直接测量量值之间可以有不同的函数关系，如和差关系、积商关系、指数关系、其他特殊函数关系等等。

在间接测量中，各被测量的误差，即局部误差（或称分项误差）与最后结果总误差（又称函数误差）之间相互关系的问题，称为误差的传递。

1）误差传递问题包括误差的合成、误差的分配、最佳方案的选择三个方面。

2）误差的合成

如果被检仪器由若干部分组成，由于客观条件的限制，因此只能分别对各个部分进行测量，其整体误差，就是各个部分误差的合成。视误差的性质，分别采用不同的方法合成。主要方法有：

① 代数合成法：

$$\sigma_y = \sum_{i=1}^{n} \sigma_i \tag{1-9}$$

该方法用于各局部误差大小，符号及函数关系已知的情况，例如已知系统误差的合成。

② 算术（绝对值）合成法：

$$\sigma_y = \sum_{i=1}^{n} | \sigma_i | \tag{1-10}$$

当局部误差项数较小，并且只知道误差大小，而不知道其符号，这时可能出现最不利的情况。即局部误差同时为正，或同时为负，为保险起见，这时可取各局部误差的绝对值进行综合，这样求出的误差是信得过的。例如系统不确定度的合成可用此法。这种方法计算简便，但结果往往比实际误差大得多。一般 $i > 3$ 时应避免使用。

③ 几何（和方根）综合法：

$$\sigma_y = \sqrt{\sum_{i=1}^{n} \sigma_i} \tag{1-11}$$

当局部误差项数较多时，各局部误差因为符号相反而相互抵消一部分的可能性极大。为了使综合后的误差更符合实际，宜采用此法。例如水表试验装置中，累积误差就是按此法综合。

由于误差的分配及最佳方案的选择，一般应用于设计工作方面，本处略去。

(6) 有效数字与计算规则

在计量测试中，总是含有误差，由此，表示测量结果的数字应取几位才合适？取的位数过多，会使人误认为测量准确度很高，而事实并非如此，与此同时，也给数据处理造成麻烦；若取的位数过少，则反过来损失准确度。如何正确取用数据，是保证测量结果的准确性的重要事情之一，本节将就此作简要介绍。

1）有效数字

一个数的误差绝对值不大于以该数的末位单位的二分之一，则从该数的第一个非零数字到未知数字的全部数字，称为该数的有效数字。

例如：已知测量某物体质量结果为 0.604g，而且知道其测量误差不超过 $\frac{1}{2} \times 10^{-3}$g，

而 0.604g 的末位单位为 10^{-3}g。且知测量误差 $|\sigma| \leqslant \frac{1}{2} \times 10^{-3}$，所以 0.604g 的有效数字为 604 三位数字。

一般说来，记录测量数值时，只保留一位可疑（欠准）数字，其他多余的数字应按照数字舍入的规则处理。

2）数字舍入规则

有效数字的位数确定之后，末位有效数字之后的多余数字就应该舍去，计量学上，采用一定的规则，以保证新的数据偏差最小，此舍入规则，又称数字修约规则。现在被广泛使用的数字修约规则主要有四舍五入规则和四舍六入五留双规则。

第一种修约规则（四舍五入规则），是人们习惯采用的一种数字修约规则。它的具体使用方法是在需要保留有效数字的位次后一位，逢五就进，逢四就舍。例如：将数字 2.1875 精确保留到千分位（小数点后第三位），因小数点后第四位数字为 5，按照此规则应向前一位进一，所以结果为 2.188。同理，将下列数字全部修约为四位有效数字，结果为：

0.53664　　修约后为　　0.5366；

10.2750　　修约后为　　10.28；

0.58346　　修约后为　　0.5835；

16.4050　　修约后为　　16.41。

第二种修约规则（四舍六入五留双规则）是为了避免四舍五入规则造成的结果偏高、误差偏大的现象出现，一般采用四舍六入五留双规则，它的具体使用方法可查相关资料。

1.1.4　不确定度评定

（1）概述

由于过去的"误差"一词使用上的混乱，为使读者准确地区分误差和不确定度的概念变得十分必要。其主要区别如下：

测量误差和测量不确定度两者最根本的区别在于定义上的差别。误差表示测量结果对真值的偏离量，因此它是一个确定的差值，在数轴上表示为一个点。而测量不确定度表示被测量之值的分散性，它以分布区间的半宽度表示，因此在数轴上它表示一个区间。

（2）产生测量不确定度的原因

产生测量不确定度的原因是多方面的。测量过程中的随机效应和系统效应都会导致测量不确定度，数据处理中的修约也会导致不确定度。哪怕对测量结果的系统误差进行了修正，但修正后的结果是被测量的估计值，而修正值的不确定度和随机效应的不确定度依然存在。《测量不确定度评定与表示》JJF 1059.1—2012 给出了测量中可能导致不确定度的原因：

（3）不确定度评定方法

1）标准不确定度

在不确定度的评定中，首先要确定标准不确定度。所谓标准不确定度就是以标准偏差表示的测量不确定度。在重复性及再现性测量中，平均值是作为被测量的估计值，而平均值的标准差就是测量结果（被测量估计值）的标准不确定度。

标准不确定度的评定可分为不确定度的 A 类评定方法和 B 类评定方法。

对在规定测量条件下测量的量值用统计分析的方法进行的测量不确定度分量的评定，称为标准不确定度的 A 类评定。

用不同于测量不确定度 A 类评定的方法对测量不确定度分量进行评定，称为测量不确定度的 B 类评定。

《测量不确定度评定与表示》JJF 1059.1—2012 给出了 A 类评定和 B 类评定的流程图，如图 1-2、图 1-3 所示：

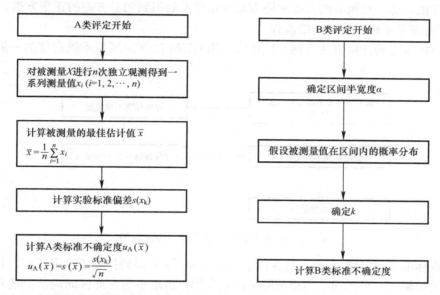

图 1-2　标准不确定度的 A 类评定流程图　　图 1-3　标准不确定度的 B 类评定流程图

用 A 类方法得到的不确定度的估计方差 u^2，是根据一系列的重复观测值计算出来的，亦为常用的统计方差估计值 s^2。标准不确定度 u 为 u^2 的正平方根值，故 $u=s$。

用 B 类方法得到的不确定度分量的估计方差 u^2 是根据以下已知的有关信息或资料评定：

① 以前的观测数据（如计量标准的数据）；

② 对有关技术资料和测量仪器特性的了解和经验（如所用测量仪器的原理及有关知识）；

③ 生产部门提供的技术说明文件（如说明书）；

④ 校准证书、检定证书或其他证件、文件所提供的数据（或准确度等级）；

⑤ 手册或某些资料给出的参考数据及其不确定度；

⑥ 规定实验方法的国家标准或类似技术文件中给出的重复性限 r 或复现性限 R。

2）合成标准不确定度

测量结果的总的不确定度称为合成标准不确定度，表示为 u_c。它是由在一个测量模型中各输入量的标准测量不确定度获得的输入量的标准测量不确定度组成的。因此，计算合成标准不确定度时，首先要确定各个输入量的标准不确定度，然后按方差合成的方法进行计算，开方后得到合成标准不确定度。在测量模型中的输入量存在相关的情况下，计算合成不确定度时必须考虑协方差。

3）扩展不确定度

合成标准不确定度与一个大于 1 的数字因子的乘积称为扩展不确定度。该因子取决于测量模型中输出量的概率分布类型及所选取的包含概率。在不确定度评定中，该因子是指包含因子。而包含概率指在规定的包含区间内包含被测量的一组值的概率，在 GUM 中包含概率称为"置信水平"。这里的包含区间是指基于可获得的信息确定的包含被测量一组值的区间，被测量量值以一定概率落在该区间内。因此，扩展不确定度实际上就是在一定包含概率下被测量的包含区间的半宽度。扩展不确定度是用不确定度传播定律计算出的标准偏差估计值，等于对所有的方差和协方差分量求和后得到的总方差的正平方根。

4）评定测量不确定度的一般流程

测量不确定度的评定方法简称 GUM 法。用 GUM 法评定测量不确定度的一般流程见图 1-4。

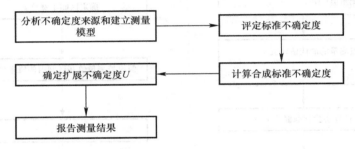

图 1-4 评定测量不确定度的一般流程图

用合成标准不确定度 u_c 乘上包含因子（覆盖因子）k 得到扩展不确定度 U，其中用途是提供测量结果的一个区间，期望被测量以较高的置信水平落在此区间内。上述几个不确定度的关系见图 1-5。

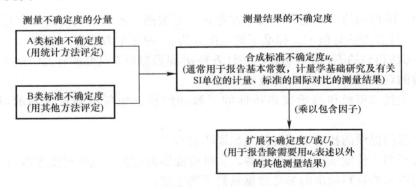

图 1-5 几种不确定度之间的关系图

（4）举例说明

以启停法对旋翼湿式水表检定为例，对水表示值误差的测量不确定度进行评定分析。在测量水表的示值误差时，流经水表的水被收集于容积法水表检定装置的工作量器内，比较水表的示值和装置量器内水量的实际值，可得到水表的示值误差。按水表检定规程的要求，在水表流量范围高区，示值误差限为 ±2%；低区示值误差限为 ±5%。以下分析水表在高区大流量下的测量不确定度。

1) 分析影响检定结果的因素（见表 1-4）

表 1-4 影响检定结果的因素

序号	影响因素	规定	分析方法
1	测量重复性	有疑义读数，按规程要求处理	A 类评定
2	水压对水表的影响	水压范围（0.1～1.0）MPa	B 类评定
3	被测水表分辨率	最小检定用水量的 1/200	B 类评定
4	启停法对水表的复合惯性影响或换向器影响	换向器动作时间差与一次流量的最短时间比值不大于 0.1%	B 类评定
5	水表检定装置（或工作量器）	0.2 级	B 类评定
6	水温对工作量器的影响	水温范围（0.1～30）℃，一次检定过程的水温变化不超过 5℃	B 类评定
7	水温对水体积的影响	水温范围（0.1～30）℃，一次检定过程的水温变化不超过 5℃	B 类评定

2) 数学模型

① 根据示值误差定义，水表的示指 E 值为：

$$E = \frac{V_i - V_a}{V_a} \times 100\% \tag{1-12}$$

式中，V_i——被检水表的示值；

V_a——工作量器内水量的实际值。

② 灵敏系数：

$$u_c^2(E) = c_1^2 \times u_B^2(V_a) + c_2^2 \times u_A^2(V_i)$$

式中，$c_1 = \dfrac{\partial E}{\partial V_a} = -\dfrac{V_i}{V_a^2}$ $c_2 = \dfrac{\partial E}{\partial V_i} = \dfrac{1}{V_a}$

所以

$$u_c^2(E) = \left(\frac{V_i}{V_a^2}\right)^2 \times u_B^2(V_a) + \left(\frac{1}{V_a}\right)^2 \times u_A^2(V_i) \tag{1-13}$$

3) 不确定度来源

① B 类不确定度，如水表检定装置体积值测量不确定度 u_B：

$$u_B = \frac{a}{k} \tag{1-14}$$

式中，a——被测量误差可能值区间半宽度；

k——置信因子或包含因子。

② A 类不确定度，水表指示体积值重复性测量不确定度 u_A：

$$u_A = \frac{S(V_i)}{\sqrt{n}} \qquad S(V_i) = \sqrt{\frac{\sum_{i=1}^{n}(V_i - \bar{V})}{(n-1)}} \tag{1-15}$$

4) 标准不确定度分量的评定

设定用启停容积法水表检定装置对旋翼湿式水表在高区的常用流量下检定，测得 V_i 和 V_a 均在 100L 左右，则式（1-13）简化为：

$$u_c^2(E) = [u_B^2(V_a) + u_A^2(V_i)] \tag{1-16}$$

水表体积值的不确定度 $u_A(V_i)$ 受检测时的水压、水温和操作方法等因素的影响，由于水温、水压及水表启停时的复合惯性对各种结构、各种材质的水表工作的影响较复杂，难以用简单的数学模型或经验数学模型来体现，因此，水压、水温和操作方法对水表体积值影响主要根据相关的一些试验进行分析判定。

① 测量重复性给出的体积标准不确定度值 $u_A(V_i)$

对被检水表在常用流量点经过 10 次重复测量，每次用水量为 100L，示值误差分别为 0.30%, 0.30%, 0.25%, 0.15%, 0.25%, 0.45%, 0.30%, 0.40%, 0.30%, 0.30%，按贝塞尔公式计算得单次测量结果的标准差为 $S(V_i)$，不确定度 $u_A(V_i)$ 为：

$$u_A(V_i) = \frac{S(V_i)}{\sqrt{n}} = \sqrt{\frac{\sum_{i=1}^{n}(V_i - \bar{V})}{n(n-1)}} = 0.082L$$

说明：如果重复测量次数非常多，可不必计入下一项被检水表分辨率引入的不确定度。

② 被检水表分辨率 $u_B(V_i)_1$

小口径水表的最小分格值为 0.1L，考虑其均匀分布，则有：

$$u_B(V_i)_1 = \frac{0.05}{\sqrt{3}} = 0.029L$$

③ 水压影响 $u_B(V_i)_2$

规程规定，水压应不大于水表的最大工作压力、同时大于水表压力损失的要求。对一般用途的水表，该压力要求实际为 $(0.1 \sim 1.0)$MPa。对旋翼湿式水表进行水压影响试验，水压由 0.2MPa 变化至 0.8MPa 时，常用流量点的示值误差相差 0.067%，即用水量 100L 时最大差值为 0.067L，将其变化视为均匀分布，则

$$u_B(V_i)_2 = \frac{0.067}{\sqrt{3}} = 0.039L$$

④ 启停法影响 $u_B(V_i)_3$

用带换向器的检定装置与启停法检定装置检定水表常用流量点的结果有一定的不同，这是由于水表启停时的一些复合惯性作用的影响，在有疑问时推荐采用增加水量和用带换向器的水表检定装置检定的方法。检定用水量为 100L，对用启停法（示值误差测试结果 10 次平均值为 0.30%）和换向法（示值误差测试结果 10 次平均值为 0.43%）二种方法进行比较试验，发现高区最大差值为 0.130L，考虑其为二点分布，则

$$u_B(V_i)_3 = 0.130L$$

⑤ 水表检定装置不确定度 $u_B(V_a)_4$

按规程规定，水表检定装置准确度等级是 0.2 级，用水量 100L，即 $a=0.2$L。将其变化视为均匀分布，相应的标准不确定度为：

$$u_B(V_a)_4 = \frac{0.2}{\sqrt{3}} = 0.116L$$

⑥ 介质温度和环境温度对量器影响 $u_B(V_a)_5$

规程规定在介质水温（0~30）℃范围内检定时，检定结果不修正。由于工作量器的实

际容积 V_s 与水温有关，实际水温和室温一般在（0～40）℃范围内。规程规定了当水的温度超过30℃时，误差限放宽，当实际操作时也不对量器内的水温作测量以供修正用。因此，可以认为不进行量器中水体积的温度修正会给测量结果带来误差，如果测量时水温在参比条件内波动，可以不考虑温度对量器的影响。如果温度超过要考虑，量器的实际体积应为：

$$V_s = V_a[1 + 2\alpha_1(t_1 - 20) + \alpha_2(20 - t_2)] \tag{1-17}$$

式中，α_1——工作量器材质（一般为不锈钢），线膨胀系数取 $17 \times 10^{-6}/℃$；

α_2——标尺材质（一般为不锈钢或铜），线膨胀系数取 $17 \times 10^{-6}/℃$；

t_1——工作量器内水温，℃；

t_2——标尺温度，取室温值，℃。

如水表检定装置量器材质与标尺材质膨胀系数相近，可考虑为同一值 α（即 $17 \times 10^{-6}/℃$），则式（1-17）可简化为：

$$u_B^2(V_a)_5 = [(2\alpha_1)^2 u^2(t_1) + (\alpha_2)^2 u^2(t_2)]V_a^2 \tag{1-18}$$

把介质水温度和室温在围绕标准温度20℃的变化视为半宽为20的均匀分布，则有：

$$u(t_1) = u(t_2) = \frac{20}{\sqrt{3}} = 11.55℃$$

代入相关参数值，计算得：

$$u_B(V_a)_5 = 0.0587L$$

⑦ 水体积膨胀影响 $u_B(V_a)_6$

一次检定过程中的水温变化 Δt_1（不超过5℃）会造成水体积的一些变化 ΔV：

$$\Delta V = V_a \beta_w \Delta t_1 \tag{1-19}$$

式中，β_w——水体膨胀系数，取 $2 \times 10^{-4}/℃$。

$$u_B^2(V_a)_6 = \beta_w^2 V_a^2 u^2(t_1) \tag{1-20}$$

把介质水温度变化视为半宽为2.5℃的均匀分布，则有：

$$u(t) = \frac{2.5}{\sqrt{3}} = 1.44℃$$

代入相关参数值，计算得：

$$u_B(V_a)_6 = 0.0288L$$

5）合成标准不确定度的评定

① 标准不确定度一览表（见表1-5）

表 1-5　标准不确定度一览表

不确定度来源	不确定度分量	符号	数值及单位	灵敏系数	标准不确定度分量
水表指示体积	水表测量重复性	$u_A(V_i)$	0.082L	$\frac{1}{V_a}$	8.2×10^{-4}
	被检水表分辨率	$u_B(V_i)_1$	0.029L	$\frac{1}{V_a}$	2.9×10^{-4}
	水压影响	$u_B(V_i)_2$	0.039L	$\frac{1}{V_a}$	3.9×10^{-4}
	启停法影响	$u_B(V_i)_3$	0.130L	$\frac{1}{V_a}$	1.30×10^{-3}

不确定度来源	不确定度分量	符号	数值及单位	灵敏系数	标准不确定度分量
水表检定装置体积值	检定装置不确定度	$u_B(V_i)_4$	0.116L	$-\dfrac{V_i}{V_a^2}$	1.16×10^{-3}
	温度对量器影响	$u_B(V_i)_5$	0.0587L	$-\dfrac{V_i}{V_a^2}$	5.9×10^{-4}
	温度对水体积	$u_B(V_i)_6$	0.0288L	$-\dfrac{V_i}{V_a^2}$	2.9×10^{-4}

② 合成标准不确定度的计算

各标准不确定度分量不相关，故合成标准不确定度为

$$u_c(V) = \sqrt{u_A(V_i)^2 + u_B(V_i)_1^2 + u_B(V_i)_2^2 + u_B(V_i)_3^2 + u_B(V_a)_4^2 + u_B(V_a)_5^2 + u_B(V_a)_6^2}$$
$$= 0.208L$$

$$u_c(E) = 2.08\times10^{-3}$$

6）扩展不确定度的评定

常取包含因子 $k=2$，则此时的扩展不确定度为

$$U = k \cdot u_c(E) = 2\times2.08\times10^{-3} = 4.16\times10^{-3} \approx 4\times10^{-3}$$

这样，可以不必计算相对不确定度各分量的自由度。

7）不确定度报告

在高区常用流量下，水表示值误差结果扩展不确定度为

$$U = 4\times10^{-3}, \quad k=2$$

1.2 质量管理的常用统计方法

全面质量管理中总是面对巨量信息和数据，如何从中归纳整理，找出关键的质量控制点显得尤为重要。质量管理中的初级统计阶段通常有排列图法、因果分析法、直方图法、分层法、控制图法、散布图法、统计分析表法等七种统计分析方法。下面就水表检定方面详细介绍几种常用的统计方法。

（1）排列图法

例：某表壳铸造车间生产某零件，上月废品数为 68 件，合计重 8160kg，废品率为 12.14%；焊补数 437 件，合计重 52440kg，焊补率为 78%。不合格的情况统计如表 1-6 所示。

表 1-6　不合格情况统计表

原因	重量（kg）	比率（%）	累计百分数（%）
气孔	4200	51.5	51.5
砂孔	2640	32.3	83.8
浇不足	960	11.7	95.5
偏心	240	3	98.5
裂纹	120	1.5	100

根据以上资料可绘出不合格原因分析排列图（见图 1-6），图中左边的纵坐标表示频数（件数或金额等），右边的纵坐标表示频率（累计百分数）；横坐标表示影响质量的各个因素，一条曲线称巴雷特曲线。通常把累计百分数分为三类：0～80％为 A 类，是主要因素；80％～95％为 B 类；95％～100％为 C 类。从图 1-6 中可以明显看出气孔是不合格的主要原因，其次是砂孔。如果把这两个问题解决了，就可降低不合格率的 83.8％。

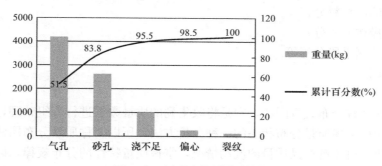

图 1-6　不合格原因分析排列图

（2）因果分析法

因果分析图又叫鱼刺图，它可以帮助寻找产生水表表壳气孔质量问题的原因。因为造成废品的原因是多方面的，此图就是根据结果分析原因，将可能造成问题的因素加以分类，并在同一图上把其关系用箭头表示出来。上例中产生气孔原因的因果分析图如图 1-7 所示。

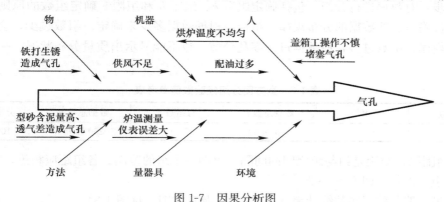

图 1-7　因果分析图

进行因果分析时，应注意找出影响质量的最大原因，通常有六个方面：人、机器、材料（物）、方法、量器具、环境。可发动群众查原因，并把各种意见记录下来。原因分析应细到能采取措施的程度。画出因果分析图后，再到现场去落实解决问题的措施。

（3）分层法

分层法也叫分类法，目的是通过分类，把性质不同的数据、错综复杂的影响质量的因素及其责任理出头绪，便于找出问题的原因。做法是将收集来的质量数据按照一定标志，把性质相同的归为一类。这样可使数据所反映的原因和责任更明确、更清楚，做到对症下药。

例如，两个工人在同一台车床上用一批原材料按同一种操作方法加工同一种零件，若要研究这两个工人的产品质量，可按分层法将两个工人加工的零件分别存放并进行分析研究，这样就可以看出哪一位的质量好，哪一位的质量差。若将两人加工的零件混放在一起，就很难区分谁好谁差，更难找出产生质量问题的真正原因。

质量数据分层一般可按以下标志进行：

① 按不同时间分；

② 按不同操作人员分；

③ 按使用的不同设备分；

④ 按不同的原材料分；

⑤ 按不同操作方法分；

⑥ 按不同检测手段分等等。

（4）直方图法

1）概述

直方图法即频数分布直方图法，它是将收集到的质量数据进行分组整理，绘制成频数分布直方图，用以描述质量分布状态的一种分析方法，所以又称质量分布图法。通过直方图的观察与分析，可了解产品质量的波动情况，掌握质量特性的分布规律，以便对质量状况进行分析判断。同时可通过质量数据特征值的计算，估算施工生产过程总体的不合格品率，评价过程能力等。

2）绘制

第一步：收集整理数据，一般要求在 50 个以上。

第二步：计算级差 R，即数据中最大值与最小值之差。

第三步：对数据进行分组，包括确定组数 k、组距 h 和组限。确定组数的原则是分组的结果能正确地反映数据的分布规律。组数应根据数据多少来确定。组数过少，会掩盖数据的分布规律；组数过多，使数据过于零乱分散，也不能显示出质量分布状况。一般可参考表 1-7。

表 1-7　直方图分组经验数值参考表

数据总数 n	分组数 k	数据总数 n	分组数 k	数据总数 n	分组数 k
50～100	6～10	100～250	7～12	250 以上	10～20

确定组距 k，组距是组与组之间的间隔，也即一个组的范围。各组距应相等，于是有：极差≈组距×组数，即 $R \approx h \cdot k$。

第四步：编制数据频数统计表（见表 1-8）及直方图（见图 1-8）。

表 1-8　数据频数统计表

组号	组限（%）	频数（次）
1	−2.0～−1.5	0
2	−1.5～−1.0	5
3	−1.0～−0.5	5
4	−0.5～0	8
5	0～0.5	12
6	0.5～1.0	16
7	1.0～1.5	8
8	1.5～2.0	4
合计		58

第五步：绘制频数分布直方图

（5）控制图法

控制图是利用控制界限对生产过程的质量状态进行控制，用来分析研究质量特性在运动状态下分布波动情况的一种统计图，借助它可以区分质量波动究竟是由于偶然原因还是系统原因引起的，从而判断生产过程是否处于控制状态。

控制图上有三条线，上面一条叫控制

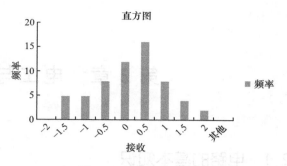

图 1-8　数据频数直方图

上限线，下面一条叫控制下限线，中间一条叫中心线。我们将被控制的质量特性值变为点子描在图上，如果点子落在上、下控制界限内，而且点子的排列没有异常状况，我们就判断生产过程处于控制状态；否则就认为生产过程中存在异常因素，必须查明并予以消除。因此，控制图中的控制界限就是判明生产过程是否存在异常因素的基准。它是利用数理统计学的原理计算出来的，用"比法"或叫"三倍标准偏差法"来确定控制界限，即把中心线描在控制对象的平均值上，然后以中心线为基准向上量三倍标准偏差就确定了控制上限，向下量三倍标准偏差就确定了控制下限。

第2章　电工与电子学基础

2.1　电路的基本知识

2.1.1　电路及电路图

（1）电路和电路的组成

把一个灯泡通过开关、导线和干电池连接起来，就组成了一个照明电路，如图 2-1 所示。当合上开关，电路中就有电流通过，灯泡就亮起来。这种把电气设备和元件，按照一定的连接方式构成的电流通路称为电路。换句话说，就是电流所流经的路径称为电路。

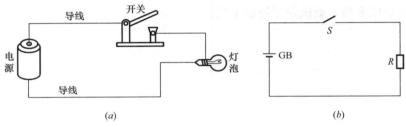

(a)　　　　　　　　　　　　　　(b)

图 2-1　电路与电路图

任何一个完整的实际电路通常是由电源、负载和中间环节（导线和开关）等基本部分组成，有时电路中根据需要还装配有其他辅助设备，如测量仪器是用来测量电路中的电量，熔丝是用来执行保护任务的。

（2）电路图

图 2-1（a）所示是用电气设备的实物图形表示的实际电路用规定的图形符号表示出来，画出其电路模型图，如图 2-1（b）所示。这种用统一规定的图形符号画出的电路模型图称为电路图。

电路图中常用的部分图形符号如表 2-1 所示。

表 2-1　部分电工图形符号

图形符号	名称	图形符号	名称	图形符号	名称
─╱─	开关	─▭─	电阻器	⊥	接机壳
─┤├─	电池	▱	电位器	⏚	接地
Ⓖ	发电机	─┤├─	电容器	○	端子
∿	线圈	Ⓐ	电流表	┿	连接导线不连接导线
∿	铁芯线圈	Ⓥ	电压表	▭	熔断器
∿	轴头线圈	─▷├─	二极管	⊗	灯

（3）电路的工作状态

1）通路

通路就是电源与负载接成的回路，也就是图 2-1（b）所示电路中开关合上时的工作状态，此时的电路中有电流通过。

2）断路

断路就是电源与负载未接成闭合电路，也就是图 2-1（b）中开关断开时的工作状态，这时电路中没有电流通过。断路又称开路。

3）短路

短路就是电源未经负载而直接由导线（导体）构成通路，短路时电路中流过比正常工作时大得多的电流，可能烧坏电源和其他设备。所以，应严防短路发生。

2.1.2 电流

（1）电流的方向

在不同的导电物质中，形成电流的运动电荷可以是正电荷，也可以是负电荷，甚至两者都有。规定以正电荷移动的方向为电流的方向。

在分析或计算电路时，常常要求出电流的方向。可先假定电流的参考方向，然后列出方程求解，当解出的电流为正值时，就认为电流方向与参考方向一致，如图 2-2（a）所示。反之，当电流为负值时，就认为电流方向与参考方向相反，如图 2-2（b）所示。

图 2-2　电流的方向

（2）电流的大小

电流的大小取决于在一定时间内通过导体横截面的电荷量的多少。通常规定用单位时间（1s）内通过导体横截面的电量来表示电流的大小，以字母 I 表示。若在 t 秒钟内通过导体横截面的电量是 q，则电流可用式（2-1）表示：

$$I = \frac{q}{t} \tag{2-1}$$

电流单位的名称是安培，简称安，用符号 A 表示。电量单位的名称是库伦，简称库，用 C 表示。若在 1s 内通过导体横截面的电量为 1C，则电流强度就是 1A。电流的单位还有 kA、mA、μA，其相互换算关系是 10^3。

$$1\text{kA} = 1 \times 10^3 \text{A} = 1 \times 10^6 \text{mA} = 1 \times 10^9 \mu\text{A}$$

电流分直流电流和交流电流两大类。交流电流的大小是随时间变化的，我们可以在一个很短的时间 Δt 内研究它的大小。在 Δt 时间内，若通过导体横截面的电量是 Δq，则瞬时电流强度 i 为：

$$i = \frac{\Delta q}{\Delta t} \tag{2-2}$$

一个实际电路中的电流大小可以用电流表来测量。测量直流电流时必须把电流表串联在电路中，并使电流从表的正端流入，负端流出。同时要选择好电流表的量程，使其大于实际电流的数值，否则可能损坏电流表。

例 2-1： 某导体在 5min 内均匀通过的电荷量为 4.5C，求导体中的电能是多少？

$$I = \frac{q}{t} = \frac{4.5}{60 \times 5} = 0.015\text{A}$$

（3）电流的密度

所谓电流密度就是当电流在导体的横截面上均匀分布时，该电流与导体横截面积的比值。电流密度 J 可用式（2-3）表示：

$$J = \frac{I}{S} \tag{2-3}$$

在式（2-3）中，当电流的单位为 A、面积的单位为 mm^2 时，电流密度的单位为 A/mm^2。导线允许通过的电流随导体截面不同而不同。例如，1mm^2 的铜导线允许通过 6A 的电流；2.5mm^2 的铜导线允许通过 15A 的电流；120mm^2 的铜导线允许通过 280A 的电流。当导线中通过的电流超过允许电流时，导线会发热，甚至造成事故。在实际工作中，有时需要选择导线的粗细（截面），这就要用到电流密度这一概念。

例 2-2： 某照明电路中需要通过 21A 的电流，问应采用多粗的铜导线？（设铜导线的允许电流密度为 6A/mm^2）

解：

$$S = \frac{I}{J} = \frac{21}{6} = 3.5\text{mm}^2$$

2.1.3　电压、电位与电动势

（1）电压

带电体的周围存在着电场，电场对处在电场中的电荷有力的作用。当电场力使电荷移动时，我们就说电场力对电荷做了功。其原理如下：电场力 F 把正电荷 Q 从 a 点移动到 b 点所做的功 $A_{ab} = F \times L_{ab}$，式中 L_{ab} 为 a 点到 b 点的距离。如果电荷的电荷量增加一倍，那么作用在电荷上的电场力也增加一倍。也就是说，电场力所做的功 A_{ab} 与电荷量成正比。为了衡量电场力移动电荷做功的能力，我们引入电压这一物理量，规定：电场力把单位正电荷从电场中 a 点移动到 b 点所做的功称为 a、b 两点间的电压，用 U_{ab} 表示：

$$U_{ab} = \frac{A_{ab}}{Q} \tag{2-4}$$

电压的单位名称是伏特，简称伏，用符号 V 表示。我们规定：电场力把 1C 电量的正电荷从 a 点移动到 b 点，如果所做的功为 1J，那么 a、b 两点间的电压就是 1V。

电压常用单位还有 kV、mV、μV，其相互换算关系是：10^3

$$1\text{kV} = 10^3\text{V} = 10^6\text{mV} = 10^9\mu\text{V}$$

（2）电位

在电路中任选一点为参考点，那么电路中某点的电位就是该点到参考点之间的电压。也就是说某点的电位等于电场力将单位正电荷从该点移动到参考点所做的功。电位的符号

用 φ 表示。如图 2-3 所示，若以某 O 点为参考点，则距离 OA 段距离 A 点的电位为：

$$\varphi_A = \frac{A_{AO}}{q} = U_{BO} \tag{2-5}$$

同理，B 点的电位为：

$$\varphi_B = \frac{A_{BO}}{q} = U_{BO} \tag{2-6}$$

参考点的电位等于零，即 $\varphi_O = 0$，所以说，参考点又叫零电位点。电位的单位与电压相同，也是 V。

（3）电压与电位的关系

如图 2-3 所示，以 O 点为参考点时，则 A 与 B 的电位分别为：

$$\varphi_A = U_{AO}, \quad \varphi_B = U_{BO}$$

U_{ao} 表示电场力把单位正电荷从 A 点移到 O 点所做的功，在数值上等于电场力把单位正电荷从 A 点移到 B 点所做的功（U_{AB}），加上从 B 点移到 O 点所做的功（U_{BO}），即：

$$U_{AO} = U_{AB} + U_{BO}$$

移项整理得：
$$U_{AB} = U_{AO} - U_{BO}$$

所以
$$U_{AB} = \varphi_A - \varphi_B \tag{2-7}$$

可见电路中任意点间的电压就等于两点间的电位之差，所以电压又称电位差。

例 2-3 在图 2-4 中，已知 $U_{CO} = 3V$，$U_{CD} = 2V$。试分别以 D 点和 O 点为参考点，求各点的电位及 D、O 两点间的电压 U_{DO}。

解： ①以 D 点为参考点，$\varphi_D = 0V$
因为 $\qquad\qquad U_{CD} = \varphi_C - \varphi_D$
所以 $\qquad\qquad \varphi_C = U_{CD} + \varphi_D = 2 + 0 = 2V$
又因为 $\qquad\qquad U_{CO} = \varphi_C - \varphi_O$
所以 $\qquad\qquad \varphi_O = \varphi_C - U_{CO} = 2 - 3 = -1V$
$$U_{DO} = \varphi_D - \varphi_O = 0 - (-1) = 1V$$

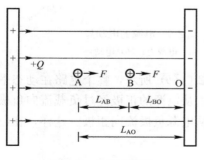

图 2-3　电位示意图

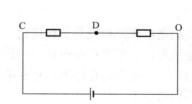

图 2-4　含电阻电路

从上面的计算结果可见，参考点改变，各点的电位也随着改变，各点的电位与参考点的选择有关。但不管参考点如何变化，两点间的电压是不改变的。

电路中，参考点可以任意选定。在电力工程中，常取大地为参考点。因此，凡是外壳接大地的电气设备，其外壳都是零电位。有些不接大地的设备（如电子设备中电路板），在分析其工作原理时，常选用许多原件汇集的公共点作为零电位点，即参考点，并在电路图中用符号"⊥"表示；接大地则用符号"⏚"表示，以示区别。

由式（2-7）可知，如果 $\varphi_a > \varphi_b$，则 $U_{ab} > 0$，表明 a 点到 b 点的电位在降低；如果 $\varphi_a < \varphi_b$，则 $U_{ab} < 0$，表明 a 点到 b 点的电位在升高。习惯规定电场力移动正电荷做功的方向为电压的实际方向，电压的实际方向也就是电位降的方向，即高电位指向低电位的方向，所以电压又称为电位降。

电压可用电压表来测量。测量直流电压时，必须把电压表并联在被测电压的两端，并使电压表的正负极和被测电压一致，同时要选择好电压表的量程。

（4）电动势

1）电源力

如图 2-5 所示电路，在电场力的作用下，a 极板上的正电荷由 a 极沿导线和灯泡到达 b 极，b 极板上的负电荷，由 b 极经导线和灯泡到达 a 极，正负电荷中和。正极和负极上的正负电荷都将逐渐减少，两极之间的电压也将逐渐降低，最终正负电荷中和完毕，两极之间电压为零，电流中断。

为了得到持续不断的电流，极板间就必须有一种非电场力能将正电荷从负极源源不断地移到正极。这个任务是由电源来完成的。在电源内部，由于其他形式能量的作用，产生一种对电荷的作用力，叫做电源力。正电荷在电源力的作用下，从低电位移向高电位，如图 2-6（a）所示。由于电源力对电荷的作用，使电源两端产生电位差。不同的电源中，电源力的来源有所不同。例如，电池中的电源力是电解液和极板间的化学作用产生的，发电机的电源力则是电磁作用产生的。

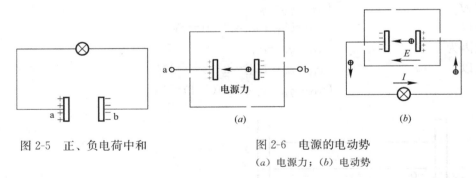

图 2-5　正、负电荷中和

图 2-6　电源的电动势
（a）电源力；（b）电动势

如果我们把电源经导线与负载接通，如图 2-6（b）所示，整个电路在动态平衡状态下工作。在电源外部，正电荷在电场力的作用下，从电源的正极经过负载流向负极；在电源内部，正电荷在电源力的作用下，克服电场力从电源负极流向正极。这样，在电路中便形成了持续不断的电流。

2）电动势

电源力在移动正电荷的过程中要做功。为了衡量电源力做功的能力，我们引入电动势这个物理量。在电源内部，电源力将在单位正电荷从电源负极 b 移到正极 a 所做的功叫做电源的电动势，用符号 E 表示，即：

$$E = \frac{A_{ba}}{Q} \tag{2-8}$$

电动势的单位是 V，其方向是由电源负极指向正极。

3）电动势与端电压的关系

在电动势的形成过程中，出现了电荷的分离，形成了电场，使电源两端具有不同的电位。我们把电源两端的电位差，称为电源端电压，有时也称为电源电压。

电动势的方向由电源负极指向正极，而电压方向则是由高电位指向低电位，显然，在电源中，电动势的方向与电压的方向是相反的。在电源不接负载的情况下，电源电动势与电源端电压在数值上是相等的，如果选取电动势参考方向与电压参考方向相反，如图 2-7 (a) 所示，则有：

$$E = U \qquad (2-9)$$

若选取电动势参考方向与电压参考方向相同，如图 2-7 (b) 所示，则有：

$$E = -U$$

应当指出，尽管电源的开路电压和电动势在数值上是相同的，并且有相同的单位（V），但是，电源的电动势和电压的物理意义是不同的。电动势是描述电源力（非电场力）做功的物理量，而电压则是描述电场力做功的物理量。电动势仅存在于电源内部，而电压不仅存在于电源两端，而且也存在于电源外部。

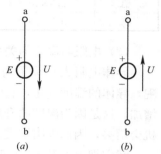

图 2-7　电动势与
端电压的关系

2.1.4　电阻与电导

（1）电阻

当电流通过电阻导体时，做定向运动的自由电子会与金属中的带电粒子发生碰撞。可见，导体对电荷的定向运动有阻碍作用。电阻就是反应导体对电流起阻碍作用大小的一个物理量。

电阻用字母 R 表示。电阻的单位名称是欧姆，简称欧，用符号 Ω 表示。

当导体两端的电压是 1V，导体内通过的电流是 1A 时，这段导体的电阻就是 1Ω。常用的电阻单位还有 $k\Omega$ 和 $M\Omega$，它们之间的换算关系是：

$$1M\Omega = 10^3 k\Omega = 10^6 \Omega$$

（2）电阻定律

导体的电阻是客观存在的，它不随导体两端电压大小而变化。实验证明，导体的电阻跟导体的长度成正比，跟导体的横截面积成反比，并与导体的材料性质有关。对于长度 L、截面为 S 的导体，其电阻可用下式表示：

$$R = \rho \frac{L}{S} \qquad (2-10)$$

式中的 ρ 是与导体材料性质有关的物理量，称为电阻率或电阻系数。电阻率通常是指在 20℃时，长 1m，横截面积为 $1m^2$ 的某种材料的电阻值。当 L、S、R 的单位分别为 m、m^2、Ω 时，ρ 的单位名称是欧·米，用符号 $\Omega \cdot m$ 表示。表 2-2 列出了几种常用导体材料在 20℃时的电阻率。

表 2-2　几种材料的电阻率

材料名称	电阻率 ρ（$\Omega \cdot m$）	电阻温度系数 α（1/℃）	材料名称	电阻率 ρ（$\Omega \cdot m$）	电阻温度系数 α（1/℃）
银	1.6×10^{-8}	0.0036	铁	9.8×10^{-8}	0.0062
铜	1.7×10^{-8}	0.004	碳	1.0×10^{-8}	-0.0005
铝	2.8×10^{-8}	0.0042	锰铜	44×10^{-8}	0.000006
钨	5.5×10^{-8}	0.0044	康铜	48×10^{-8}	0.000005

（3）电阻与温度的关系

导体电阻大小除了与本身因素（长度、截面、材料）有关，还与温度有关。实验发现，导体的温度变化，它的电阻也随着变化。一般的金属材料，温度升高后，导体的电阻增加。这是因为温度的升高使得导体中带电粒子的热运动加剧，自由电子在导体中碰撞的机会增多，因而电阻增大。

我们把温度升高 1℃ 时，电阻所产生的变动值与原电阻的比值，称为电阻温度系数，用字母 α 表示，单位是 1/℃。

如果在温度 t_1 时，导体的电阻为 R_1；在温度 t_2 时，导体的电阻为 R_2，那么电阻温度系数是：

$$\alpha = \frac{R_2 - R_1}{R_1(t_2 - t_1)} \tag{2-11}$$

2.1.5　欧姆定律

（1）部分电路欧姆定律

图 2-8 为不含电源的部分电路。当在电阻两端加上电压时，电阻中就有了电流流过。通过实验可以知道：流过电阻的电流 I 与电阻两端的电压 U 成正比，与电阻 R 成反比。这一结论称为部分电路欧姆定律。用公式表示为：

$$I = \frac{U}{R} \tag{2-12}$$

也可以写成：

$$U = IR \tag{2-13}$$

从图 2-8 还可以看出，电阻两端的电压方向是由高电位指向低电位，并且电位是逐点降低的。

例 2-4　某白炽灯接在 220V 电源上，正常工作时流过的电流为 455mA，试求此电灯的电阻。

解：

$$R = \frac{U}{I} = \frac{220}{455 \times 10^{-3}} = 483.5\Omega$$

例 2-5　有一个量程为 300V 的电压表，它的内阻是 40kΩ。用它测量电压时，允许流过的最大电流是多少？

解：图 2-9（a）为电压表的测量电路，根据题意，可将图 2-9（a）看成图 2-9（b）所示电路。由于电压表是一个定值，所测量的电压越大，通过电压表的电流也越大，因此被测电压是 300V 时，流过电压的电流最大，允许的最大电流为：

$$I_{\mathrm{m}} = \frac{U_{\mathrm{m}}}{R} = \frac{300\mathrm{V}}{40000\Omega} = 0.0075\mathrm{A} = 7.5\mathrm{mA}$$

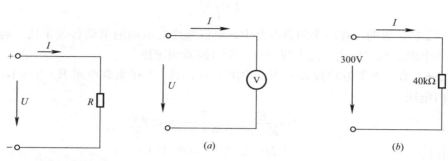

图 2-8　部分电路欧姆定律　　　　　图 2-9　电压表的测量电路

（2）电压、电流关系曲线

如果以电压为横坐标，电流为纵坐标，可画出电阻的电压与电流之间的关系曲线，称为此电阻的电压、电流关系曲线。电阻的电压、电流关系曲线是直线时，该电阻称为线性电阻，其电阻值 R 是个常数，如图 2-10 所示。图中的电阻用欧姆定律可以算得：

$$R = \frac{U}{I} = \frac{2}{0.2} = \frac{4}{0.4} = \frac{6}{0.6} = \cdots = 10\Omega$$

a、b、c、d、e 等点在一条直线上。

由线性电阻及其他线性元件组成的电路称为线性电路。

（3）全电路欧姆定律

全电路是指含有电源的闭合电路，如图 2-11，图中的点划线框内代表一个实际的电源。电源的内部一般都是有电阻的，这个电阻称为电源的内电阻，用字母 r 表示。为了看起来方便，通常在电路图上把 r 单独画出。事实上，内电阻是在电源内部，与电动势是分不开的，可以不单独画出，而在电源符号的旁边注明内电阻的数值就行了。

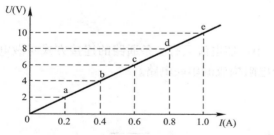

图 2-10　线性电阻的电压、电流关系

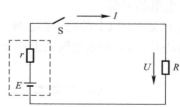

图 2-11　全电路示意图

当开关 S 闭合时，负载 R 上就有电流流过，这是因为电阻两端有了电压 U 的缘故。电压 U 是由电动势 E 产生的，它既是电阻两端的电压，又是电源的端电压。

下面我们来讨论电动势 E 和电源端电压 U 的关系。当开关 S 打开时，电源的端电压在数值上等于电源的电动势（方向相反）。当开关 S 闭合时，我们用电压表测量电阻 R 两端的电压，发现所测数值比开路电压小，即闭合电路中电源的端电压小于电源的电动势。这是因为电流流过电源内部时，在内电阻上产生了电压降 U_{r}，$U_{\mathrm{r}} = Ir$。可见电路闭合时，端电压 U 等于电源电动势减去内压降 U_{r}：

$$U = E - U_r = E - Ir \tag{2-14}$$

即
$$I = \frac{E}{R+r} \tag{2-15}$$

式（2-15）表明，在一个闭合电路中，电流强度与电源的电动势成正比，与电路中内电阻和外电阻之和成反比。这个规律称为全电路欧姆定律。

例 2-6　有一电源电动势 $E=3\text{V}$，内阻 $r=0.4\Omega$，外接负载电阻 $R=9.6\Omega$，求电源端电压和内电压。

解：
$$I = \frac{E}{R+r} = \frac{3}{9.6+0.4} = 0.3\text{A}$$

内压降　　　　　　$U_r = Ir = 0.3 \times 0.4 = 0.12\text{V}$

端电压　　　　　　$U = IR = 0.3 \times 9.6 = 2.88\text{V}$

或　　　　　　　　$U = E - U_r = 3 - 0.12 = 2.88\text{V}$

例 2-7　已知电池的开路电压 $U_K = 1.5\text{V}$，接上 9Ω 的负载电阻时，其端电压 1.35V。求电池的内电阻 r。

解： 开路时　　　　$E = U_K = 1.5\text{V}$

且已知　　　　　　$U = 1.35\text{V}, \ R = 9\Omega$

内压降　　　　　　$U_r = E - U = 1.5 - 1.35 = 0.15\text{V}$

电流　　　　　　　$I = \frac{U}{R} = \frac{1.35}{9} = 0.15\text{V}$

内阻　　　　　　　$r = \frac{U_r}{I} = \frac{0.15}{0.15} = 1\Omega$

2.2　直流电路

2.2.1　电阻的串联、并联

（1）电阻的串联

把两个或两个以上的电阻器连成一串，使电流只有一条通路的连接方式叫做电阻的串联。如图 2-12（a）所示电路是由三个电阻构成的串联电路。

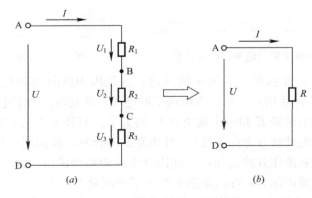

图 2-12　电阻的串联及其等效电路

1）串联电路的特点

① 电路中流过每个电阻的电流都相等，即：

$$I = I_1 = I_2 = I_3 = \cdots = I_n \tag{2-16}$$

这是由于串联电路只有唯一通路，况且电荷不会在电路中任一地方积累或消失，所以在相同时间内通过电路导线任一截面的电荷数必然相等，即各串联电阻中流过的电流相同。

② 电路两端的总电压等于各电阻两端的电压之和，即：

$$U = U_1 + U_2 + U_3 + \cdots + U_n \tag{2-17}$$

如图 2-12（a）所示，由电压与电位的关系可知：

$$U_{AB} = \varphi_A - \varphi_B$$
$$U_{BC} = \varphi_B - \varphi_C$$
$$U_{CD} = \varphi_C - \varphi_D$$

将上面三式相加得：

$$U_{AB} + U_{BC} + U_{CD} = \varphi_A - \varphi_B + \varphi_B - \varphi_C + \varphi_C - \varphi_D = \varphi_A - \varphi_D$$

因为　　　　　　　　　　　　$\varphi_A - \varphi_D = U_{AD}$

所以　　　　　　　　　　$U_{AB} + U_{BC} + U_{CD} = U_{AD}$

即　　　　　　　　　　　　$U_1 + U_2 + U_3 = U$

用同样的方法，可推导出式（2-18）。

③ 电路的等效电阻（即总电阻）等于各串联电阻之和，即：

$$R = R_1 + R_2 + R_3 + \cdots + R_n \tag{2-18}$$

在分析电路时，常用一个电阻来表示几个电阻的串联，这个电阻叫等效电阻。图 2-12（b）所示就是采用等效电阻后的等效电路。在图 2-12（a）中，总电阻等于总电压除以电流，即：

$$R = \frac{U}{I} = \frac{IR_1 + IR_2 + IR_3}{I} = R_1 + R_2 + R_3$$

同理：可以推导出式（2-18）。

④ 电路中各电阻上的电压与各电阻的阻值成正比，即：

$$U_n = \frac{R_n}{R} U \tag{2-19}$$

式（2-19）中 R_n 越大，它所分配的电压 U_n 也越大。式（2-19）常称为分压公式，$\dfrac{R_n}{R}$ 称为分压比。

在计算中，经常遇到两个或三个电阻串联，当给定总电压时，它们的分压公式分别为：

$$
\begin{cases}
U_1 = \dfrac{R_1}{R_1 + R_2} U \\[2mm]
U_2 = \dfrac{R_2}{R_1 + R_2} U
\end{cases}
\qquad
\begin{cases}
U_1 = \dfrac{R_1}{R_1 + R_2 + R_3} U \\[2mm]
U_2 = \dfrac{R_2}{R_1 + R_2 + R_3} U \\[2mm]
U_3 = \dfrac{R_3}{R_1 + R_2 + R_3} U
\end{cases}
\tag{2-20}
$$

2）串联电路的应用

电阻串联的应用很广泛。在实际工作中，常常采用几个电阻串联构成分压器，使同一电源能供给几种不同的电压；用小阻值电阻的串联来获得较大的电阻；利用串联电阻的方法，限制和调节电路中电流的大小；在电工测量中，用串联电阻来扩大电压表的量程，以便测量较高的电压。

例 2-8 如图 2-13 所示的分压器中，已知 $U=300\text{V}$，d 点是公共接点（参考点），$R_1=150\text{k}\Omega$，$R_2=100\text{k}\Omega$，$R_3=50\text{k}\Omega$，求输出电压 U_{cd}、U_{bd}？

解：
$$U_{cd}=U_3=\frac{R_3}{R_1+R_2+R_3}U=\frac{50}{150+100+50}\times300=50\text{V}$$

$$U_{bd}=U_2+U_3=\frac{R_2}{R_1+R_2+R_3}U+U_3=\frac{100}{150+100+50}\times300+50=150\text{V}$$

例 2-9 有一个表头（见图 2-14），它的满刻度电流 I_g 是 $50\mu\text{A}$（即允许通过的最大电流），内阻 r_g 是 $3\text{k}\Omega$。若改装成量程（即测量范围）为 10V 的电压表，应串联多大电阻？

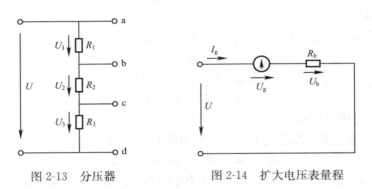

图 2-13 分压器　　图 2-14 扩大电压表量程

解： 当表头满刻度时，表头两端的电压 U_g 为：
$$U_g=I_g r_g=50\times10^{-6}\times3\times10^3=0.15\text{V}$$

显然用它直接测量 10V 电压是不行的，需要串联分压电阻以扩大测量范围（量程）。设量程扩大到 10V 所需要串入的电阻为 R_b，则：
$$R_b=\frac{U_b}{I_g}=\frac{U-U_g}{I_g}=\frac{10-0.15}{50\times10^{-6}}=197\text{k}\Omega$$

即应串联 197kΩ 的电阻，才能把表头改装成量程为 10V 的电压表。

（2）电阻的并联

把两个或两个以上的电阻并列地连接在两点之间，使每一电阻两端都承受同一电压的连接方式叫做电阻的并联。图 2-15（a）所示电路是由三个电阻构成的并联电路。

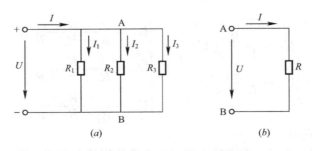

(a)　　(b)

图 2-15 电阻的并联及其等效电路

1) 并联电路的特点

① 电路中各电阻两端的电压相等，并且等于电路两端的电压，即：

$$U = U_1 = U_2 = U_3 = \cdots = U_n \tag{2-21}$$

由图 2-15 (a) 可见，每个电阻两端的电压都等于 A、B 两点的电压。

② 电路的总电流等于各电阻中的电流之和，即：

$$I = I_1 + I_2 + I_3 + \cdots + I_n \tag{2-22}$$

从图 2-15 (a) 可见，电流从电源正极流出后，分三条支路继续流动。由于形成电流的运动电荷不会在途中积累或消失，所以流入电源负极的电流始终等于从正极流出的电流。如果用电流表测量总电流和各支路电流的大小，同样可以说明式 (2-22) 的结论是正确的。

③ 电路的等效电阻（即总电阻）的倒数，等于各并联电阻的倒数之和，即：

$$\frac{1}{R} = \frac{1}{R_1} + \frac{1}{R_2} + \frac{1}{R_3} + \cdots + \frac{1}{R_n} \tag{2-23}$$

在图 2-15 (a) 中，总电阻应该等于总电压除以总电流：

$$R = \frac{U}{I} = \frac{U}{I_1 + I_2 + I_3} = \frac{U}{\dfrac{U}{R_1} + \dfrac{U}{R_2} + \dfrac{U}{R_3}} = \frac{1}{\dfrac{1}{R_1} + \dfrac{1}{R_2} + \dfrac{1}{R_3}}$$

即：

$$\frac{1}{R} = \frac{1}{R_1} + \frac{1}{R_2} + \frac{1}{R_3}$$

计算出总电阻后，图 2-15 (a) 就可等效为图 2-15 (b)。

两个并联电阻的值还可以写成 $R = R_1 /\!/ R_2 = \dfrac{R_1 R_2}{R_1 + R_2}$（公式中的 $/\!/$ 是并联符号）。

④ 在电阻并联电路中，各支路分配的电流与支路的电阻值成反比，即：

$$I_n = \frac{R}{R_n} I \tag{2-24}$$

其中，$R = R_1 /\!/ R_2 /\!/ R_3 /\!/ \cdots /\!/ R_n$。

式 (2-24) 中电阻 R_n 越大，通过它的电流越小，R_n 越小，通过它的电流越大。式 (2-24) 常称为分流公式，$\dfrac{R}{R_n}$ 称为分流比。

根据特点①可得：$U = U_n$，而 $U = IR$，$U_n = I_n R_n$ 即：$IR = I_n R_n$，也就是：

$$I_n = \frac{R}{R_n} I$$

在并联电路计算中，最常用的是两条支路的分流公式，根据式 (2-24) 可得：

$$I_1 = \frac{R_2}{R_1 + R_2} I$$

$$I_2 = \frac{R_1}{R_1 + R_2} I$$

其中 I 为总电流。

2) 并联电路的应用

并联电路的应用也是十分广泛的。凡额定电压相同的负载几乎全采用并联。这样，任何一个负载正常工作时都不影响其他负载，人们可根据需要来启动或断开各个负载；为了选择合适的电阻，有时将几个大阻值的电阻并联起来配成小阻值电阻以满足电路的要求；在电工测量中，经常在电流表两端并接分流电阻（亦称为分流器），以扩大电流表的量程，并且通过合理选配分流电阻，可以制成不同量程的电流表等。

例 2-10　有一个 500Ω 的电阻，分别与 600Ω、500Ω、20Ω 的电阻并联、并联后的等效电阻各是多少？

解：根据两电阻并联公式有：

$$① \ R = 500 / \!/ 600 = \frac{500 \times 600}{500 + 600} \approx 273\Omega$$

$$② \ R = 500 / \!/ 500 = \frac{500 \times 500}{500 + 500} = 250\Omega$$

$$③ \ R = 500 / \!/ 20 = \frac{500 \times 20}{500 + 20} \approx 20\Omega$$

从上面的计算结果可以看出如下三点：第一，并联电路的等效电阻总是比任何一个分电阻都小；第二，若两个电阻相等，并联后等效电阻等于一个电阻的一半；第三，若两个阻值相差很大的电阻并联，可以认为等效电阻近似等于小电阻的阻值。

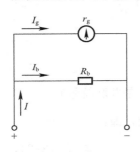

图 2-16　扩大电流表量程

例 2-11　有一表头，满刻度电流 $I_g = 50\mu A$，内阻 $r_g = 3k\Omega$。若把它改装成量程为 $550\mu A$ 的电流表，问应并联多大的电阻？

解：表头的满刻度电流只有 $50\mu A$，用它直接测量 $550\mu A$ 的电流显然是不行的，必须并联一个电阻进行分流以扩大量程，如图 2-16 所示。通过分流电阻 R_b 的电流为：

$$I_b = I - I_g = 550 - 50 = 500\mu A$$

电阻 R_b 两端的电压 U_b 与表头两端的电压 U_g 是相等的，

因此　　$U_b = U_g = I_g r_g = 50 \times 10^{-6} \times 3 \times 10^3 = 0.15V$

所以　　$$R_b = \frac{U_b}{I_b} = \frac{0.15}{500 \times 10^{-6}} = 300\Omega$$

2.2.2　电阻的混联

电路中的电阻元件既有串联又有并联的连接方式，称为混联。图 2-17 所示的电路就是一些电阻的混联电路。

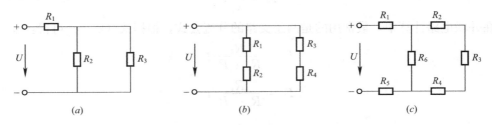

图 2-17　电阻混联电路

对于某些较为繁杂的电阻混联电路，一般不容易判别出各电阻的串、并联关系，就无法求得等效电阻。那么，比较有效的方法就是画出等效电路图，即把原电路整理成较为直观的串、并联关系的电路图，然后计算其等效电阻。

首先在原电路图中，给每一个连接点标注一个字母，按顺序将各字母沿水平方向排列，待求端的字母置于始终两端，最后将各电阻依次填入相应的字母之间。

例 2-12 求图 2-18 （a） 所示电路 AB 间的等效电阻 R_{AB}。其中 $R_1 = R_2 = R_3 = 2\Omega$，$R_4 = R_5 = 4\Omega$。

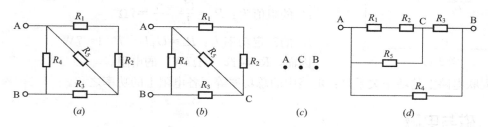

图 2-18 电阻混联的等效电路

解： ① 按要求在原电路中标出字母 C，如图 2-18 （b） 所示。

② 将 A、B、C 各点沿水平方向排列，如图 2-18 （c） 所示。

③ 将 $R_1 \sim R_5$ 依次填入相应的字母之间。R_1 与 R_2 串联在 A、C 间，R_3 在 B、C 之间，R_4 在 A、B 之间，R_5 在 A、C 之间，即可画出等效电路，如图 2-18 （d） 所示。

④ 由等效电路可求出 AB 间的等效电阻，即：

$$R_{12} = R_1 + R_2 = 2 + 2 = 4\Omega$$

$$R_{125} = \frac{R_{12} \times R_5}{R_{12} + R_5} = \frac{4 \times 4}{4 + 4} = 2\Omega$$

$$R_{1253} = R_{125} + R_3 = 2 + 2 = 4\Omega$$

$$R_{AB} = R_{1235} /\!/ R_4 = \frac{4 \times 4}{4 + 4} = 2\Omega$$

以上介绍的等效变换方法，并不是唯一求解等效电阻的方法。如利用电流的流向及电流的分、合，画出等效电路方法；利用电路中各等电位点分析电路，画出等效电路的方法。但无论哪一种方法，都是将不易看清串、并联关系的电路，等效为可直接看出串、并联关系的电路，然后求出其等效电阻。

在电阻混联电路中，已知电路总电压，若求解各电阻上的电压和电流，其步骤一般是：

① 首先求出这些电阻的等效电路

② 应用欧姆定律求出总电流

③ 应用电流分流公式和电压分压公式，分别求出各电阻上的电压和电流。

例 2-13 灯泡 A 的额定电压 $U_1 = 6V$，额定电流 $I_1 = 0.5A$；灯泡 B 的额定电压 $U_2 = 5V$，额定电流 $I_2 = 1A$。现有的电源电压 $U = 12V$，问如何接入电阻使两个灯泡都能正常工作。

解： 利用电阻串联的分压特点，将两个灯泡分别串上 R_3 和 R_4 再予以并联，然后接上电源，如图 2-19 所示。下面分别求出使两个灯泡正常工作时，R_3 与 R_4 的额定值。

① R_3 两端电压为：$U_3 = U - U_1 = 12 - 6 = 6V$

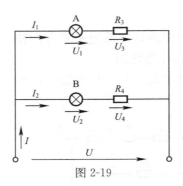

图 2-19

R_3 的阻值为：$R_3 = \dfrac{U_3}{I_1} = \dfrac{6}{0.5} = 12\Omega$

R_3 的额定功率为：$P_3 = U_3 I_1 = 6 \times 0.5 = 3W$

因而，R_3 应选 "12Ω　$3W$" 的电阻。

② R_4 两端电压为：$U_4 = U - U_2 = 12 - 5 = 7V$

R_4 的阻值为：$R_4 = \dfrac{U_4}{I_2} = \dfrac{7}{1} = 7\Omega$

R_4 的额定功率为：$R_4 = U_4 I_2 = 7 \times 1 = 7W$

因而，R_4 应选 "$7\Omega 7W$" 的电阻。

混联电路上的功率关系是：电路中的总功率等于各电阻上的功率之和。

2.3　磁与电磁

2.3.1　磁的基本知识

（1）磁体与磁极

具有磁性的物体叫磁体。磁体有条形、蹄形和针形等几种，如图 2-20 所示。

磁体两端磁性最强的区域叫磁极，任何磁体都有两个磁极。若将磁针转动，待静止时会发现它停止在南北方向上，指北的一端叫北极，用 N 表示，指南的一端叫南极，用 S 表示。与电荷间的相互作用力相似，磁极间也具有相互作用力，即同极相排斥，异极相吸引。磁极间的相互作用力叫做磁力，如图 2-21 所示。

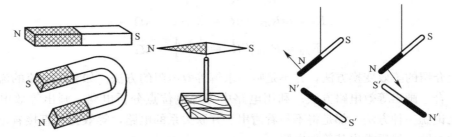

图 2-20　人造磁体　　　　　图 2-21　磁极间的相互作用

（2）磁场与磁力线

磁体周围存在磁力作用的空间，称为磁场。互不接触的磁体之间具有的相互作用力，就是通过磁场进行传递的。

磁场和电场同样是有方向的。在磁场中某一点放一个能自由转动的小磁针，静止时 N 极所指的方向，规定为该点的磁场方向。

为了形象地描述磁场而引出磁力线这一概念，规定在磁力线上每一点的切线方向表示该点的磁场方向。

磁力线可以用实验的方法形象地表示出来。如在条形磁体上放一块玻璃或纸板，撒上一些铁屑并轻敲，铁屑便会有规则地排列成如图 2-22（a）所示的线条形状，这些线条就显示出条形磁体的磁力线分布情况。磁力线具有以下几个特征：

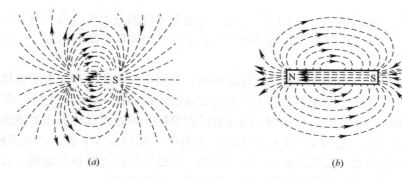

(a)　　　　　　　　　　　　　(b)

图 2-22　磁力线

① 磁力线是互不交叉的闭合曲线。在磁体外部由 N 极指向 S 极，在磁体内部由 S 极指向 N 极，如图 2-22 (b)。

② 磁力线上任意一点的切线方向，就是该点的磁场方向。

③ 磁力线的疏密程度反映了磁场的强弱。磁力线越密表示磁场越强，越疏表示磁场越弱。

（3）电流的磁场

1820 年丹麦物理学家奥斯特从实验中发现，放在导线旁边的磁针，当导线通入电流时，磁针会受到力的作用而偏转。这表明通电导线的周围存在着磁场，电与磁是有密切联系的。

法国科学家安培确定了通电导线周围的磁场方向，并用磁力线进行了描述。

1）通电直导线周围的磁场

通电直导线周围磁场的磁力线是一些以导线上各点为圆心的同心圆，这些同心圆都在与导线垂直的平面上，如图 2-23 所示。

实验表明，改变电流的方向，各点的磁场方向都随之改变。

磁力线的方向与电流方向之间的关系可用安培定则（又称右手螺旋定则）来判断，如图 2-24 所示，用右手握住通电直导线，让拇指指向电流方向，则四指环绕方向就是磁力线方向。

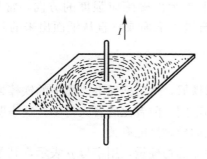

图 2-23　通电直导线磁场

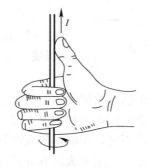

图 2-24　安培定则

2）通电螺线管的磁场

通电螺线管表现出来的磁性类似条形磁铁，一端相当于 N 极，另一端相当于 S 极，如果改变电流方向，它的 N 极、S 极随之改变。通电螺线管的磁力线，是一些穿过线圈横截面的闭合曲线，它的方向与电流方向之间的关系也可以用安培定则来判定。

（4）磁通

为了表示磁场在空间的分布情况，可以用磁力线的多少和疏密程度来形象描述，但它只能定性分析。磁通这一物理量的引入用来定量地描述磁场在一定面积上的分布情况。

通过与磁场方向垂直的某一面积上的磁力线的总数，叫做通过该面积的磁通量，简称磁通，用字母 Φ 表示。它的单位名称是韦伯，简称韦，用符号 Wb 表示。当面积一定时，通过该面积的磁通越大，磁场就越强。如变压器、电磁铁等铁心材料的选用，希望其通电线圈产生的全部磁力线尽可能多地通过铁心的截面，以提高效率。

（5）磁感应强度

为了研究磁场中各点的强弱和方向，我们引入磁感应强度这一物理量，用字母 B 来表示。

垂直通过单位面积的磁力线的多少，叫做该点的磁感应强度。在均匀磁场中，磁感应强度可表示为：

$$B = \frac{\Phi}{S} \tag{2-25}$$

式（2-25）表明磁感应强度 B 等于单位面积的磁通量，所以，有时磁感应强度也叫磁通密度。在式（2-25）中，当磁通单位为 Wb，面积的单位为 m^2，那么磁感应强度 B 的单位是 T，称为特斯拉，简称特。

磁力线上某点的切线方向就是该点的磁感应的方向。磁感应强度不但表示了某点磁场的强弱，而且还能表示出该点磁场的方向。因此，磁感应强度是个矢量。实际中，磁感应强度的大小可以用特斯拉计进行测量。

对于磁场中某一固定点来说，磁感应强度 B 是个常数，而对磁场中位置不同的各点，B 可能不相同。因此，用磁感应强度 B 的大小、方向可以描述磁场中各点的性质。

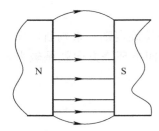

图 2-25　均匀磁场

若磁场中各点的磁感应强度的大小和方向相同，这种磁场就称为均匀磁场。在均匀磁场中，磁力线是等距离的平行直线，如图 2-25 所示。

为了在平面上表示出磁感应强度的方向，常用符号"×"或"·"表示垂直进入纸面或垂直从纸面出来的磁力线或磁感应强度。

（6）磁导率

如果用一个插有铁棒的通电线圈去吸引铁屑，然后把通电线圈中的铁棒换成铜棒再去吸引铁屑，便会发现在两种情况下吸力大小不同，前者比后者大得多。这表明不同的媒介质对磁场的影响不同，影响的程度与媒介质的导磁性能有关。

磁导率就是一个用来表示媒介质导磁性能的物理量，用字母 μ 表示，其单位名称是亨利每米，简称亨每米，用符号 H/m 表示。由实验测得真空中的磁导率 $\mu_0 = 4\pi \times 10^{-7}$ H/m，为一常数。

为了比较媒介质对磁场的影响，把任一物质的磁导率与真空的磁导率的比值称做相对磁导率，用 μ_r 表示，即：

$$\mu_r = \frac{\mu}{\mu_0} \tag{2-26}$$

式中，μ_r——相对磁导率；

　　　μ——任一物质的磁导率；

　　　μ_0——真空的磁导率。

（7）磁场强度

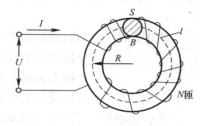

图 2-26　通电圆环线圈

若将图 2-26 所示中的圆环线圈置于真空中，那么此通电线圈的磁感应强度的大小将与圆环的周长、线圈的匝数以及电流强度有关。实验证明，它们之间的关系是：

$$B_0 = \mu_0 \frac{NI}{l} \tag{2-27}$$

式中，B_0——真空中的磁感应强度，T；

　　　μ_0——真空的磁导率，H/m；

　　　N——圆环线圈的匝数；

　　　l——圆环的平均长度，m；

　　　I——线圈中的电流，A。

当把圆环线圈从真空中取出，并在其中放入相对磁导率为 μ_r 的媒介质，则磁感应强度将是真空中的 μ_r 倍，即：

$$B = \mu_r\mu_0 \frac{NI}{l} \approx \mu \frac{NI}{l} \tag{2-28}$$

既然磁感应强度与媒介质的磁导率有关，这就使磁场的计算比较复杂，为了使计算简便，引入磁场强度这个物理量。

磁场中某点的磁感应强度 B 与媒介质磁导率 μ 的比值，叫做该点的磁场强度，用 H 表示，即：

$$H = \frac{B}{\mu} \tag{2-29}$$

将式（2-28）代入式（2-29）得：

$$H = \frac{B}{\mu} = \mu \frac{NI}{\mu l} = \frac{NI}{l} \tag{2-30}$$

磁场强度的单位名称为安培每米，简称安每米，用符号 A/m 表示。

式（2-30）表明，磁场强度的数值只与电流的大小及导体的形状有关，而与磁场媒介质的磁导率无关，也就是说，在一定电流值下，同一的磁场强度不因磁场介质的不同而改变。

磁场强度是矢量，在均匀媒介质中，它的方向和磁感应强度的方向一致。

2.3.2　磁场对载流导体的作用

（1）磁场对载流直导体的作用

按图 2-27 所示做一个实验，在蹄形磁铁磁极中间悬挂一根直导体，并使导体垂直于磁力线。当导体中未通过电流时，导体不会运动。如果接通电源，使导体流过如图所示的电流时，导体立即会向磁铁内侧运动。若改变导体电流的方向或磁极磁性，则导体会向相反方向运动。我们把载流导体在磁场中所受的作用力称做电磁力，用 F 表示。实验还证明，电磁力 F 的大小与导体中电流大小成正比，与导体在磁场中的有效长度及载流导体所在的位置的磁感应强度成正比，即：

$$F = BIl \qquad (2\text{-}31)$$

式中，B——均匀磁场的感应强度，T；

　　　　I——导体中的电流强度，A；

　　　　l——导体在磁场中的有效长度，m；

　　　　F——导体受到的电磁力，N。

实验还得出：当导体垂直磁感应强度的方向放置时，导体所受电磁力最大。若直导体与磁感应强度方向成 α 角时（如图 2-28 所示），则导体在与 B 垂直方向的投影 l_L 为导体的有效长度，即 $l_L = l\sin\alpha$，导体所受的电磁力 $F = BIl_L$，即：

$$F = BIl\sin\alpha \qquad (2\text{-}32)$$

例 2-14　如图 2-28 所示，在均匀磁场中放一长 $l = 0.8$m，$I = 12$A 的载流直导体，它与磁感应强度的方向成 $\alpha = 30°$ 角度，若这根载流直导体所受的电磁力 $F = 2.4$N，试求磁感应强度 B 及 $\alpha' = 60°$ 时导体受到的作用力 F'。

解：
$$B = \frac{F}{Il\sin\alpha} = \frac{2.4}{12 \times 0.8 \times \sin30°} = \frac{2.4}{9.6 \times 0.5} = 0.5\text{T}$$
$$F' = BIl\sin\alpha' = 0.5 \times 12 \times 0.8 \times \sin60° = 4.2\text{N}$$

载流直导体在磁场中的受力方向，可以用左手定则来判别，如图 2-29 所示，将左手伸平，拇指与四指垂直放在一个平面上，让磁力线垂直穿过手心，四指指向电流方向，则拇指所指方向就是导体的受力方向。

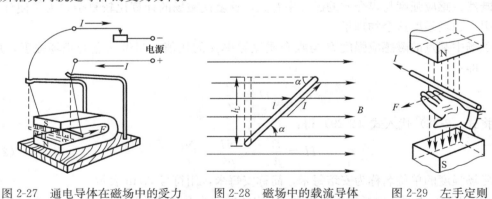

图 2-27　通电导体在磁场中的受力　　图 2-28　磁场中的载流导体　　图 2-29　左手定则

（2）磁场对通电矩形线圈的作用

研究磁场对通电线圈的作用具有重要意义，因为常用的直流电压表、直流电流表、万用表等磁电式仪表以及直流电动机都是应用这一原理制成的。

如图 2-30（a）所示，在均匀磁场中放置一通电矩形线圈 abcd，当线圈平面与磁力线平行时，由于 ad 边和 bc 边与磁力线平行而不受磁场的作用力，但 ab 边和 cd 边因与磁力线垂直将受到磁场的作用力 F_1 和 F_2，而且 $F_1 = F_2$。

两有效边所受到的作用力不仅大小相等而且根据左手定则可知，受力方向正好相反，因而构成一对力偶，将使线圈绕轴线做顺时针方向转动。

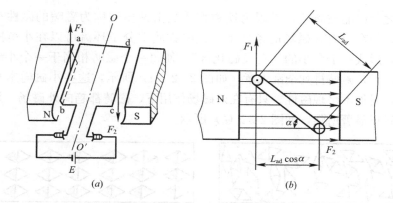

图 2-30 磁场对通电导线的作用

在图 2-30（a）中，设 ab＝cd＝l_1，ad＝bc＝l_2，ab 边和 cd 边所受到的作用力分别为 F_1 和 F_2。因而此时的转矩为：

$$M = F_1l_2 = BIl_1l_2 = BIS \tag{2-33}$$

式中，B——均匀磁场的磁感应强度，T；

       I——线圈中的电流，A；

      S——线圈的面积（$S＝l_1l_2$），m^2。

如图 2-30（b）所示，若线圈在转矩 M 的作用下顺时针方向旋转，当线圈平面与磁力线的夹角为 α 时，则线圈的转矩为：

$$M = BIS\cos\alpha \tag{2-34}$$

式（2-34）为单匝线圈的转矩表达式。如果矩形线圈由 N 匝绕制，则转矩为：

$$M = NBIS\cos\alpha \tag{2-35}$$

由式 2-34 可知：当线圈平面与磁力线平行时，α＝0°，cos0°＝1，这时转矩达到最大值，M＝BIS。当线圈平面与磁力线垂直时，α＝90°，cos90°＝0，这时的转矩为零。

例 2-15 如图 2-31 所示，绕在转子中的矩形线圈有电流 I＝6A，其中受到电磁作用力的有效边 A 和 B 长度为 20cm，导线位置如图所示，磁感应强度 B＝0.9T，转子直径 D＝15cm，求每根导线所受的电磁力以及线圈在该位置时所受到的转矩是多少？

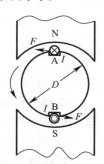

图 2-31 转子中
线圈的转矩

解： 由图可知电流 I 与 B 的方向互相垂直，而线圈平面与磁力线平行，由此可得：

① 每根导线（A 或 B）所受的电磁力为：

$$F = BIL = 0.9 \times 6 \times 0.2 = 1.08N$$

② 作用在矩形线圈上的转矩为：

$$M = FD = 1.08 \times 0.15 = 0.162N \cdot m$$

2.3.3 磁化与电磁感应

（1）磁化的概念

把软铁棒插入载流空心线中时，会发现铁屑被吸引了，这是由于软棒被磁化的缘故。像这种原来没有磁性的物质，在外磁场作用下产生磁性的现象叫做磁化。

铁磁物质之所以能被磁化，是因为铁磁物质是由许多被称为磁畴的磁性小区域所组成。所谓磁畴就是在没有外磁场的条件下，铁磁物质中分子环流可以在小范围内"自发地"排列起来，形成一个个小的"自发磁化区"，使每一个磁畴相当于一个小磁体。可是在无外磁场作用时，磁畴排列杂乱无章，如图 2-32（a）所示，这些小磁畴本身所具有的磁性相互抵消，对外不呈现磁性。只有在外磁场作用下，磁畴都趋向外磁场，形成附加磁场，从而使原磁场显著增强，如图 2-32（b）所示。

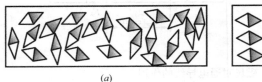
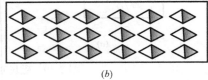

（a）　　　　　　　　　　　　　　　　　　（b）

图 2-32　磁化

（2）磁体材料的分类和用途

不同的铁磁材料具有不同的磁滞回线，其剩磁和矫顽力是不相同的，因而其特性和用途也不相同。通常根据矫顽力的大小把铁磁材料分成三大类。

1）软磁材料

指剩磁和矫顽力均很小的铁磁材料。其特点是磁导率高，易磁化也易去磁，磁滞回线较窄，磁滞损耗小，如图 2-33（a）所示。

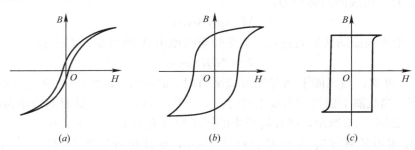

（a）　　　　　　　　　　（b）　　　　　　　　　　（c）

图 2-33　不同铁磁材料的磁滞回线

2）硬磁材料

指剩磁和矫顽力均很大的铁磁材料。其特点是磁滞回线很宽，如图 2-33（b）所示，这类材料不易磁化，也不易去磁，一旦磁化后能保持很强的剩磁。

3）矩磁材料

它的磁滞回线的形状如矩形，如图 2-33（c）所示。这种铁磁材料在很小的外磁场作用下就能磁化，一经磁化便达到饱和值，去掉外磁，磁性仍能保持在饱和值。

（3）电磁感应

1）电磁感应现象

为了理解电磁感应及其定律，我们先来观察两种实验现象。

① 在图 2-34 所示的均匀磁场中放置一根导体 AB，导体两端连接一个灵敏检流计 P。当使导体垂直于磁力线作切割磁力线运动时，可以明显地观察到检流计指针有偏转。这说明导体回路中有电流存在；另外当使导体平行于磁力线方向运动时，检流计指针不偏转，

说明导体回路不产生电流。

② 在图 2-35 所示实验中，空心线圈两端连接灵敏检流计 P。当用一块条形磁铁快速插入线圈时，我们会观察到检流计指针向一个方向偏转；如果条形磁铁在线圈内静止不动时，检流计指针不偏转；再将条形磁铁由线圈中迅速拔出时，又会观察到检流计指针向另一方向偏转。

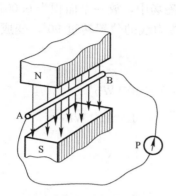 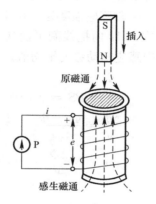

图 2-34 直导体的电磁感应现象 　　图 2-35 螺旋线圈的电磁感应现象

上述两实验现象说明：当导体相对于磁场运动而切割磁力线或者线圈中的磁通发生变化时，在导体或线圈中都会产生感应电动势。若导体或线圈构成闭合回路，则导体或线圈中将有电流流过。上述两种实验现象只是表现形式不同，但它们的本质是相同的。如果把图 2-34 中的直导体回路看成是一个单匝线圈，那么导体中的电流也是由于磁铁的变化而引起的。我们把这种由于磁通变化而在导体或线圈中产生感应电动势的现象称为电磁感应，也称"动磁生电"。由电磁感应产生的电动势称为感应电动势，由感应电动势产生的电流叫感应电流。

以上分析可知：产生电磁感应的条件是通过线圈回路的磁通必须发生变化。

2）我们再仔细观察图 2-35 的实验现象，还会发现：当条形磁铁插入或拔出线圈速度越快时，检流计指针偏转角度也越大，说明线圈中产生的感应电动势就越大；当插入或拔出的速度越慢时，检流计指针偏转角度也越小，说明线圈中产生的感应电动势就越小。

上述实验现象可以总结为：线圈中感应电动势的大小与通过同一线圈的磁通变化率（即变化快慢）成正比。这一规律就叫做法拉第电磁感应定律。

设 Δt 时间内通过线圈的磁通量为 $\Delta \Phi$，则单匝线圈中产生的感应电动势的平均值为：

$$|e| = \left| \frac{\Delta \Phi}{\Delta t} \right| \tag{2-36}$$

对于 N 匝线圈，其感应电动势为：

$$|e| = \left| N \frac{\Delta \Phi}{\Delta t} \right| \tag{2-37}$$

式中，e——在 Δt 时间内产生的感应电动势，V；

　　　N——线圈的匝数；

$\Delta\Phi$——线圈中磁通变化量，Wb；

Δt——磁通变化 $\Delta\Phi$ 所需的时间，s。

式（2-36）表明，线圈中感应电动势的大小，取决于线圈中磁通的变化速度，而与线圈中磁通本身的大小无关。如果 $\dfrac{\Delta\Phi}{\Delta t}$，则 $e=0$；$\dfrac{\Delta\Phi}{\Delta t}$ 越大，则 e 越大。当 $\dfrac{\Delta\Phi}{\Delta t}=0$ 时，即使线圈中磁通再大，也不会产生感应电动势。

例 2-16　在一个磁感应强度为 0.01T 的均匀磁场中，放一个面积为 0.001m^2 的线圈，匝数为 500 匝。在 0.1s 内把线圈平面从平行于磁力线的位置转过 $90°$，变成与磁力线垂直。求这一过程中感应电动势的平均值。

解：
$$\Phi_1 = 0$$
$$\Phi_2 = BS = 0.01 \times 0.001 = 1 \times 10^{-5}\,\text{Wb}$$
$$\frac{\Delta\Phi}{\Delta t} = \frac{\Phi_2 - \Phi_1}{\Delta t} = \frac{1 \times 10^{-5} - 0}{0.1} = 1 \times 10^{-4}\,\text{Wb/s}$$
$$e = N\frac{\Delta\Phi}{\Delta t} = 500 \times 10^{-4} = 5 \times 10^{-2}\,\text{V}$$

第3章　机　械　基　础

3.1　机械基础

机器就是人工的物体组合，它的各部分之间具有一定的相对运动，并能用来作出有效的机械功或转换机械能。机构在机器中有传递运动或转变运动形式（如转动变为移动），这些部分称为机构。如机械的带传动机构、齿轮传动机构等。机构是机器的重要组成部分。通常所说的机械，是机构和机器的总称。

机械传动是机械的核心，它主要有以下四种传动方式：

① 机械传动，即采用带轮、轴、齿轮等机械零件组成的传动装置来进行能量传递。

② 液压传动，即采用液压元件，利用液体（油或水）作为工作介质，以其压力进行能量传递。

③ 气压传动，即采用气压元件，利用气体作为工作介质，以其压力进行能量的传递。

④ 电动传动，即采用电气设备和电器元件。利用调整其电参数（电压、电流、电阻）来实现能量传递。

3.1.1　机械制图基础知识

（1）基础知识

准确表达物体的形状、尺寸及其技术要求的图，称为图样。图样是制造工具、机器、仪表等产品的重要技术依据。机械图样是工业生产的重要技术条件，也是工程界的技术语言。

1）图样

表示物体的直观形状可用立体图，如图 3-1 是组合夹具中的零件——支承座立体图。从图中可以看到支承座箭头所示三个方向的形状。这种图形虽然有立体感，但却不能反映物体的真实情况。如支承座的圆孔在图上画成了椭圆孔，长方形的表面画成了平行四边形。更主要的是圆孔及支承座下面的方槽是否前后及左右穿通，在图上未能表达清楚。所以，立体图一般不能直接用在生产上，但由于立体感强，可以作为生产的辅助性图形。

从图 3-1 和图 3-2 中可以看出它们的区别。立体图只用了一个图形来表达支承座的形状，而零件图则采用了三个图形；立体图产生变形的地方，零件图能正确的表达出来；立体图表达不完全的地方，

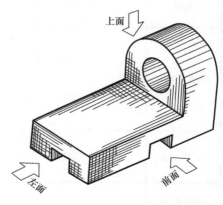

图 3-1　支承座立体图

零件图却完全地表达清楚了。并且在图形上标注了表示零件大小的尺寸，以及公差、表面粗糙度等技术要求。所以零件图能满足生产制造要求。

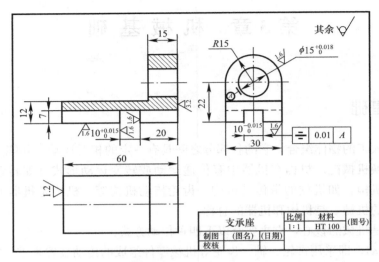

图 3-2　采用正投影绘制的零件图

在机械制造过程中，用于加工零件的图样是零件图。如图 3-2 是支承座零件图，它是制造和检验该零件的技术依据。

2）图线

① 图线的种类及应用

物体的形状在图样上是用各种不同的图线画成的。为了使图样清晰和便于读图，国家标准《机械制图》对图线作了规定。绘制图样时，应采用表 3-1 中规定的图线。

表 3-1　图线及部分应用

图线名称	图线形式	宽度	一般应用
粗实线		b	① 可见轮廓线 ② 可见过渡线
虚线	------------	约 $b/3$	① 不可见轮廓线 ② 不可见过渡线
细实线	———————	约 $b/3$	① 尺寸线及尺寸界线 ② 剖面线 ③ 重合剖面的轮廓线 ④ 螺纹的牙底线及齿轮的齿根线 ⑤ 引出线 ⑥ 局部放大部分的范围线
细点划线	—·—·—·—·—	约 $b/3$	① 轴线 ② 对称中心线 ③ 轨迹线
双点划线	—··—··—··—	约 $b/3$	① 运动机件在极限位置的轮廓线 ② 相邻辅助零件的轮廓线

续表

图线名称	图线形式	宽度	一般应用
波浪线	～～～	约 $b/3$	① 断裂处的边界线 ② 视图和剖视的分界线
双折线	～／～	约 $b/3$	断裂处的边界线
粗点划线	——·——·——	b	有特殊要求的线或表面的表示线

② 图线的画法

同一图样中同类图线的宽度应基本一致。虚线、点划线及双点划线的线段长度和间隔应各自大致相同。

绘制图的对称中心线时,圆心应为线段的交点。点划线和双点划线的首末两端应是线段而不是短划。当图形比较小,用点划线绘制有困难时,可用细实线代替。如图 3-3 所示。画虚线时凭目测线段的长度,不要太长或太短,每段长度基本一致。虚线和其他图线相交或相连时,习惯上采用图 3-4 所示画法。

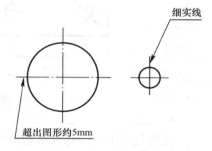

图 3-3 中心线绘制法

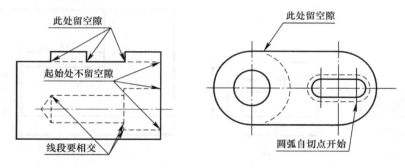

图 3-4 虚线与图线相交画线

3) 图样尺寸

图样中,图形只能表达物体的形状,尺寸确定它的真实大小。由此,在图样上必须标注尺寸。标注尺寸是一项很重要的工作,应该严格遵循国家标准《机械制图》中有关尺寸标准的规定,保证尺寸标注得正确而清晰。

① 基本规则

机件的真实大小应以图样上所标注的尺寸数值为依据,与图形的大小及绘图的准确度无关。

图样中(包括技术要求和其他说明)的尺寸,以毫米为单位时,不需要标注计量单位的代号或名称,如果采用其他单位,则必须注明相应的计量单位的代号或名称。

图样中所标注的尺寸,为该图样所示机件的最后完工尺寸,否则应另加说明。

机件的每一尺寸,一般只标注一次,并应标注在反映该结构最清晰的图形上。

② 标注尺寸三要素

一个完整的尺寸包括尺寸界限、尺寸线和尺寸数字三个基本要素，如图 3-5 所示。

尺寸界限的画法：尺寸界限用细实线绘制，并应由图形轮廓线、轴线或对称中心处引出，也可利用轮廓线、轴线或对称中心线作尺寸界线，如图 3-6 所示。

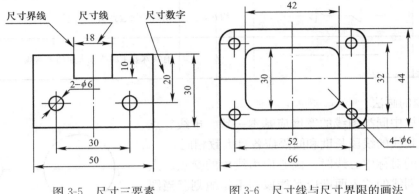

图 3-5　尺寸三要素　　　　　图 3-6　尺寸线与尺寸界限的画法

4）比例

比例是图中图形与其实物相应要素的线性尺寸之比。比值为 1 的比例为原值比例，即 1∶1；比值大于 1 的比例为放大比例，如 2∶1；比值小于 1 的为缩小比例，如 1∶2。用不同比例绘制的图形如图 3-7 所示。

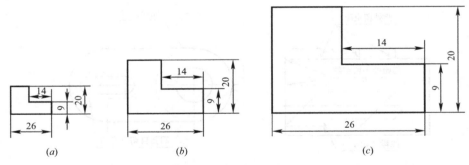

图 3-7　图形比例与尺寸数字

(a) 比例为 1∶2；(b) 比例为 1∶1；(c) 比例为 2∶1

使用比例时应注意的问题：同一物体的各视图应采用同一比例。如某一视图采用不同比例时，应在该视图的上方另行标注。

不论采用原值比例还是放大比例或缩小比例绘制的图样，图中的尺寸均应按物体的实际尺寸标注，与图中所采用的比例无关，如图 3-5 所示。

（2）零件的表达方法

为适应在实际中机械结构形状的多样性，将机械内外结构形状正确、完整、清晰地表达出来，国家标准《机械制图》规定有视图、剖视图、剖面图等各种表达方法、现分别介绍如下。

1）视图

视图为机件向投影面投影所得的图形。它一般只画机件的可见部分，必要时才画出其不可见部分。

视图有基本视图、局部视图、斜视图和旋转视图四种。

① 基本视图

机件基本投影所得的图形称为基本视图。

国家标准《机械制图》中规定，采用正六面体的六个面为基本投影面。将机件放在正六面体中，由前、后、左、右、上、下六个方向，分别向六个投影面投影，即得六个基本视图，如图 3-8 所示。

六个基本视图中，最常应用的是主、俯、左三个视图，各视图的采用应根据机件形状特征而定。

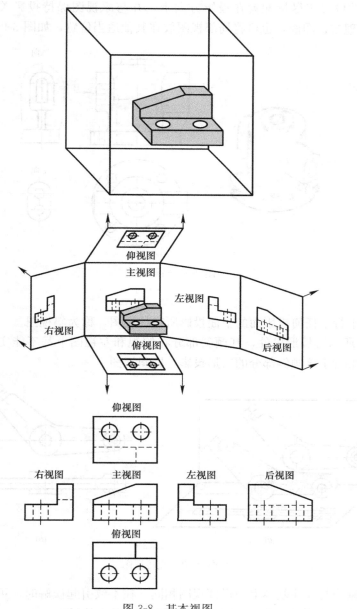

图 3-8　基本视图

② 局部视图

机件的某一部分向基本投影面投影而得的视图称为局部视图。局部视图是不完整的基本视图。

图 3-9 所示机件，主、俯两基本视图，已将其基本部分的形状表达清楚，唯有两侧凸台和左侧肋板的厚度尚未表达清楚，因此采用 A 向、B 向两个局部视图加以补充，这样就可以省去两个基本视图，简化表达方法，节省了画图工作量。

局部视图的断裂边界一般以波浪线表示。如图中"A 向"。当所表示的局部结构是完整的，且外轮廓线又成封闭时，可省略波浪线，如图 3-9 中"B 向"。

局部视图的位置应尽量配置在投影方向上，并与原视图保持投影关系。如图 3-9 中"A"有时为合理布置图面，也可将局部视图放在其他适当位置，如图 3-9 中"B 向"。

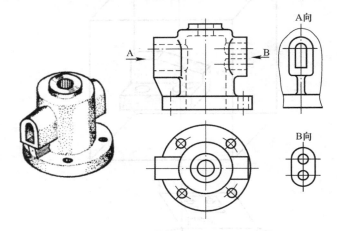

图 3-9　局部视图

③ 斜视图

机件向不平行于任何投影面的平面投影所得的视图，称为斜视图。

如图 3-10 所示弯板形机件，其倾斜部分在俯视和左视图上都不能实形投影，这时就可以另加一个平行于该倾斜部分的实形投影，即斜视图。

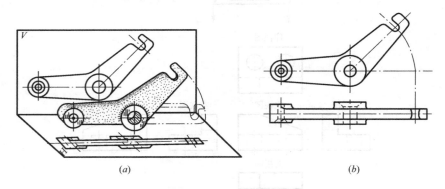

(a)　　　　　　　　　　　　　(b)

图 3-10　旋转视图

斜视图的画法与标注基本上与局部视图相同。在不致引起误解时，可不按投影关系配置，还可将图形旋转摆正，此时，图形上方应标注"X 向旋转"。

④ 旋转视图

假想将机件的倾斜部分旋转到与某一选定的基本投影面平行后再向该平面投影所得到的视图，称为旋转视图。

图 3-10（b）所示连杆的右端与水平倾斜，为将该部分结构形状表达清楚，即可假想将该部分绕机件回转轴线到与水平面平行的位置，再投影所得的视图，即为旋转视图。

2）剖视图

用视图表达机件时，机件内部的结构形状都用虚线表示。如果视图中虚线过多，会使图形不够清晰，而且标注尺寸也不方便，为此表达机件内部结构，常采用剖视图的方法，简称剖视。

a. 剖视图及其形成

假想用剖切面切开机件，将处在观察者和剖切面之间的部分移去，而将其余部分向投影面投影所得的图形，称为剖视图。

如图 3-11（a）所示，在机件的视图中，主视图用虚线表达其内部情况，不够清晰。按图 3-11（b）所示方法，假想沿机件前后对称平面将其剖开，去掉前部，将后部正投影面投影，就得到一个剖视的主视图，如图 3-11（c）所示。

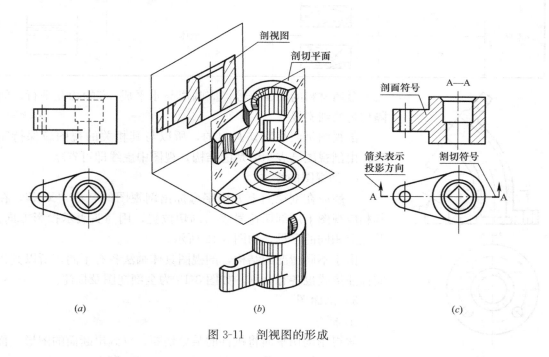

图 3-11　剖视图的形成

b. 剖视图的画法

剖视图是假想将机件剖切后画出的图形，画剖视图应注意以下几点：

剖切位置要恰当。剖切面应尽量通过较多的内部结构（孔、槽等）的轴线或对称平面，并平行于选定的投影面。

内外轮廓要画齐。机件剖开后，处在剖切平面之后的所有轮廓都应画齐，不得遗漏。

剖面符号要画好。剖视图中，凡被剖切的部分应画上剖面符号。国家标准《机械制图》中规定了各种材料的剖面符号，见表 3-2。

表 3-2　各种材料的剖面符号

金属材料 （已有规定剖面符号者除外）		木质胶合板（不分层数）	
线圈绕组元件		基础周围的泥土	
转子、电枢、变压器、 电抗器等的叠钢片		混凝土	
非金属材料 （已有规定剖面符号者除外）		钢筋混凝土	
型砂、填砂、粉末冶金、砂轮、 陶瓷刀片、硬质合金刀片等		砖	
玻璃及供观察用的 其他透明材料		格网（筛网、过滤网等）	
木材	纵剖面	液体	
	横剖面		

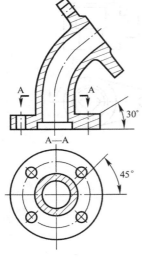

图 3-12　剖面线与水平
成 30°或 60°

金属材料的剖面符号，应画成与水平成 45°的相互平行、间隔均匀的细实线。

剖视图是假想剖切画出的，所以与其相关的视图应保持完整；由剖视图已表达清楚的结构，视图中虚线即可省略。

c. 剖视图的标注

一般应在剖视图上方用字母标出剖视图的名称"X-X"，在其相应视图上用剖切符号表示剖切位置，用箭头表示投影方向，并注上相同的字母，如图 3-12 所示。

由于不同情况的结构，剖视图具体画法各有不同，所以其相应标注形式也各有区别，如图 3-13 为全剖视图及标注。

3）剖面图

① 概念

假想用剖切平面将机件的某处切断，仅画出断面的图形，称为剖面图，简称剖面。如图 3-14（a）、（b）所示。

剖面图与剖视图不同之处是：剖面图仅画出机件断面的图形，而剖视图则要求剖切剖面以后的所有部分的投影，如图 3-14（c）。

② 剖面图的分类及画法

剖面分移出剖面和重合剖面两种。

a. 移出剖面

画在视图轮廓之外的剖面称移出剖面，图 3-14 所示剖面即为移出剖面，移出剖面的轮廓线用粗实线画出，断面上画出剖面符号。移出剖面应尽量配置在剖切剖面的延长线上，必要时也可画在其他位置。

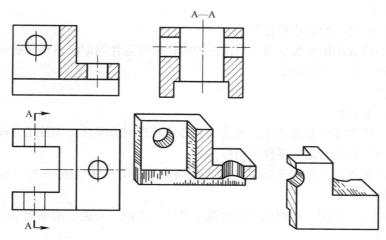

图 3-13　全剖视图及其标注

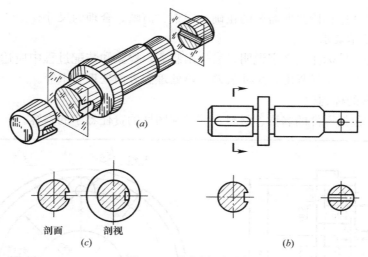

图 3-14　移出剖面视图

当剖切剖面通过回转面形成的孔或凹坑的轴线时，这些结构应按剖视图绘制，如图 3-15 所示。

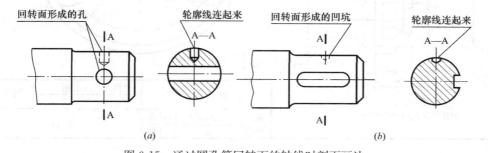

图 3-15　通过圆孔等回转面的轴线时剖面画法

当剖切面通过非回转面，会导致出现完全分离的剖面时，这样的结构也应按剖视图画法。

b. 重合剖面

画在视图轮廓之内的对称重合剖面。

重合剖面的轮廓用细实线绘制。当视图中的轮廓与重合剖面的图形重叠时，视图中的轮廓线仍应连续画出，不可间断。

（3）零件图

1）零件图的内容

机器都是由许多零件装配而成，制造机器必须首先制造零件。零件工作图（简称零件图）就是直接指导制造和检验零件的图样。

一张完整的零件图（如图 3-16 所示的电机端盖零件图），应包括下列内容：

① 一组图形

用必要的视图、剖视、剖面以及其他规定画法，正确、完整、清晰地表达零件各部分结构的内外形状。

② 完整的尺寸

能满足零件制造和检验所需要的正确、完整、清晰、合理的尺寸。

③ 必要的技术要求

利用代（符）号标注或文字说明，表达出制造、检验和装配过程中应达到的一些技术上的要求。如：表面粗糙程度、尺寸公差、热处理和表面处理要求等。

④ 填写完整的标题栏

标题栏中应包括零件的名称、材料、图号和图样的责任签字的内容。

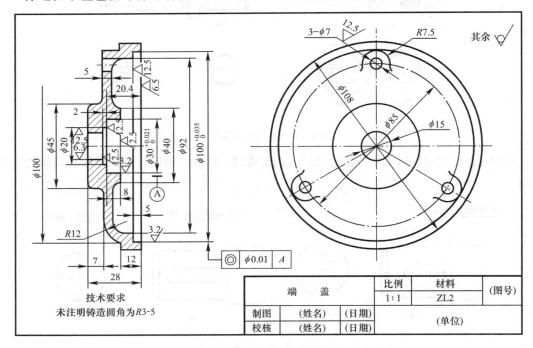

图 3-16 电机端盖零件图

2）零件视图数量及表达方法举例

主视图确定之后，再考虑还需要配置多少其他视图，采用哪些表达方法，应根据零件的复杂程度，在能够正确、完整、清晰地表达零件内外结构的前提下，尽量用较少的视图，以便于画图和读图。

① 只需一、两个视图即可表达完整零件

有些简单的回转零件，加以尺寸标注，只需一个视图就可以表达完整、清晰。如同轴组合的回转体零件，由于尺寸标注中有"∅"和"s∅"等符号，用一个主视图就足以表达清晰。

图 3-17 所示不全回转体零件，只用一个视图就不能完整地表达其结构形状，必须用半剖图和一个左视图，才能完整、清晰地表达其内外结构。

② 需要三个或更多视图及多种表达方法才能表达完整的复杂零件。

图 3-18 所示壳体零件，可采用三个视图。主视图因左右对称，用半剖视图表示内腔，局部剖视图表达小孔的内形。俯视图表达了三部分结构间的相互位置关系，四个孔的分布情况以及底板上的四个圆角，并用局部剖视显示了内腔圆角的形状。左视图主要用全剖视表达内腔，还在肋板上采用重合剖面表达了肋板的断面情况。

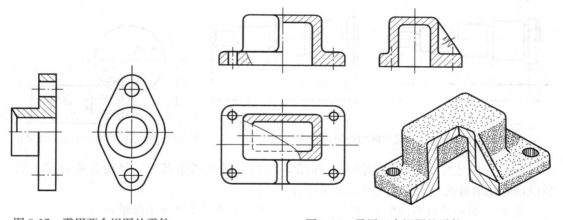

图 3-17　需用两个视图的零件　　　　　图 3-18　需用三个视图的零件

3）零件图尺寸的标注

① 尺寸基准

尺寸基准是指图样中标注尺寸的起点。每个零件都有长、宽、高三个方向，每个方向至少应有有关基准。

② 零件图标注尺寸注意事项

a. 设计中的重要尺寸，要从基准单独直接标出，如图 3-19（a）所示。零件的重要尺寸，主要是指影响零件在整个机器中的工作性能和位置关系的尺寸，如配合表面的尺寸，重要的定位尺寸等。它们的精度将直接影响零件的使用性能，因此必须直接标出。不像图 3-19（b）那样，重要尺寸 A、B 需靠其他（C、D、L、E）间接计算而得，以造成差错或误差的积累。

b. 标注尺寸时，当同一方向尺寸出现多个基准时，为了突出主要基准，明确辅助基准，保证尺寸标注不致脱节，必须在辅助基准和主要基准之间直接标出联系尺寸。

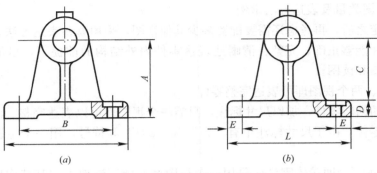

图 3-19　重要尺寸要直接标出

(*a*) 对；(*b*) 错

c. 标注尺寸时，不允许出现封闭的尺寸链。封闭尺寸链，就是头尾相接，绕成一整圈的一组尺寸，如图 3-20 (*a*) 所示。这样在标注尺寸时，所有轴向尺寸一环接一环，每个尺寸的精度，都将受到其他环的影响，因而精度难以得到保证。

为避免封闭尺寸链，可以选择一个不重要的尺寸不予标出，尺寸链留有开口，如图 3-20 (*b*) 所示。开口环的尺寸在加工中自然形成。

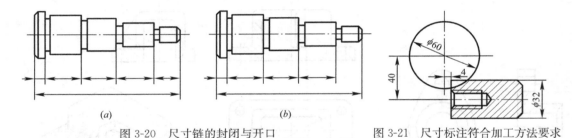

图 3-20　尺寸链的封闭与开口　　　　　图 3-21　尺寸标注符合加工方法要求

d. 标注尺寸要便于加工和测量，如图 3-21 所示的圆弧槽部分，是用盘铣刀加工的。所以，应注出盘铣刀的直径尺寸，不是半径 $R30$。

图 3-22 所示几种断面形状的尺寸，按 b 图所示标注尺寸就便于测量。

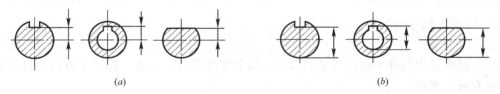

图 3-22　尺寸标注要便于测量

(*a*) 不便于测量；(*b*) 便于测量

4）零件图技术要求的标注

① 表面粗糙度

零件加工表面上具有的较小间距和峰谷所组成的微观几何形状不平的程度，就叫做表面粗糙度，如图 3-23 所示。

国家标准中规定，常用表面粗糙度评定参数有：轮廓算数平均偏差（R_a）、微观不平度十点高度（R_z）和轮廓最大高度（R_y）。一般情况下，R_a 为最常用的评定参数。

a. 表面粗糙度代（符）号

在图样中，零件表面粗糙度是采用代（符）号标注的。

粗糙度的基本符号是由两条不等长且与被标注表面投影轮廓线成 60°的斜线组成，如图 3-24（a）所示。它无具体意义，不能单独使用。

在基本符号上，加一短线如图 3-24（b）则表示该表面粗糙度是用去除材料的方法（车、铣、刨、磨、剪切、抛光、腐蚀、电火花加工等）获得的。

在基本符号上，加一小圆如图 3-24（c）则表示该表面粗糙度是用不去除材料的方法（铸、锻、冲压变形、热轧、冷轧、粉末冶金等）获得的，或者用于保持原状况的表面（包括保持上道工序的情况）。

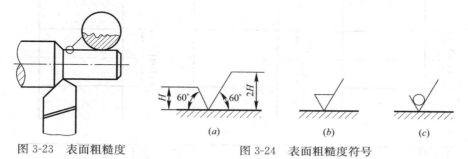

图 3-23 表面粗糙度   图 3-24 表面粗糙度符号

在表面粗糙度符号上，按规定位置填写评定参数值等，组成表面粗糙度代号。三种常用评定参数（R_a、R_z、R_y）的允许值均以微米为单位，且当标注轮廓算数平均偏差时，省略"R_a"符号。

b. 表面粗糙度代（符）号在图样上的标注方法

在同图样中，每一表面的粗糙度代（符）号只标注一次，并尽可能标注在具有确定该表面大小或位置尺寸的视图上。代（符）号应注在可见轮廓线、尺寸界限或其延长线上。尖端必须从材料外指向该平面，如图 3-25 所示。

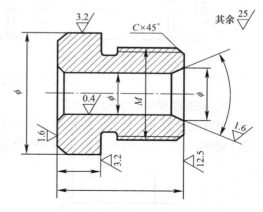

图 3-25 表面粗糙度代（符）号的标注位置

代号中数字书写方向，必须与尺寸数字书写方向一致。

当零件表面中大部分粗糙度相同时，也可将相同的粗糙度代（符）号标注在统一右上角，前面加"其余"二字。

② 公差与配合

为保证零件具有互换性，应对其尺寸规定一个允许变动的范围——允许尺寸的变动量，称为尺寸公差。

配合是指两个基本尺寸相同时，相互结合的孔和轴公差差带之间的关系。由于孔、轴实际尺寸不同，装配后松紧度不同，可分别形成间隙配合、过盈配合和过渡配合。

a. 零件图中公差的标注方法

第一种方法是基本尺寸后面标注公差代（符）号。公差代（符）号由基本偏差代号与标准公差等级代号组成，并用与尺寸数字相同字号书写，如图 3-26 所示。

标注偏差数字时，上偏差应注在基本尺寸的右上方；下偏差应与基本尺寸注在统一底线上，字体应比基本尺寸数字小一号。

若上、下偏差数值相同，只是符号相反，则可简化标注。如 50、0.02。此时，偏差数字应与基本尺寸数字等高如图 3-26（a）。

若上偏差或下偏差为零，则亦应标明"0"，且与另一偏差的各位对齐如图 3-26（b）。

第三种方法是在基本尺寸后面同时标注公差带代号和上、下偏差值，如图 3-26（c）所示。

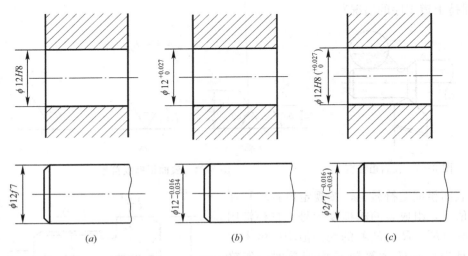

图 3-26　零件图中公差的标注方法

b. 装配图中配合的标注方法

对有配合要求的尺寸，应在基本尺寸之后标注组合代号。配合代号由孔与轴的公差代号组合而成，并写成分数形式，分子为孔公差带代号，分母为轴公差带代号，如图 3-27 所示。

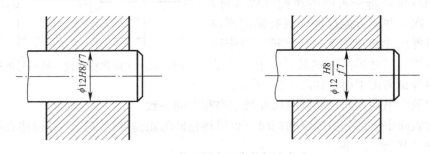

图 3-27　装配图中配合的标注方法

③ 形位公差

经过加工的零件表面，不但会有尺寸误差，而且会有形状和位置误差。对于精度要求较高的零件，要规定其表面形状和相互位置的公差，简称形位公差。

a. 形位公差种类

形位公差共分两大类：一类是形状公差，有六项；另一类是位置公差，有八项。其符号见表 3-3。

表 3-3 形位公差的项目及符号

分类	项目	符号	分类		项目	符号
形状公差	直线度	——	位置公差	定向	平行度	//
	平行度	▱			垂直度	⊥
	圆度	○			倾斜度	∠
	圆柱度	⌭		定位	同轴度	◎
					对称度	≡
	线轮廓度	⌒			位置度	⊕
	面轮廓度	⌓		跳动	面跳动	↗
					全跳动	⌰

b. 形位公差的标注方法

形位公差在图样中是用代号标注的，代号标注不便时，也可用文字说明。

形位公差的代号包括：形位公差项目符号；形位公差框格和带箭头的指引线；形位公差数值和其他有关符号，基准符号等。

形位公差的框格及带箭头的指引线：框格用细实线画出，可水平或垂直放置。框格自左向右，分出两路，三格或多格，第一、二格分别填写项目符号，公差数值及有关符号。第三格以及以后各格填写基准代号字母和其他有关内容，如图 3-28 所示。

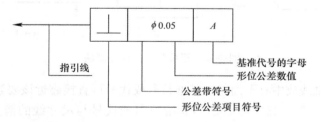

图 3-28 形位公差框格及带箭头的指引线

框格一端与指引线相连，指引线另一端以箭头指向被测要素。箭头应指向公差带宽度方向或直径方向。

当被测要素为表面或线时，指引线箭头应指在该要素轮廓线或其引出线上，但要与尺寸线明显错开，如图 3-29 所示。

图 3-29 箭头指向轮廓线或引出线

　　标明基准要素的方法：被测要素的位置公差，总是对一定基准要素而言的，基准要素在图样上用基准符号表示，基准符号为一加粗（约 2b）的短划。

　　基准符号应靠近基准线或基准面或它们的延长线上。基准符号与框格之间用细线连起来，连线必须与基准要素垂直。当基准要素为表面或线时，基准符号应与尺寸明显错开，如图 3-30 所示。

　　当基准符号不便与框格相连时，可采用基准代号标注。基准代号由基准符号、圆圈、连线和字母组成，如图 3-31 所示。

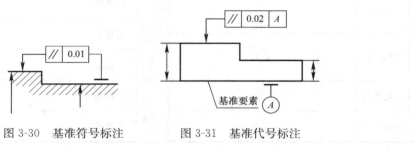

图 3-30　基准符号标注　　　　图 3-31　基准代号标注

　　被测要素、基准要素为轴线或中心平面时的标注方法

　　当被测要素为对称平面时，箭头应直接指向该要素。如图 3-32（a），或与其尺寸线对齐，如图 3-32（b）。若指引线箭头与尺寸箭头重叠，可省去尺寸线箭头，如图 3-32（c）所示。

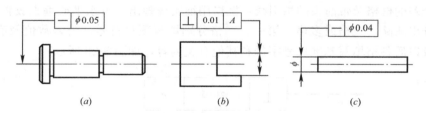

（a）　　　　　　　　　（b）　　　　　　　　　（c）

图 3-32　形位公差的标注画法

　　当基准要素为轴线或中心平面时，基准符号或代号可直接靠近该要素，如图 3-33（a），或与其尺寸线对齐，图 3-33（b、c）。若基准符号或代号与尺寸线的箭头重叠，则将尺寸线的箭头省去，如图 3-33（c）所示。

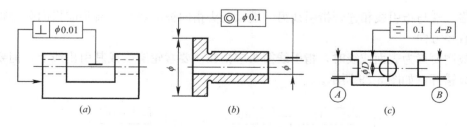

（a）　　　　　　　　　（b）　　　　　　　　　（c）

图 3-33　基准要素为轴线、中心平面时的标注

　　c. 形位公差标注示例

　　图 3-34 中曲轴零件，标有多向形位公差，选择适宜的加工和测量方法。

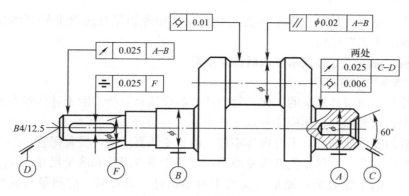

图 3-34　曲轴零件的形位公差

5）零件的测绘

零件测绘就是依据实际零件，画出它的图形，测量并标注它的尺寸，给定必要的技术要求等工作过程。在仿造及其设备、设备维修和技术革新中需要进行这一工作。

① 零件测绘的一般过程

a. 全面了解测绘对象：分析、弄清零件的名称、用途；鉴定零件的材料，热处理和表面处理情况；分析零件结构形状和各部分的作用；查看零件有无磨损和缺陷，了解零件的制造工艺过程等。

对测绘对象了解和分析，是做好零件测绘的基础。测绘虽然不是设计，但必须正确领会设计的意图，使测绘的结果正确、合理。

b. 绘制零件草图：在对零件进行认真分析的基础上，目测比例，根据零件表达方案的选择原则徒手绘出的零件图称为零件草图。零件草图是绘制零件工作图的依据，有时草图也可代替工作图使用。

c. 根据零件草图，绘制零件工作图；对零件草图必须进行认真检查核对，补充完善后，依次画出正规的零件工作图，用以指导加工零件。

② 画零件草图的要求和步骤

零件草图是绘制零件工作图的依据，由此，它必须包括零件工作图的全部内容。做到：内容完整、表达正确、尺寸齐全、要求合理、图线清晰、比例匀称。

在分析零件结构，确定表达方案的基础上，选定比例，布置画图，画好基本视图的基准线。

画好基本视图的外形轮廓

为表达内形画好剖视和剖面图，按要求选好尺寸标注的位置，画好尺寸线、尺寸界限。尺寸标注和所有技术要求，填写标题栏，检查有无错误和遗漏。

③ 根据现场测绘的零件草图整理绘制零件工作图的方法和步骤如下：

a. 对零件草图进行审查校对：检查草图方案是否正确、完整、精炼；零件尺寸是否正确、齐全、清晰、合理；技术要求规定是否得当。必要时，应参阅有关资料，参阅有关标准，参考类似零件图样或其他技术资料，进行认真的计算和分析，使零件草图进一步完善。

b. 画零件工作图

选择比例和图幅。根据零件表达方案，确定适当比例，选定图幅。

布置画面，完成底稿。根据表达方案和比例，用硬铅笔在图纸上轻轻画出各视图基准，并逐一画出各图形底稿。

检查底稿，标注尺寸和技术要求后描深图形。

④ 零件测绘的注意事项

零件测绘是一项极其复杂的工作，每个环节都应认真对待。除上述绘制草图、工作图和测量尺寸中各项要求处，还应注意以下几点：

测绘前拆卸零件要细心，不要损坏零件，而且要认真清洗，妥善保管。

对原损坏的零件，要尽量使其恢复原形，以便于观察形状和测量尺寸。

对已损坏了的工作表面，测量时要给予恰当估计，必要时，应测量与其配合的零件尺寸。

重要表面的基本尺寸公差，形位公差和表面粗糙度，以及零件上一些标准结构的形状和尺寸，应查阅资料或与技术人员共同研究确定。

零件表面有各种缺陷，如铸件上的砂眼、缩孔、加工表面的疵点，刀痕等，不应画在图上。

3.1.2　标准件及常用件零件

在机器中广泛应用螺栓、键、销、滚动轴承、齿轮、弹簧等零件，其中有些整体结构尺寸已标准化，如螺栓、螺母、键、销等连接件，称为标准件。而有些零件的结构也实行了部分标准化，如齿轮和弹簧等，称为常用件。

上述各零件的某些结构形状是比较复杂的（如螺纹、齿轮等），为简化作图，国家标准《机械制图》制定了一系列的规定画法。

（1）螺纹

螺纹是在圆柱（或圆锥）表面上沿螺旋线形成的具有形同剖面（三角形、梯形、锯齿形等）的连续凸起的沟槽。许多零件上都有螺纹，加工在外表面的螺纹称为外螺纹，加工在内表面的螺纹称为内螺纹。内、外螺纹旋合在一起，可起到连接或传动等作用。

1）螺纹要素

① 牙型：沿螺纹轴线剖切时，螺纹的轮廓形状称为牙型。螺纹的牙型有三角形、梯形、锯齿形等。常用标准螺纹的牙型及符号见表 3-4 所示。

表 3-4　常用标准螺纹的牙型及符号

螺纹种类及牙型符号		外形图	牙型图	说明
连接螺纹	普通螺纹 M			分粗牙和细牙两种，细牙的螺距较粗牙小，粗牙用于一般机件的连接，细牙用于薄壁或紧密连接的地方
	圆柱管螺纹 G			螺纹牙的大小以每寸内的牙数表示，用于管路零件的连接

续表

螺纹种类及牙型符号		外形图	牙型图	说明
传动螺纹	梯形螺纹 Tr			用于传递运动或动力
	锯齿形螺纹 B			用于传递单向动力

② 螺纹的直径（大径、中径和小径）

与外螺纹牙或内螺纹牙底或内螺纹牙顶相重合的假想圆柱面的直径称为大径（内、外螺纹分别用 D、d 表示）；与外螺纹牙底或内螺纹牙顶相重合的假想圆柱面的直径称为小径（内、外螺纹分别用 D_1、d_1 表示）。在大径和小径之间，其母线通过牙型上的沟槽宽度和凸起宽度相等的假想圆柱面的直径称为中径（内外螺纹分别用 D_2、d_2 表示），如图 3-35（a、b）所示。

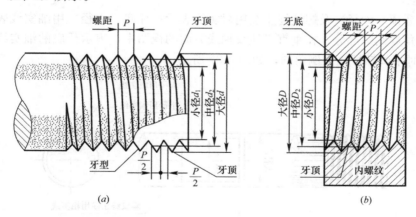

图 3-35　螺纹的名称

③ 线数（n）

螺纹有单线和多线之分。沿一条螺旋线所形成的螺纹称为单线螺纹。沿两条或两条以上、在轴向等距离分布的螺旋线形成的螺纹，称为多线螺纹，如图 3-36 所示。

④ 螺距（P）和导程（L）

相邻两牙在中径线上对应两点间的轴向距离称为螺距；同一条螺旋线对应两点间的轴向距离称为导程，如图 3-36 所示。

⑤ 旋向螺纹有右旋和左旋之分

顺时针方向旋进的螺纹称为右旋螺纹，逆时针方向旋进的螺纹称为左旋螺纹。判断螺

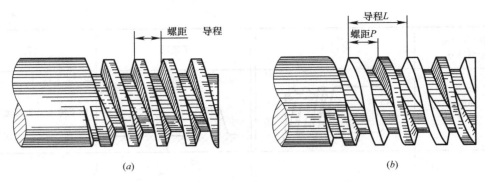

图 3-36　螺纹的纹数

(a) 单线螺纹；(b) 双线螺纹

纹旋向时，可将螺杆按轴线垂直放置，若所见螺纹是自左向右升起，则为右旋螺纹；若螺纹是自右向左升起，则为左旋螺纹。

综上所述，螺纹要素中，改变其中任一要素，就可得到不同规格的螺纹。为了便于设计和制造，国家标准对螺纹的牙型、大径、螺距都作了统一规定。凡是这三项要素都符合标准的称为标准螺纹；牙型符合标准，大径或螺距不符合标准的称为特殊螺纹；牙型不符合标准的称为非标准螺纹。

2）螺纹的规定画法

常用标准螺纹的牙型及符号：

① 外螺纹

螺纹的牙顶（大径）及螺纹终止线用粗实线表示；牙底（小径）用细实线表示，并画到螺杆的倒角或倒圆部分。在垂直于螺纹轴线方向的视图中，表示牙底的细实线圆只画约3/4 圈，此时不画螺杆端面倒角圆，如图 3-37 所示。

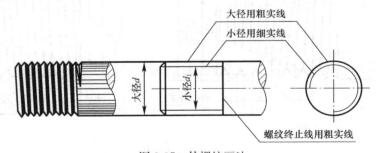

图 3-37　外螺纹画法

② 内螺纹

图 3-38 是内螺纹的画法。在螺孔作剖视时如图 3-38（a），牙底（大径）为细实线，牙顶（小径）及螺纹终止线为粗实线。不做剖视时如图 3-38（b），牙底、牙顶和螺纹终止线皆为虚线。在垂直于螺纹轴线方向的视图中，牙底画成约 3/4 圈的细实线，不画螺纹孔口的倒角圆。

对于不穿通的螺孔，应将钻孔深度和螺纹深度分别画出，如图 3-39 所示。

3）螺纹的标记

螺纹采用规定画法后，为区别螺纹的种类及参数，应在图样上按规定格式进行标记，

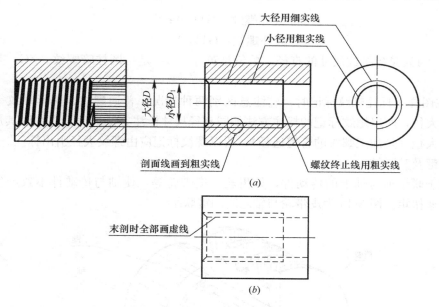

图 3-38 内螺纹画法

以表示该螺纹的牙型、公称直径、螺距、公差带等。螺纹的标记格式如下：

一般完整的标记由螺纹代号、螺纹公差带代号和旋合长度代号组成，中间用"—"分开。螺纹代号说明牙型、螺距、旋向等内容。螺纹公差带代号，由数字和字母组成，

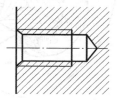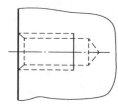

图 3-39 不通螺孔画法

数字表示公差等级，字母表示公差带的位置，小写字母表示外螺纹公差带，大写字母表示内螺纹公差带。

普通螺纹长宽代号用字母 S（短）、N（中）、L（长）或数值表示。一般情况下，按中等旋合长度考虑时，可不加标注。梯形螺纹旋合长度代号用 N、L 表示。当旋合长度为 N 时，不标注旋合长度代号，特殊需要时可用具体旋合长度值代替旋合长度代号。

在标注螺纹标记时应注意：

① 单线螺纹和右旋螺纹用得十分普遍，故线数和右旋均省略不标注。左旋螺纹应标注"左"字，梯形螺纹、锯齿形螺纹为左旋时用符号"LH"表示。

粗牙普通螺纹用的最多，对每一个公称直径，其螺距只有一个，故不必标注螺距。

② 管螺纹又分为"用螺纹密封的管螺纹"和"非螺纹密封的管螺纹"两种。小口径水表表壳两端螺纹和水表接管上螺纹都是管螺纹。它们的标记由螺纹特征代号、尺寸代号（和公差等级代号）组成。管螺纹 $1\frac{1}{2}$ 标记如下：

圆锥内螺纹：Rc$1\frac{1}{2}$；

用螺纹密封的管螺纹：圆柱内螺纹：Rp$1\frac{1}{2}$；

圆锥外螺纹：R$1\frac{1}{2}$；

非螺纹密封的圆柱管螺纹：内螺纹：G$1\frac{1}{2}$；

A 级外螺纹：G1½A；

B 级外螺纹：G1½B。

G1½：1½是指螺纹尺寸的直径，单位是英寸。G：是指圆柱管螺纹。ZG：是指圆锥管螺纹

③ 在图样上标注螺纹标记时，应注意区别两种情况，普通螺纹、梯形螺纹等因公称尺寸螺纹大径，所以螺纹标记的标注方法如同直径尺寸标注方法；而管螺纹因其尺寸代号不是螺纹大径（是加工螺纹的管道通径），所以螺纹标记应由螺纹大径引出标注。

（2）键及其联结

键用于联结轴与轴上的传动件，如齿轮、皮带轮等，使轴与传动件不致产生相对运动，以传递扭矩。图 3-40 为皮带轮与轴之间的键联结。

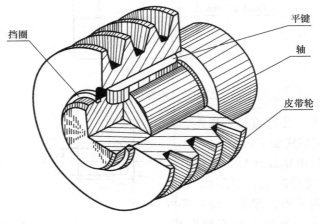

图 3-40　键联结

常用键的开型式和标记

平键和半圆键的侧面是工作面，在键的联结画法中，两侧面应与轴和轮孔接触，其底面与轴接触，均应画一条线，键顶面与轮孔上的键槽的顶面之间有间隙，画两面三条线，图 3-41 为平键、半圆键的连贯画法。

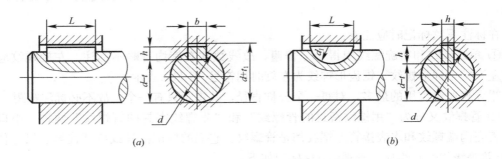

(a)　　　　　　　　　　　　　　　　(b)

图 3-41　平键、半圆键的联结画法

（3）销及其联结

销也是一种标准件，常用于零件间连接或定位，常用的有圆柱销、圆锥销和开口销，它们的型式、规定标记和联结画法见表 3-5。

表 3-5　销的型式、规定标记和联结画法

名称	型式	规定标记示例	联结画法示例
圆柱销	≈15° c c d L	销 GB 119—86 A8×30 表示外径 $d=8$ 长 $l=30$ A 型	
圆锥销	⊲1:50 d R_1 R_a a a L	销 GB 117—86 A8×30 表示外径 $d=8$ 长 $l=30$ A 型	
开口销	b L a c d	销 GB 91—86 12×30 表示外径 $d=12$ 长 $l=50$	

（4）齿轮与蜗杆蜗轮

齿轮是机械传动中应用最广的一种传动件，可用它传递动力，改变转速和方向。圆柱齿轮用于平行两轴之间的传动，锥齿轮用于相交的两轴之间的传动，蜗杆、蜗轮用于垂直交叉的两轴之间的传动。圆柱齿轮分为圆柱直齿轮、斜齿轮和人字齿轮。

1）直齿圆柱齿轮各部分的名称和尺寸关系，如图 3-42 所示。

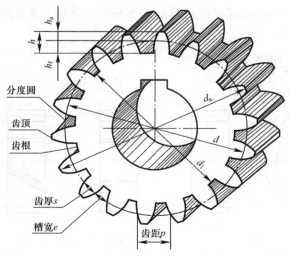

图 3-42　直齿圆柱齿轮各部分名称

① 齿顶圆：通过轮齿顶部的圆，其直径以 d_a 表示。

② 齿根圆：通过轮齿根部的圆，其直径以 d_f 表示。

③ 分度圆：在标准齿轮上，是齿厚 s 与槽宽 e 相等外的圆。

④ 齿高：轮齿在齿顶和齿根圆之间的径向距离自齿高用 h 表示，分度圆将齿高分为两部分，顶圆与分度圆之间的径向距离自齿顶高，以 h_a 表示，分度圆与齿根圆之间的径向距离称为齿根高，以 h_f 表示，$h = h_a + h_f$。

⑤ 齿距 p、齿厚 s、槽宽 e 在分度圆上，两个相邻齿的同侧齿面间的弧长自齿距，用 p 表示；一个轮齿齿廓间的弧长称槽宽，用 s 表示。在标准齿轮中，$s = e$，$p = s + e$。

⑥ 模数 m，如以 z 表示齿轮的齿数，则分度圆周长 $= 3.14d = zp$，所以 $d = zp/3.14$，令 $p/3.14 = m$，则 $d = zm$。

这里 m 称为模数，也就是齿距 p 与 3.14 的比值，因为相互啮合的两齿轮的齿距必须相等，所以它们的模数必须相等，不同模数的齿轮要用不同模数的刀具去制造，为了便于设计和加工，国家制定了统一的标准模数系列，如表 3-6 所示。

表 3-6　标准模数（GB 1357—2008）（部分）

第一系列		第二系列	
0.1	2.5	0.35	(11)
0.12	3	0.7	14
0.15	4	0.9	18
0.2	5	1.75	22
0.25	6	2.25	36
0.3	8	(3.25)	45

2）圆柱齿轮的规定画法

① 单个圆柱齿轮的画法：

当轴向视图投影时，处于在平行于齿轮轴线方向上，一般画成剖视，轮齿一律按不剖处理，用粗实线表示齿顶线和齿根线，用细点划线表示分度线，如图 3-43（a、b），若为斜齿或人字齿，则该视图可画成半剖视或局部剖视图，并用三条细实线表示轮齿的方向，如图 3-43（c、d）所示。

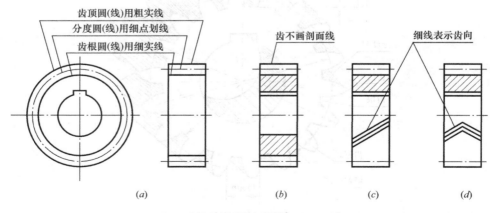

图 3-43　单个齿轮画法

② 圆柱齿轮的啮合画法：

两个相互啮合的圆柱齿轮，在垂直于齿轮轴线方向的视图中，啮合区的齿顶圆均用粗实线绘制，如图 3-44 （a），也可省略。如图 3-44 （d），用细点划线画出相切的两分度圆，两齿根圆用细实线画出，也可省略不画。

在平行于齿轮轴线方向的视图中，若取剖视，则如图 3-44 （b），其中有一齿顶线画成虚线，其投影关系如图 3-45 所示，但这条虚线也可省略不画。当画外形图时，如图 3-44 （c）所示，啮合区的齿顶线不画出，分度线用粗实线绘制，其他处的分度线仍用细点划线绘制。

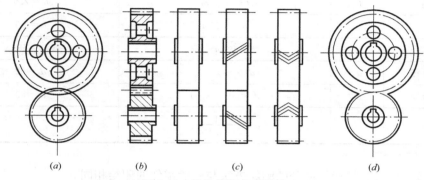

| (a) | (b) | (c) | (d) |

图 3-44　圆柱齿轮啮合画法

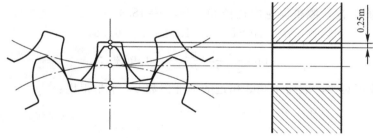

图 3-45　齿轮啮合投影关系

3) 直齿圆柱齿轮测绘图 3-44 （a）圆柱齿轮啮合画法测绘步骤如下：

① 先数出齿数 Z。

② 测出齿顶圆直径 d_a，当齿数是偶数时，可直接用游标卡尺测出，如为奇数，d_a 由 $2e + D$ 算出，如图 3-46 所示。C 是齿顶到孔壁的距离，D 为齿轮的轴孔直径。

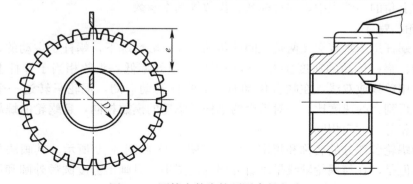

图 3-46　测算奇数齿轮顶圆直径方法

③ 模数 m 由下面公式求出

求出模数后与表 3-7 的标准模数对照，选取相近的标准模数，即为被测齿轮的模数。

表 3-7 标准直齿轮各基本尺寸的计算公式及举例

名称	符号	计算公式	计算举例
齿距	p	$p=\pi m$	$p=6.28$
齿顶高	h_a	$h_a=m$	$h_a=2$
齿根高	h_f	$h_f=1.25m$	$h_f=2.5$
齿高	h	$h=2.25m$	$h=4.5$
分度圆直径	d	$d=mz$	$d=58$
齿顶圆直径	d_a	$d_a=m(z+2)$	$d_a=62$
齿根圆直径	d_f	$d_f=m(z-2.5)$	$d_f=53$
中心距	a	$a=\dfrac{1}{2m(z_1+z_2)}$	—

注：已知 $m=2$，$z=29$

④ 轮辐、轮缘、轮毂等部分的测绘方法与一般零件的测绘相同。

例 3-1： 测绘齿轮箱中一个直齿圆柱齿轮

数出齿数为 29 齿，测得齿轮内孔径 $D=25$，$e=18.4$

计算得：
$$d_a=2e+D=2\times18.4+25=61.8$$
$$m=\frac{d_a}{z+2}=\frac{61.8}{29+2}=1.993$$

与标准模数相对照，取与 1.993 相近的标准模数 2，于是得出：
$$d=mz=2\times29=58$$
$$d_a=m(z+2)=2\times(29+2)=62$$
$$d_f=m(z-2.5)=2\times(29-2.5)=53$$

算得上述尺寸后，再测绘出其余部分的结构尺寸，按测得和算出的尺寸画出草图，整理后即可绘制零件图，如图 3-47 所示。

在齿轮零件中，画出完整的轴视图，只画轴孔即可。除具有一般零件图的内容外，齿顶圆直径、分度圆直径及有关齿轮的基本尺寸必须直接标注出，齿根圆直径规定不标注，并在图样右上角的参数表中，注写模数、齿数等基本参数。

4）蜗轮、蜗杆

蜗轮、蜗杆用于垂直交叉两轴之间的传动。在一般情况下，蜗杆是主动的，蜗轮是从动的。蜗轮、蜗杆传动的速度比大，传动紧凑，但效率低。头数相当于螺杆上螺纹的线数，蜗杆常用单线或双线，在啮合传动时，如蜗杆转动一圈，蜗轮只转过一个齿或两个齿，因此可得到大的速度比。一对啮合的蜗杆、蜗轮的模数相同，且蜗轮的螺旋角和蜗杆的倒角大小相等、方向相同。

蜗杆和蜗轮各部分的名称和规定画法，如图 3-48 和图 3-49 所示。其画法与圆柱齿轮基本相同。但是，在与蜗轮轴线呈垂直方向的视图中，只画出分度圆最外圆和齿根圆，不必画出蜗杆和蜗轮的啮合画法，如图 3-50 所示。

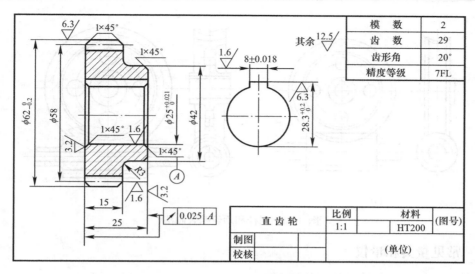

模　数	2
齿　数	29
齿形角	20°
精度等级	7FL

直 齿 轮	比例	材料	(图号)
	1:1	HT200	
制图			(单位)
校核			

图 3-47　直齿圆柱齿轮零件图

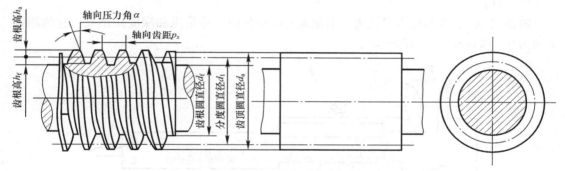

图 3-48　蜗杆的画法

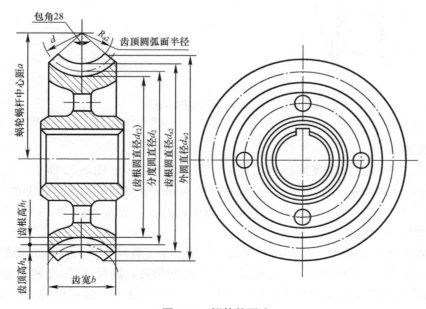

图 3-49　蜗轮的画法

71

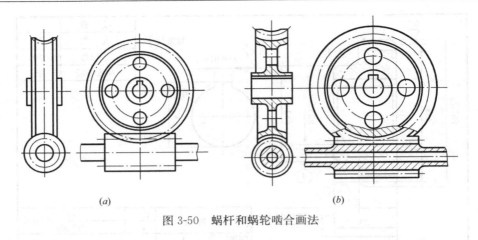

(a)   (b)

图 3-50　蜗杆和蜗轮啮合画法

3.1.3　常见量具和量仪

（1）0.02 游标卡尺的结构和使用方法

1）结构

图 3-51 为 0.02 游标卡尺结构，由制成刀口形的内、外量爪和深度尺组成。它的测量范围为 0～125mm（0～150mm）。

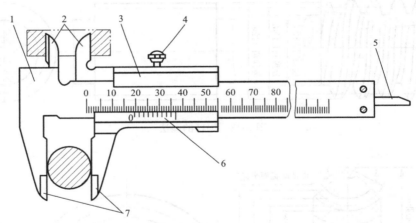

图 3-51　游标卡尺结构示意图

1—尺身；2—内量爪；3—尺框；4—紧固螺丝；5—深度尺；6—游标；7—外量爪

2）刻线原理

游标卡尺是利用主尺刻度间距与副尺刻度间距读数的，如图 3-52 所示，主尺尺身每小格为 1mm，当两侧量爪合并时，主尺尺身上的 49mm 正好对准副尺游标上的 50 格，则附尺每格长＝49÷50＝0.98mm，主尺与副尺刻度间的相互关系＝1－0.98＝0.02mm（副尺上直接用数字刻出）。

3）读数实例：下面以 0.02 精度的游标卡尺测量某工件尺寸举例说明如何读数。

① 首先看图 3-53 的副尺"0"的相对主尺刻度的位置，副尺"0"左侧最近的主尺刻线示值，就表示工件整数部分尺寸数值。图中副尺"0"位于上面主尺的"13mm"的右侧。即为工件尺寸整数部分读数为 13mm；

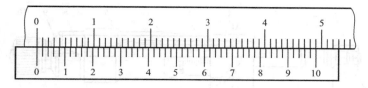

图 3-52　游标卡尺主副刻度示意图

② 然后再读取副尺和主尺刻线重合度最高位置处的副尺上刻线读数，图中重合部分在副尺 12 格的位置处，即得出工件小数部分数值＝12×0.02＝0.24mm；

③ 读数。该工件的测量读数为 $13+12×0.02＝13.24$mm。

4）使用方法

① 测量前应将卡尺擦干净，量爪贴合后游标和尺身零件应对齐。

② 测量时，所用的测力以两量爪刚好接触零件表面为宜。

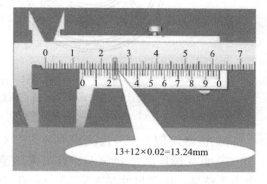

图 3-53　游标卡尺测量图

③ 测量时，应防止卡尺歪斜。

④ 在游标上读数时，应避免视线误差。

5）维护保养

使用游标卡尺，除应遵守测量器具维护保养的一般事项外，还需注意以下几点：

① 不允许把卡尺的两量爪当作螺钉扳手用，或把测量爪的尖端用作划线工具、圆规等。

② 不准把卡尺代替卡钳、卡板等，在被测件上来回推拉。

③ 移动卡尺的尺框和微动装置时，不要忘记松开紧固螺钉；但也不要松得过量，以免螺钉脱落丢失。

④ 测量结束要把卡尺平放，尤其是大尺寸的卡尺更要注意，否则尺身会弯曲变形。

⑤ 带深度尺的游标卡尺，用完后要把测量爪合拢，否则较细的深度尺露在外边，容易变形甚至折断。

⑥ 卡尺使用完毕，要擦净上油，放到卡尺盒内，注意不要锈蚀或弄脏。

（2）千分尺的结构和使用方法

1）结构

图 3-54 是测量范围为 0～25mm 的千分尺，它由尺架、测微螺杆、测力装置等组成。

2）刻线原理

千分尺测量读数部分是由固定套筒（5）上下二组毫米刻线和微分筒（6）上圆周 50 等式分格刻线组成。千分尺测微螺杆上的螺纹，其螺距为 0.5mm。测微螺杆和微分筒连为一体，当微分筒（6）转一周时，测微螺杆（3）沿轴向移进 0.5mm。固定套筒（5）上刻有上、下二组间隔为 1mm 的刻线，二组刻线位置相差 0.5mm。上下刻线组合起来即刻线之间间距 0.5mm。微分筒圆周上均匀刻有 50 格。因此，当微分筒每转一格时，测微螺杆就移进 $0.5÷50＝0.01$mm。

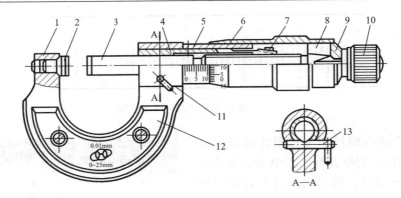

图 3-54　千分尺结构示意图

1—尺架；2—侧砧；3—测微螺杆；4—螺纹轴套；5—固定套筒；6—微分筒；7—调节螺母；8—接头；
9—垫片；10—测力装置；11—锁紧机构；12—绝热片；13—锁紧轴

3）读数实例：千分尺读数举例如图 3-55 所示：

① 首先读取固定套筒上显露出来的毫米刻线整格数，图中为 3 整格，读数尺寸是 $3 \times 0.5mm = 1.5mm$。

② 再读微分筒上读数，固定套筒上下二组刻线中间的水平直线和微分筒上的圆周分格的交叉点，就是微分筒上读数，图中为 27 格处，读数尺寸即为 $27 \times 0.01mm = 0.27mm$。

③ 整体读数：$1.5mm + 0.27mm = 1.77mm$。

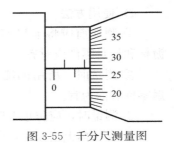

图 3-55　千分尺测量图

4）使用方法

① 测量前，转动千分尺的测力装置，使两测砧面靠合，并检查是否密合；同时查看微分筒与固定套筒的零线是否对齐，如有偏差应调节固定套筒对零。

② 测量时，用手转动测力装置，控制测力，不允许用冲力转动微分筒。千分尺测微螺杆的轴线应与零件表面垂直。

③ 读数时，最好不取下千分尺，如需要取下读数的，应先锁紧测微螺杆，然后轻轻取下千分尺，防止尺寸变动。读数要细心，看清刻度，不要错读 0.5mm。

5）外径千分尺维护保养

除应遵守测量器具维护保养的一般事项外还要注意以下几点：

① 千分尺用完后要小心轻放，不要摔碰。如果万一受到撞击，应立即进行检查，并调整它的精度，必要时应送计量部门检修。

② 不允许用砂纸和金刚砂擦测微螺杆上的污绣。

③ 不能在千分尺的微分筒和固定套筒之间加酒精、煤油、柴油、凡士林及普通机油；不允许把千分尺浸泡在上述油类或冷却液中。如发现被上述液体侵入，要用汽油洗净，加上特种轻质润滑油。

④ 千分尺应经常保持清洁，不能放在脏处；也不要放在衣袋里。每次测量完毕，要用清洁的软布、棉纱等擦干净。

（3）百分表的结构和使用方法

1）结构与传动原理

如图 3-56 所示，百分表的传动系统是由齿轮、齿条等组成的。测量时当带有齿条的测量杆上升，带动小齿轮 Z_2 转动，与 Z_2 同轴的大齿轮 Z_3 及小指针也跟着转动，而 Z_3 又带动小齿轮 Z_1 及其轴上的大指针偏转。游丝的作用是迫使所有齿轮作单向啮合，以消除由于尺侧间隙而引起的测量误差。弹簧是用来控制测量力的。

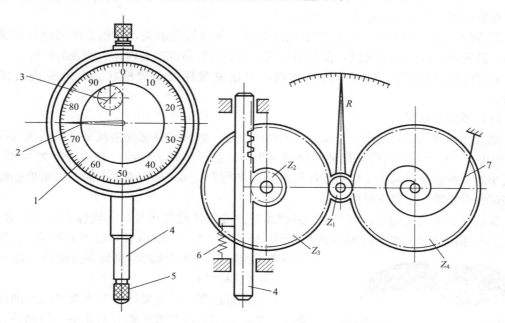

图 3-56　百分表结构示意图
1—表盘；2—大指针；3—小指针；4—测量杆；5—测量头；6—弹簧；7—游丝

2）刻线原理

测量杆移动 1mm 时，大指针正好转动一圈。而在百分表的表盘上沿圆周刻有 100 等分格，其刻度值为 1/100＝0.01mm。测量时，当大指针转过 1 格刻度时，表示零件尺寸变化 0.01mm。

3）使用方法

① 测量时，检查表盘和指针有无松动现象。检查指针的平稳和稳定性。

② 测量时，测量杆应垂直于零件表面；测量圆柱时，测量杆应对准圆柱轴中心。测量头与被测表面接触时，测量杆应预先有 0.3～1.0mm 的压缩量，要保持一定的初始测力，以免负偏差测不出来。

4）百分表维护保养

百分表是一种精度和灵敏度都较高的测量器具，应该仔细使用和维护保养。除应遵守维护保养的一般事项外，还要注意以下几点：

① 按压测量杆的次数不要过多，距离不要过大，尤其应避免剧烈地向极端位置按压测量杆，这要造成冲击，会损坏机构及加剧零件磨损。

② 测量时，测量杆的行程不要超出它的测量范围，以免损坏表内零件。

③ 百分表要避免受到剧烈振动和碰撞，不要敲打表的任何部位，调整或测量时，不要使测量头突然撞落在被测件上。

④ 不要拿测量杆，测量杆上也不能压放其他东西，以免测量杆弯曲变形。

⑤ 百分表座要放稳，以免百分表落地摔坏，使用磁性表座时，一定要注意检查表座的按钮位置。

⑥ 严防水、油和灰尘等进入表内。不准把百分表浸在冷却液或其他液体中；不要把表放在磨屑或灰尘飞扬的地方，不要随便拆卸表的后盖。

⑦ 如果不是长期保管，测量杆不允许涂凡士林或其他油类，否则会使测量杆和轴套粘结，造成测量杆运动不灵活，而且粘有灰尘的油污容易带进表内，影响表的精度。

⑧ 百分表用完后，要擦净放回盒内，要让测量杆处于放松状态，避免表内弹簧失效。

（4）螺纹环塞规

螺纹环塞规用于测量内、外螺纹尺寸的正确性。每种规格螺纹塞规又分为通规（代号 T）和止规（代号 Z）两种，每种规格分为粗牙、细牙、管子螺纹三种。螺距为 0.35mm 或更小的 2 级精度及高于 2 级精度的螺纹环规和螺距为 0.8mm 或更小的 3 级精度的螺纹环规都没有止端。示意图见图 3-57。

螺纹环、塞规使用时：应注意被测螺纹公差等级及偏差代号与环规标识的公差等级、偏差代号相同（如螺纹环规 M24×1.5－6h 与 M24×1.5－5g 两种环规外形相同，其螺纹公差带不相同，错用后将产生批量不合格品，其中 6h 与 5g 为螺纹精度）。

检验测量过程：首先要清理干净被测螺纹油污及杂质，然后先用通规与被测螺纹对正后，转动环、塞规，使其在自由状态下旋合通过螺纹全部长度判定合格，否则以不通判定。再用止规与被测螺纹对正旋合，旋合长度不超标准规定为合格。

图 3-57　螺纹环、塞规示意图

3.1.4　公差与配合

"公差与配合"是一项应用广泛，涉及面广的重要技术基础标准。

在机械制造业中，"公差"是用于协调机器零件的使用要求与制造经济性之间的矛盾；"配合"是反映机器零件之间有关性能要求的相互关系。"公差与配合"的标准化，有利于机器的设计、制造、使用和维修，直接影响产品的精度、性能和使用寿命，是评定产品质量的重要指标。公差与配合在水表零件中应用广泛，水表顶尖、齿轮、叶轮盒都有公差与配合问题。

（1）基本术语及其定义

1）间隙配合

具有间隙（包括最小间隙等于零）的配合。主要用于相对产生移动的零件之间。此时，孔的公差带在轴的公差带之上，水表中顶尖和叶轮轴套之间就是间隙配合实例，如图 3-58 所示。

2）过盈配合

具有过盈（包括最小过盈等于零）的配合。主要用于相对保持静止的零件之间。此时，孔的公差带在轴的公差带之下。水表中叶轮轴套与叶轮之间的配合就是过盈配合实例，如图 3-59。

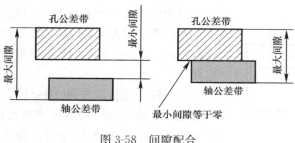

图 3-58 间隙配合

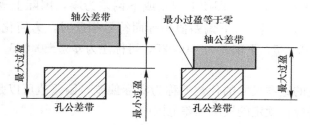

图 3-59 过盈配合

3）过渡配合

可能具有间隙或过盈的配合。主要用于多组可互换的，相对之间有较精密的同心度要求，可拆卸零件之间。此时，孔的公差带与轴的公差带相互交叠，水表中顶尖与叶轮盒之间的安装配合是过渡配合，见图 3-60。

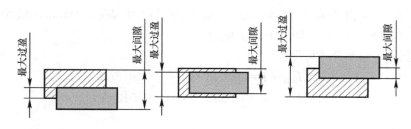

图 3-60 过渡配合

（2）公差与偏差的术语及其定义

1）尺寸偏差（简称偏差）

尺寸偏差是指某一尺寸减去它的基本尺寸所得的代数差。

某一尺寸包含极限尺寸和实际尺寸两个意思，所以尺寸偏差有极限偏差和实际偏差之分。

① 上、下偏差和极限偏差

最大极限尺寸减去它的基本尺寸所得到的代数差称为上偏差（代号是 ES，es）；最小极限尺寸减去它的基本尺寸所得到的代数差称为下偏差（EI，ei）；极限偏差为极限尺寸减去它的基本尺寸所得到的代数差，所以上偏差与下偏差统称为极限偏差。如图 3-61 所示：

上偏差公式： $ES = L_{max} - L$, $es = I_{max} - I$

下偏差公式： $EI = L_{min} - L$, $ei = I_{min} - I$

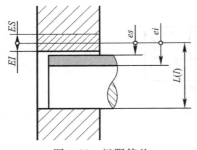

图 3-61 极限偏差

因为极限尺寸和实际尺寸可能大于、小于或等于基本尺寸，所以偏差可以为正值、负值或零。计算时应注意偏差的正、负号，要随偏差数值一起带到计算式中运算。

在图样上或技术文件中标注极限偏差数值时，国际上规定：上偏差标在基本尺寸右上角；下偏差标注在基本尺寸右下角，如 $\Phi 15^{+0.015}_{-0.015}$。为了使标注保持严密性，即使上偏差或下偏差为零，国际上规定仍须标出零值，

如 $\Phi 35^{+0.015}_{0}$，$\Phi 45^{0}_{-0.025}$。当上、下偏差值相等而符号相反时，为简化标注，如基本尺寸为 $\Phi 65$，上偏差为 $+0.025$，下偏差为 -0.025，可标注为 $\Phi 65 \pm 0.025$。

② 实际偏差

实际尺寸减去它的基本尺寸的代数差称为实际偏差。偏差值可以是正值、负值或零。合格零件的实际偏差应在规定的极限偏差范围内。

③ 尺寸偏差计算举例

例 3-2： 有一孔的直径为 $\Phi 50$mm，最大极限尺寸 $\Phi 50.48$mm，最小极限尺寸 $\Phi 50.009$mm（如图 3-62），求孔的上、下偏差？

解： 由上、下偏差公式可得：

$$ES = L_{max} - L = 50.048 - 50 = +0.048 \text{mm}$$
$$EI = L_{min} - L = 50.009 - 50 = +0.009 \text{mm}$$

例 3-3： 有一根轴的直径为 $\Phi 60$mm，最大极限尺寸 $\Phi 60.018$mm，最小极限尺寸 $\Phi 59.988$mm（如图 3-63），求轴的上、下偏差？

解： 由上、下偏差公式可得：

$$es = I_{max} - I = 60.018 - 60 = +0.018 \text{mm}$$
$$ei = I_{min} - I = 59.988 - 60 = -0.012 \text{mm}$$

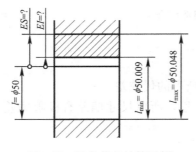

图 3-62 孔的偏差计算示例

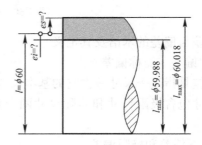

图 3-63 轴的偏差计算示例

2）尺寸公差（T）

尺寸公差简称公差，是指允许尺寸的变动量。

① 公差：它是设计人员根据零件使用时的精度要求并考虑制造时的经济性，对尺寸变动范围给定的允许值。公差的数值等于最大极限尺寸与最小极限尺寸之代数差的绝对值。也等于上偏差与下偏差的代数差的绝对值。其表达式为：

$$T_h = |L_{max} - L_{min}|$$
$$T_s = |l_{max} - l_{min}|$$

式中，T_h——孔的公差；

T_s——轴的公差。

可推导出

$$T_h = |L_{max} - L_{min}|$$
$$= |ES - EI|$$

同理可推导出

$$T_s = |es - ei|$$

应注意：由于公差没有正负的含义。因此，在公差值的前面不应出现"＋"号或"－"号，这点与偏差的规定正好相反。

② 尺寸公差计算举例

例 3-4：求 LXS-15 表壳中心孔 $\Phi 46^{+0.1}_{+0.02}$ mm 的尺寸公差？

解：由以上公式可得孔的尺寸公差为

$$T_h = |L_{max} - L_{min}| = |46.1 - 46.02| = 0.08 \text{mm}$$

或 $\qquad T_h = |ES - EI| = |0.1 - 0.02| = 0.08 \text{mm}$

例 3-5：求叶轮轴 $\Phi 2^{-0.007}_{-0.020}$ mm 的尺寸公差？

解：由以上公式可得轴的最大和最小极限尺寸为

$$l_{max} = 2 + (-0.007) = 1.993 \text{mm}$$
$$l_{min} = 2 + (-0.020) = 1.980 \text{mm}$$

代入公式可得：

$$T_s = |l_{max} - l_{min}| = |1.993 - 1.980| = 0.013 \text{mm}$$

或 $\qquad T_s = |es - ei| = |(-0.007) - (-0.020)| = 0.013 \text{mm}$

3）标准公差与基本偏差

① 标准公差

指用以确定公差带大小的任一公差。国际规定，对于一定的基本尺寸，其标准公差共有 20 个公差等级，即：IT01、IT0、IT1、IT2、IT3～IT18。"IT"表示标准公差，后面的数字是公差等级代号。IT01 为最高级（即精度最高，公差值最小），IT18 为最低一级（即精度最低，公差值最大）。详见公差配合标准 GB/T 1800.1～GB/T 1800.2。

② 基本偏差

指确定公差带相对于基本尺寸位置得上偏差或下偏差，一般为靠近基本尺寸的那个偏差。国家标准中，对孔和轴的每一基本尺寸段规定了 28 个基本偏差，并规定分别用大、小写拉丁字母作为孔和轴的基本偏差代号，详见公差配合标准 GB/T 1800.1～GB/T 1800.2。

（3）配合与基准制

配合在水表中被广泛应用，如 LXS-15 齿轮轴与上、下夹板轴孔之间的配合属于间隙配合，其目的是使齿轮转动平稳流畅；叶轮衬套与叶轮之间的配合属于过盈配合，其目的是确保衬套的同心度和固定可靠；叶轮盒与齿轮盒之间的配合则属于过渡配合，保证叶轮盒与齿轮盒之间的互换性和同心度。

1）配合：基本尺寸相同，相互结合的孔和轴公差之间的关系称为配合。配合有三种类型，即间隙配合、过盈配合和过渡配合。

2）基准制：国际上对孔与轴公差带之间的相互关系，规定了两种制度，即基孔制与基轴制。一般情况下优先采用基孔制。

a 基孔制配合：基孔制中的孔称为基准孔，其基本偏差规定为 H，下偏差为零；轴的基本偏差在 a～h 之间为间隙配合；在 j～n 之间基本上为过度配合；p～zc 之间基本上过盈配合。如垂直螺翼式水表中，盖板的固定孔。

b 基轴制配合：基轴制中的轴称为基准轴，其基本差规定为 h，上偏差为零。孔的基本偏差在 A～H 之间为间隙配合；在 J～N 之间基本上为过渡配合；在 P～ZC 之间基本上为过盈配合。如 LXS-15 叶轮轴。

（4）公差带代号

1）公差带代号

孔、轴公差带代号用基本偏差代号与公差等级代号组成

如：

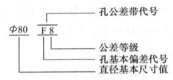

上面公差带代号还可以用其他形式表示（单位 mm）。

ϕ 80F8 可用 ϕ 80$^{+0.064}_{+0.025}$ 或 ϕ 80F8（$^{+0.064}_{+0.025}$）表示。

2）配合代号

配合代号是由孔与轴的公差带代号组合而成。并写成分数形式，分子代表孔的公差代号、分母代表轴的公差代号。例如 ϕ 12$\frac{H8}{f7}$ 表示孔、轴的基本尺寸为 ϕ 12mm，孔的公差等级为 8 级的基准孔，轴的公差等级为 7 级，基本偏差为 f 的轴。属于基孔制间隙配合。也可简读成：基本尺寸 ϕ 12，基孔制 H8 孔与 f7 轴的配合。

基孔制和基轴制分别有优先和常用配合详见公差配合标准 GB/T 1800.1～GB/T 1800.2。

3）孔、轴极限偏差表。

具体详见公差与配合标准 GB/T 1800.1～GB/T 1800.2。具体的查表步骤如下：

① 配合确定查找孔和轴的极限偏差表。

② 在表中找公差带。先找到基本偏差代号，再在基本偏差代号下面查找公差等级数字。

③ 在基本尺寸栏中找到所查的基本尺寸属于哪一个尺寸段，从这一行横向右查，与从公差等级纵向下查的一栏相交处，就是所需要的极限偏差数值。

4）未注公差尺寸的极限偏差

"未注公差尺寸"是指图样上只标注基本尺寸，而不标注极限偏差的尺寸，GB/T 1804—2000 规定未注公差尺寸的公差等级为 IT12 至 IT18。长度用 ± IT/2（即 TS 或 js）。

3.2 机械传动

3.2.1 齿轮传动和轮系

（1）齿轮传动

齿轮传动是由两个相啮合的齿轮组成。两齿轮轴线相对位置不变，并各绕其自身的轴线而传动，当一对齿轮相互啮合而工作时，可将主动轮的动力和运动传递给从动轮，所以齿轮传动指的是利用主、从两齿轮轮齿的直接接触（啮合）来传递运动和动力的一套装置。

1）齿轮传动的应用特点和种类

① 齿轮传动的应用特点

能保证瞬时传动比恒定，平稳定性较高，传递运动准确可靠；传递的功率和速度范围较大；结构紧凑、工作可靠，可实现较大的传动比；传动效率高，使用寿命长；齿轮的制造、安装要求高。

② 齿轮传动的种类

根据齿轮传动轴的相对位置，可将齿轮传动分为两大类，即平面齿轮传动（两轴平行）与空间齿轮传动（两轴不平行）。

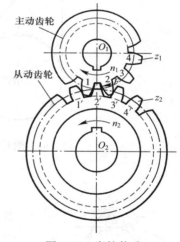

按齿轮传动的工作条件不同，可分为闭式齿轮传动（封闭在箱体内，并能保证良好润滑的齿轮传动）和开式齿轮传动（传动外露在空间，不能保证良好润滑的齿轮传动）两种。开式齿轮传动适用于低速，而中速和高速传动一般都采用闭式齿轮传动。

③ 传动比

图 3-64 所示的一对齿轮传动中，设主动齿轮的转速为 n_1，齿数为 z_1，从动齿轮的转速为 n_2，齿数为 z_2，若主动齿轮转过 n_1，其转过的齿数为 $z_1 n_1$，而从动齿轮跟着转过 n_2

图 3-64　齿轮传动

转，则转过的齿数 $z_2 n_2$，显然两轮转过的齿数应相等，即 $z_1 n_1 = z_2 n_2$。由此可得一对齿轮的传动比为

$$i_{12} = \frac{n_1}{n_2} = \frac{z_1}{z_2} \tag{3-1}$$

式 3-1 说明一对齿轮传动比 i_{12}，就是主动齿轮与从动齿轮转速之比，与其齿数成反比。

一对齿轮的传动比不宜过大，否则会使结构尺寸过大，不利制造和安装。通常一对圆柱齿轮的传动比 $i_{12}=5\sim8$，一对圆锥齿轮传动比 $i_{12}=3\sim5$。

例 3-6：有一对齿轮传动，已知主动齿轮转速 $n_1=960$ 转/分，齿轮 $z_1=20$，从动轮齿数 $z_2=50$，试计算传动比 i_{12} 和从动轮转速 n_2。

解：由公式 3-1 可得
$$i_{12}=\frac{z_2}{z_1}=\frac{50}{20}=2.5$$

从动轮转速　　　　　　　$n_2 = \dfrac{n_1}{i_{12}} = \dfrac{960}{2.5} = 384$ 转/分

2）渐开线齿轮

① 渐开线齿廓的形成

齿轮轮廓除渐开线外，还有其他种类，水表齿轮轮廓就是修正摆线。无论什么齿轮，基本原理是相同的。我们在此重点介绍渐开线齿轮。如图 3-65 所示，设以定长 r_b 为半径，画一个圆，这个圆称为基圆。有一直线 AB 与其相切，该直线 AB 称为发生线。使发生线 AB 沿基圆作无滑动的纯滚动，则发生线 AB 上任意一点 K 的轨迹 CKD，称为该基圆的渐开线。亦即发生线 AB 沿半径为 r_b 的基圆作无滑动的纯滚动，发生线 AB 上任意一点 K 运动的轨迹，称为该圆的渐开线。

渐开线齿轮的轮齿由两条对称的渐开线作齿廓而组成（见图 3-66）。

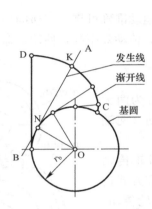

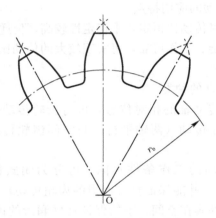

图 3-65　渐开线的形成　　　　图 3-66　渐开线齿廓的形成

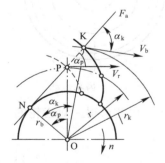

图 3-67　齿轮上的压力角

② 压力角 α

压力角是齿轮传动的一个基本参数之一。所谓压力角就是作用力 F 的方向与运动方向 v 所夹的锐角 α（图 3-67）。

设渐开线齿轮顺时针方向旋转。当齿廓在 K 点与另一齿轮齿廓接触时，其 K 点的运动方向为 V_K，所受到的约束反力为 K_n（不计摩擦力时），其受力线即为过齿廓上 K 点的法线。则运动方向 V_K 与约束力 F_n 所夹的角 α_k 就叫做渐开线在 K 点的压力角。

渐开线上各点的压力角 α_k 不相等，越远离基圆压力角越大，基圆上的压力角等于零。

③ 主要参数

在一个齿轮上，压力角、齿数和模数是几何尺寸计算的主要参数和依据。

压力角 α：由渐开线性质可知，渐开线上各点的压力角是不相等的。按规定，在轮齿的齿厚和齿间宽度相等的圆（称分度圆）上，渐开线的压力角称为分度圆压力角，简称压力角。此数值已经标准化，标准压力角为 20°（有的国家采用压力角为 14 1/2° 或 15°）。标准压力角为 20° 的轮齿形状（见图 3-68）。

齿数 Z：图 3-69 为一直齿圆柱齿轮的一部分。在齿轮整个圆周上，均匀分布的轮齿总数，称为齿数。

模数 m：模数是齿轮几何尺寸计算中最基本的一个参数。它直接影响齿轮大小，轮齿齿形的大小和强度。对于相同齿数的齿轮，模数越大，齿轮的几何尺寸越大，齿形也大，因此承载的能力也越大（如图 3-70 所示）。

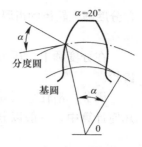

图 3-68 压力角

在图 3-69 中，设分度圆直径为 d，相邻两齿轮同侧渐开线在分度圆上的弧长（称为分度圆周节）为 P。则分度圆周长 $\pi d = zP$，可得

$$\frac{P}{\pi} = \frac{d}{z}$$

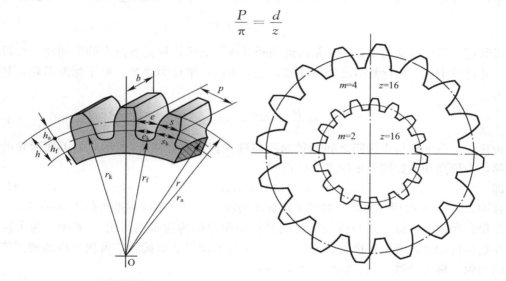

图 3-69 齿轮各部分名称和符号　　图 3-70 不同模数的齿轮

由于 π 为一无理数，为了计算和制造上的方便，人为地把 P/π 规定为有理数，称为模数，用 m 表示，单位为毫米。即

$$m = \frac{P}{\pi} = \frac{d}{z} \tag{3-2}$$

国家对模数值，规定了标准模数系列，如表 3-8 所示

表 3-8　标准模数系列表（GB/T 1357—2008）　　　　　　　　（mm）

第一系列	0.1	0.12	0.15	0.2	0.25	0.3	0.4	0.5	0.6
	0.8	1	1.25	1.5	2	2.5	3	4	5
	6	8	10	12	16	20	25	32	40
	50								
第二系列	0.35	0.7	0.9	1.75	2.25	2.75	(3.25)	3.5	
	(3.75)	4.5	5.5	(6.5)	7	9	(11)	14	
	18	22	28	(30)	36	45			

注：选用模数时，应优先采用第一系列，其次是第二系列，括号内的模数尽可能不用。

④ 外啮合标准直齿圆柱齿轮各部分名称及几何尺寸计算

分度圆　分度圆是表示齿轮大小的一个参数。标准压力角和标准模数均在分度圆上。

在分度圆上轮齿的齿厚和齿间宽度相等。分度圆直径用 d 表示，半径用 r 表示。由式 3-2 得。

$$d = mz(\text{mm}) \tag{3-3}$$

在分度圆上，压力角和模数都取标准值，且齿厚和齿间宽度相等的齿轮，称为标准齿轮。

周节 沿任意圆周上，相邻两轮齿同侧渐开线间的弧长，称为该圆上的周节。在齿轮几何计算中，一般以分度圆周节来计算，用 p 表示，单位为毫米。由式 3-2 得。

$$p = \pi m(\text{mm}) \tag{3-4}$$

齿厚 沿任意圆周上，轮齿两侧渐开线间的弧长称为该圆上的齿厚。在齿轮几何尺寸计算中，一般计算分度圆齿厚用 s 表示，单位为毫米。对于标准齿轮，其计算式为

$$s = \frac{P}{2} = \frac{\pi m}{2}(\text{mm}) \tag{3-5}$$

齿间宽 沿任意圆周上，相邻轮齿近测断开线间的弧长称为该圆上的齿间宽。在齿轮几何尺寸计算中，一般计算分度圆齿间宽，用 e 表示，单位为毫米。对于标准齿轮，其计算式为

$$e = \frac{P}{2} = \frac{\pi m}{2} = s(\text{mm}) \tag{3-6}$$

齿顶高 分度圆与齿顶圆之间的径向距离称为齿顶高，用 h_a 表示。为了使齿轮的齿形匀称，齿顶高和模数按一定的系数成正比。

即
$$h_a = h_a^* \cdot m(\text{mm}) \tag{3-7}$$

式中，h_a^*——齿顶高系数。对于正常标准齿轮 $h_a^* = 1$，短齿标准齿轮 $h_a^* = 0.8$。

齿根高和顶隙 分度圆与齿根圆之间的径向距离称为齿根高，用 h_f 表示。为了使两齿轮在啮合传动时，避免一齿轮的齿顶与另一齿轮的齿间底部接触，齿顶与齿间底部留有一定的间隙，称为顶隙，用 c 表示，$c = c^* \cdot m$

所以
$$h_f = h_a + c = (h_a^* + c^*) \cdot m(\text{mm}) \tag{3-8}$$

式中，c^*——顶隙系数，对于正常标准齿轮 $c^* = 0.25$；短齿标准齿轮 $c^* = 0.3$。

全齿高 齿顶圆和齿根圆之间的径向距离称为全齿高，用 h 表示。显然

$$h = h_f + h_a = 2.25 m$$

齿宽 齿轮齿的实体在轴向上的长度（齿轮齿部端面之间的长度），是个简单尺寸。一对齿轮传动时，一般小齿轮的齿宽要比大齿轮的齿宽稍大一些。用 b 表示。一般齿宽 $b = (6 \sim 10)m$，常取 $b = 10m$。

齿顶圆 过齿轮各轮齿顶部的圆称为齿顶圆，其直径用 d_a 表示。对于正常标准齿轮，则

$$d_a = d + 2h_a = m(z + 2)(\text{mm}) \tag{3-9}$$

齿根圆 过齿轮各齿间底部的圆称为齿根圆，其直径用 d_f 表示。对于正常标准齿轮，则

$$d_f = d - 2h_f = m(z - 2.5)(\text{mm}) \tag{3-10}$$

基圆 渐开线齿轮形式渐开线的圆称为基圆，其直径用 d_b 表示。由分度圆、压力角和基圆的几何关系 $\left(\cos\alpha = \dfrac{r_b}{r} \text{或} r_b = r\cos\alpha\right)$ 可得

$$d_b = d\cos\alpha(\text{mm}) \tag{3-11}$$

基节 沿基圆圆周上，相邻两轮齿同侧渐开线间的弧长称为基节，用 P_b 表示。其计算式为

$$P_b = P\cos\alpha \tag{3-12}$$

中心距 相啮合的一对齿轮两轴线间的距离称为中心距，用 a 表示。则

$$a = \frac{d_1}{2} + \frac{d_2}{2} = \frac{m}{2}(z_1 + z_2)(\text{mm}) \tag{3-13}$$

为便于计算。有关外啮合标准直齿圆柱齿轮各几何尺寸计算式，列于表3-9。

表 3-9 外啮合标准直齿圆柱齿轮计算公式

名称	代号	计算公式
模数	m	通过计算得出
压力角	α	$\alpha = 20°$
齿数	z	由传动计算求得
分度圆直径	d	$d = mz$
周节	P	$P = \pi m$
齿顶高	h_a	$h_a = h_a^* m = m$
齿根高	h_f	$h_f = (h_a^* + c^*)m = 1.25m$
全齿高	h	$h = h_a + h_f = 2.25m$
齿顶圆直径	d_a	$d_a = d + 2h_a = m(z+2)$
齿根圆直径	d_f	$d_f = d - 2h_f = m(z - 2.5)$
齿厚	s	$s = \dfrac{P}{2} = \dfrac{\pi m}{2}$
齿间宽	e	$e = \dfrac{P}{2} = \dfrac{\pi m}{2} = s$
基圆直径	d_b	$d_b = d\cos\alpha$
基节	P_b	$P_b = P\cos\alpha$
顶隙	c	$c = c^* \times m = 0.25m$
齿宽	b	$b = (6\sim10)m$，常取 $b = 10m$
中心距	a	$a = \dfrac{d_1}{2} + \dfrac{d_2}{2} = \dfrac{m}{2}(z_1 + z_2)$

⑤ 渐开线齿轮的正确啮合条件：两齿轮的模数必须相等；两齿轮分度圆上的压力角必须相等。

（2）轮系

在大多数的机械传动中，常常需要将主动轴的较快转速变为从动轴的较慢转速；或者将主动轴的一种转速变换为从动轴的多种转速；或者改变从动轴的旋转方向，而采用一系列相互啮合齿轮，将主动轴和从动轴连接起来。这种由一系列相互啮合齿轮组成的传动系统称为轮系。

1）轮系传动的应用特点

轮系的应用十分广泛，因为它具有许多特点：

① 轮系可获得很大的传动比。很多机械的传动比，往往要求很大，如机床中的电动机转速很高，而主轴的转速有时要求很低才能满足切削速度的要求。

② 轮系可作较远距离的传动。当两轴中心距较远时，如仅用一对齿轮传动，则两齿轮的尺寸必须很大，因此不宜进行较远距离传动。若用轮系传动，则可使其结构紧凑，并能进行远距离传动。

③ 轮系可实现变速要求。如机床主轴的转速，有时要求快，有时要求慢，从最慢到最快有多级转速变化。若采用滑移齿轮等变速机构，改变两轮传动比，即可实现多级变速要求。

④ 轮系可实现变向要求。如机床的主轴，有时正传，有时反转，可利用惰轮，三星轮及离合器等机构来实现主轴的正反转要求。

⑤ 轮系可合成或分解运动。采用周转轮系可将两个独立运动合成一个运动；或将一个独立运动分解成两个独立的运动。

2）轮系传动的分类

轮系的结构形式很多，根据轮系传动时各齿轮的几何轴线在空间的相对位置是否固定，轮系分为定轴轮系和周转轮系两大类。

① 定轴轮系（又叫普通轮系）

如图 3-71（a）所示的轮系在传动时，其中每一个齿轮的几何轴线都是固定的。这种旋转齿轮的几何轴线位置均固定的轮系称为定轴轮系。指针式水表计数器属于定轴轮系。

② 周转轮系

图 3-71（b）所示的轮系，其中齿轮 1 和构件 H 各绕固定几何轴线 O_1 和 O_H 旋转。而齿轮 2 一方面绕自己的几何曲线 O_2 旋转（自转），同时 O_2 轴线又绕固定几何轴 O_1 旋转（公转）。这种至少有一个齿轮和它的几何轴线绕另一个齿轮旋转的轮系，称周转轮系。

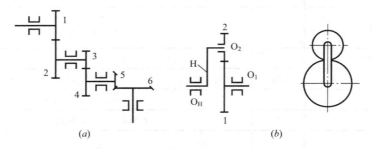

图 3-71　轮系
（a）定轴轮系；（b）周转轮系

3）定轴轮系的传动比及其计算

在讨论轮系时，把轮系中首末两轮转速之比，称为轮系的传动比。在轮系中，不仅要计算传动比的大小，还要确定轮系中各个轮的旋转方向及其转速；在变速机构的轮系传动中，还须确定末轮共有几种转速，每种转速是多少，其中最快和最慢的转速又是多少等。

① 定轴轮系旋转方向的确定

图 3-72（a）所示的是两平轴外啮合圆柱齿轮传动。当主动轮 1 按逆时针方向旋转时，从动轮 2 就按顺时针方向旋转，两轮的旋转方向相反，规定其传动比为负号，记作

$$i_{12} = \frac{n_1}{n_2} = -\frac{z_2}{z_1}$$

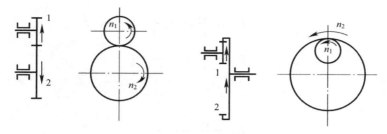

图 3-72 一对齿轮传动比的方向

(a) 一对外啮合齿轮；(b) 一对内啮合齿轮

图 3-72 (b) 是两平行轴内啮合圆柱齿轮传动，当主动轮 1 逆时针方向旋转时，从动轮 2 也逆时针方向旋转，两轮旋转方向相同，规定其传动比为正号，记作

$$i_{12} = \frac{n_1}{n_2} = +\frac{z_2}{z_1}$$

两轮旋转方向也可以用画箭头方法标注。两轮旋转方向相反，画两反向箭头；两轮旋转方向相同，画两同向箭头（如图 3-73 所示）。

有时为了改变从动轮的旋转方向，就在轮 1 和轮 2 之间增加一个齿轮，从而改变了从动轮 2 的旋转方向。这个增加的齿轮叫惰轮。图 3-73 (a) 是由轮 1、轮 2 和惰轮组成的轮系虽属外啮合，但轮 1 和轮 2 的旋转方向相同。其传动比 i_{12} 取正号，即 $i_{12} = \frac{n_1}{n_2} = +\frac{z_2}{z_1}$。在两齿轮传动中间，每增加一个惰轮，就改变一次传动比的正或负号。图 3-73 (b) 是增加两个惰轮，轮 1 和轮 2 的转向就相反。总之，加奇数个惰轮，主、从动轮旋转方向一致；加偶数个惰轮，主、从动轮旋转方向相反。

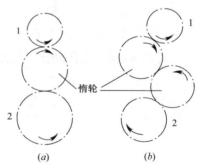

图 3-73 加惰轮的轮系

(a) 加一个惰轮；(b) 加两个惰轮

图 3-74 是由三个圆锥齿轮组成的轮系，轮 1 和轮 2、轮 2 和轮 3，虽属外啮合，并增加惰轮 2，但轮 1 和轮 3 的旋转方向相反。所以圆锥齿轮传动，不能用两平行轴外啮合圆柱齿轮传动中正、负号的规定，来确定轮 3 的旋转方向。只可用标注箭头的方法，来确定轮 1 和轮 3 的旋转方向的异同，故

$$i_{13} = \frac{n_1}{n_3} = -\frac{z_3}{z_1}$$

由上述可知，一对齿轮的传动比，若考虑两轮旋转方向的异同，可写成

$$i_{12} = \frac{n_1}{n_2} = \pm\frac{z_2}{z_1} \tag{3-14}$$

② 定轴轮系传动比的计算

所谓定轴轮系的传动比，就是指首末两轮的转速与各轮的齿数关系。图 3-75 为一定轴轮系，轮 1、2、3…9 的齿轮分别用 z_1、z_2、z_3…z_9 表示；各轮转速分别用 n_1、n_2、n_3…n_9 表示。轴 I 为输入轴，则每对齿轮的传动比为

$$i_{12} = \frac{n_1}{n_2} = -\frac{z_2}{z_1}$$

$$i_{23} = \frac{n_2}{n_3} = -\frac{z_3}{z_2}$$

$$i_{45} = \frac{n_4}{n_5} = -\frac{z_5}{z_4}$$

$$i_{67} = \frac{n_6}{n_7} = -\frac{z_7}{z_6}$$

$$i_{89} = \frac{n_8}{n_9} = -\frac{z_9}{z_8}$$

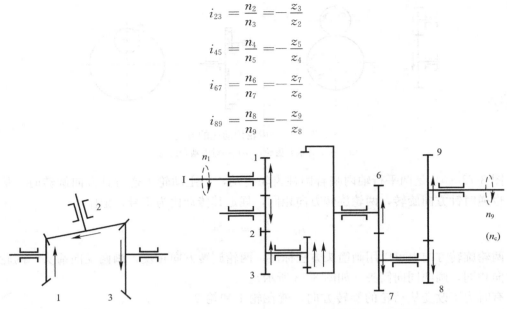

图 3-74　圆锥齿轮轮系　　　　　　　图 3-75　定轴轮系传动比的计算

若以 n_{19} 表示总传动比，则总传动比 n_{19} 等于各级传动比的连乘积。由此得

$$i_{19} = i_{12} \cdot i_{23} \cdot i_{45} \cdot i_{67} \cdot i_{89}$$

$$= \frac{n_1}{n_2} \cdot \frac{n_2}{n_3} \cdot \frac{n_4}{n_5} \cdot \frac{n_6}{n_7} \cdot \frac{n_8}{n_9}$$

$$= \left(-\frac{z_2}{n_1}\right) \cdot \left(-\frac{z_3}{n_2}\right) \cdot \left(-\frac{z_5}{n_4}\right) \cdot \left(-\frac{z_7}{n_6}\right) \cdot \left(-\frac{z_9}{n_8}\right)$$

由于 $n_3 = n_4$、$n_5 = n_6$、$n_7 = n_8$，而齿轮 2 为惰轮不影响传动比 i_{13}，即

$$i_{13} = \frac{n_1}{n_3} = \left(-\frac{z_2}{z_1}\right) \cdot \left(-\frac{z_3}{z_2}\right) = \frac{z_3}{z_1}$$

所以总传动比

$$i = \frac{n_1}{n_9} = (-1)^4 \cdot \frac{z_3 \cdot z_5 \cdot z_7 \cdot z_9}{z_1 \cdot z_4 \cdot z_6 \cdot z_8} \tag{3-15}$$

式 3-15 说明首、末两轮转速之比，等于组成该轮系的所有从动齿轮齿数连乘积与所有主动齿轮齿数连乘积之比。式中 $(-1)^4$ 说明该轮系有四对对外啮合圆柱齿轮。式 3-15 计算结果为正，说明该轮系首、末两轮旋转方向相同。图 3-75 是用标注箭头的方法表示齿轮的旋转方向的。可以看出轮 1 和轮 9 两轮的箭头方向一致，说明首末两轮旋转方向相同。

根据式 3-15，设一定轴轮系，从首轮至末轮用 1、2、3…k 组成，其中外啮合圆柱齿轮对数为 m，则定轴轮系总传动的计算式可写成

$$i_{1k} = \frac{n_1}{n_k} = (-1)^m \cdot \frac{z_2 \cdot z_4 \cdot z_6 \cdot z_k}{z_1 \cdot z_3 \cdot z_5 \cdot z_{k-1}} \tag{3-16}$$

3.2.2　液压与气动知识

（1）液压知识

液压传动是以液体作为工作介质，利用液体压力来传递动力和进行控制的一种传动

方式。

　　油液是液压传动系统中最常用的工作介质，又是液压元件的润滑剂。油液有许多重要的特性，最重要的是压缩性和黏性。压缩性是表示油液产生压力后其体积减小的性质。在液压传动常用的压力范围内，油液的压缩量是极其微小的，一般可忽略不计，近似地看作不可压缩。黏性的大小用黏度来量度。黏度大，内摩擦力就大，油液就不易流动，显得比较"稠"。反之油液就较"稀"。油液的黏度随着温度的变化而变化，油温升高，黏度变小，流动性好。压力对黏度的影响不大，一般不予考虑。

　　1）液压传动原理

　　图 3-76 是人们常见的液压千斤顶的原理图。它由手动柱塞液压泵和液压缸两大部分组成。大小活塞与缸体及泵体接触面之间，要保持良好的配合。不仅使活塞能够移动，而且形成可靠的密封。液压千斤顶工作过程如图 3-76。

　　工作时关闭放油阀 8 向上提起杠杆 1 时，活塞 3 就被带动上升（图 3-76b），油腔 4 密封容积增大（此时单向阀 7 因受油腔 10 中油液的作用力而关闭），形成局部真空。由于油箱 6 中的油液在大气压力的作用下，推开钢球并沿着吸油管道进入油腔 4，接着用力压下杠杆 1，活塞 3 下移（图 3-76c）油腔 4 的密封容积减少，油液受到外力挤压产生压力，迫使单向阀 5 关闭并使单向阀 7 的钢球受到一个向上的作用力。手压杠杆的力越大，油液压力越大，向上作用力越大。当这个作用力大于油腔 10 中油液对钢球的作用力时，钢球被推开，油腔 4 中油液的压力就传递到油腔 10，油液就被压入油腔 10，迫使它的密封容积增大，结果推动活塞 11 连同重物 G 一起上升，从而达到起重的目的。显然，如果提起杠杆 1 的速度越快，则单位时间内压入油腔 10 中的油液越多，重物上升的速度就越快，重物越重，下压杠杆所需的力就越大，于是油液的压力也越大。

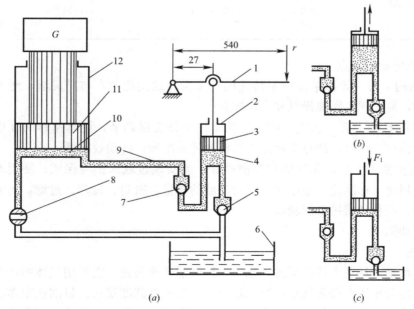

图 3-76　液压千斤顶的工作原理图

(a) 工作原理图；(b) 泵的吸油过程；(c) 泵的压油过程

1—杠杆；2—泵体；3、11—活塞；4、10—油腔；5、7—单向阀；6—油箱；8—放油阀；9—油管；12—缸体若将放油阀 8 旋转 90°，油腔 10 中油液在重物 G 的作用下，流入油箱，活塞 11 就下降并恢复到原位。

液压千斤顶虽然是一个简单的液压传动装置，但是从对它工作过程的简单介绍中，我们可以看出，液压传动的工作原理是以油液作为介质，依靠密封容积的变化来传递运动，依靠油液的压力来传递动力。液压传动装置实质上是一种能量转换装置，它先将机械能转换为便于输送的液压能，然后又将液压能转换为机械能，以驱动工作机构完成所要求的各种动作。

2）液压传动系统的组成

由上面的例子可以看出，一般液压传动系统除了油液外，各液压元件按其功用可分为四个部分。各部分的名称、所包含的主要液压元件及其作用详见表 3-10。

表 3-10　液压系统的组成及各部分作用

序号	组成		作用	图 3-76 中相应元件
1	动力部分	液压泵	将机械能转换为液压能	由 1、2、3、5、7 组成的手动柱塞泵
2	执行部分	液压缸及液压马达	将液压能转换为机械能并分别输出直线运动和旋转运动	由 11、12 组成的液压缸
3	控制部分	控制阀	控制液体压力、流量和流动方向	放油阀 8
4	辅助部分	管路和接头 油箱 滤油器 密封件	输送液体 储存液体 对液体进行过滤 密封	管路 9 油箱 6

3）液压传动的特点

① 从结构上看，元件单位重量传递的功率大，结构简单，布局灵活，便于和其他传动方式联用，易实现远距离操纵和自动控制。

② 从工作性能上看，速度、扭矩、功率均可作无极调节，能迅速转向和变速，调速范围宽，动作快速性好；缺点是速比不如机械传动准确，传动效率低。

③ 从维护使用上看，元件的自润滑性好，能实现过载保护与保压；使用寿命长；元件易实现系列化、标准化、通用化；但对油液的质量、密封、冷却、过滤，对元件的制造精度、安装、调整和维护要求较高。

（2）气动知识

1）概述

气压传动是一种动力传动形式，也是一种能量转换装置，它利用气体的压力来传递能量，与机械传动相比有很多优点，所以近十几年来发展速度很快。目前在很多国民经济领域中，如机床工业，工程机械，冶金，轻工及国防部门应用日益广泛，随着现代科学技术事业的发展气动液压技术已成为一项专门的应用技术领域，目前我国气动元件，液压元件已逐步标准化，规范化，系列化。气压传动的动力传递介质是来自于取之不尽的空气，环境污染小，工程实现容易，所以气压传动较液压传动来说，更是一种易于推广普及实现工业自动化的应用技术，近年来，气动技术在机械，化工，电子，电气，纺织，食品，包装，印刷，轻工，汽车等行业，尤其在各种自动化生产装备和生产线中得到了广泛的应用，极大地提高了制造业的生产效率和产品质量，作为重要机械基础的气动及液压执行元件的应用，引起了世界各国产业界的普遍重视，气动行业已成为工业国家发展速度最快的行业之一。另一方面，市场的需求和高速发展的自动化技术也促进气动技术的不断发展。

2）气动系统的组成及工作原理

压缩空气的产生、压缩空气的处理及传输及压缩空气的消耗。图 3-77 为通常气动系统组成示意图：

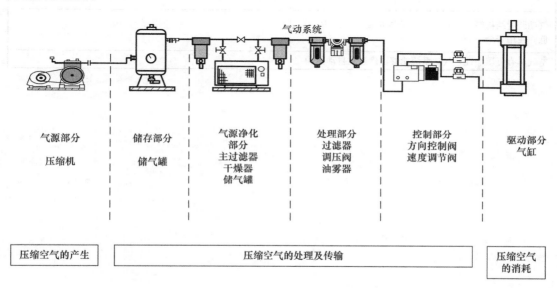

图 3-77　通常气动系统组成示意图

气压系统的工作原理：利用空气压缩机将电动机或其他原动机输出的机械能转变为空气的压力能，然后在控制元件和辅助元件的配合下，通过执行元件把空气的压力能转变为机械能，从而完成直线或回转运动并对外做功。

① 发生装置：它将原动机输出的机械能转变为空气的压力能，其主要设备是空气压缩机。

② 控制元件：是用来控制压缩空气的压力、流量和流动方向，以保证执行元件具有一定的输出力和速度并按设计的程序正常工作。如压力阀、流量阀、方向阀和逻辑阀等。

③ 执行元件：是将空气的压力能转变为机械能的能量转换装置。如气缸和气马达等。

④ 辅助元件：是用于辅助保证空气系统正常工作的一些装置。如过滤器、干燥器、空气过滤器、消声器和油雾器等。

3）气压传动的特点

表 3-11 为气压系统传动的优、缺点对比表。

表 3-11 气压系统的优、缺点

优点	缺点
以空气为工作介质，来源方便，用后排气处理简单，不污染空气	空气可压缩性，所以气缸的动作速度易受负载影响
由于空气流动损失小，压缩空气可集中供气，远距离输送	工作压力较低（一般为 0.4MPa～0.8MPa），因而气动系统输出力较小
启动动作迅速、反应快、维修简单，管路不宜堵塞，且不存在介质变质、补充和更换等问题	气动系统有较大的排气噪声
工作环境适应性好，可安全可靠地用于易燃易爆场所	工作介质空气本身没有润滑性，需要给相应设备装置加入润滑油
气动装置结构简单、轻便、安装维护简单。压力等级低，使用安全	
空气具有可压缩性，气动系统能够实现过载自动保护	

第4章 工程材料基础知识

4.1 金属材料基础知识及成型工艺

4.1.1 金属材料的性能

（1）物理性能

1）密度

是指金属单位体积的质量，用符号 ρ 表示

$$\rho = \frac{m}{V} \tag{4-1}$$

式中，m——金属的质量，kg；

V——金属的体积，m^3；

ρ——金属的密度，kg/m^3。

2）熔点

金属由固态转变为液态时的温度称为熔点。熔点是制定热加工（冶炼、铸造、焊接等）工艺规范的重要依据之一，常用低熔点金属制造印刷铅字、熔体和防火安全阀等；难熔金属可制造耐高温零件，在火箭、导弹、燃气轮机等方面获得广泛的应用。

3）热膨胀性

金属受热时，它的体积会增大，冷却时则收缩，金属的这种性能称为热膨胀性。热膨胀性的大小，可用线膨胀系数或体膨胀系数来表示。线膨胀系数的计算公式如下：

$$\alpha_1 = \frac{l_2 - l_1}{l_1 \Delta t} \tag{4-2}$$

式中，l_1——膨胀前的长度，cm；

l_2——膨胀后的长度，cm；

Δt——温度差，K 或℃；

α_1——线膨胀系数，1/K 或 1/℃。

体膨胀系数约为线膨胀系数的 3 倍。在实际工作中应当考虑热膨胀的影响，例如铸造冷却时工件的体积收缩，精密量具因温度变化而引起读数误差等。

4）导热性

金属传导热量的能力称为导热性。金属的导热性较好。这与其内部的自由电子有关。

5）导电性

金属能够传导电流的性能，称为导电性。金属的导电性也与其内部存在自由电子有关。金属的导电性的好坏，常用电阻率 ρ 来表示。长 1m、截面积为 $1mm^2$ 的物体在一定

温度下所具有的电阻数，叫做电阻率，单位是 $\Omega \cdot m$。电阻率越小，导电性越好。

导电性和导热性一样，随金属成分变化而变化，一般纯金属的导电性总比合金的好。为此，工业上常用纯铜、纯铝做导电材料；而用电阻大的铜合金（例如康铜-铜、镍、锰合金）做电阻材料。

6）磁性

金属材料在磁场中被磁化而呈现磁性的性能称为磁性。按磁性来分，金属材料可分为：铁磁性材料、顺磁性材料、抗磁性材料。

磁性只存在于一定的温度内，在高于一定温度时，磁性就会消失。如铁在 770℃ 以上就没有磁性，这一温度称为居里点。

（2）化学性能

是指在化学作用下表现出的性能。包括耐腐蚀性和抗氧化性：

1）耐腐蚀性

金属材料在常温下抵抗周围介质（如大气、燃气、油、水、酸、盐等）腐蚀的能力，称为耐腐蚀性，简称耐蚀性。

2）抗氧化性

金属在高温下对氧化的抵抗能力，称为抗氧化性，又称抗高温氧化性。工业上用的锅炉、加热设备、汽轮机、喷气发动机、火箭、导弹等，有许多零件在高温下工作，制造这些零件的材料，就需要具有良好的抗氧化性。

（3）工艺性能

是指其在经济条件下，完成各种加工的难易程度。也就是指金属材料是否易于加工成型的性能。包括铸造性、锻压性、焊接性、切削加工性等。工艺性能直接影响到零件的加工工艺和质量。也是选材时必须考虑的因素之一。

（4）力学性能

金属材料的力学性能，是指金属在外加荷载（外力或能量）作用下或荷载与环境因素（温度、介质和加载速率）联合作用下所表现出的行为，又称为力学行为。通常表现为金属的变形和断裂。因此，金属材料的力学性能可以简单地理解为金属抵抗外加荷载引起变形和断裂的能力。

金属材料受到荷载作用时，发生几何尺寸和形状的变化称为变形。它是金属受到荷载作用的必然表现。变形一般可以分为弹性变形和塑性变形。所谓弹性变形是指金属受到荷载作用时产生变形，当外力去除后，随即消失的变形。塑性变形是指不可消失的变形，也叫永久变形。

1）强度

金属在静荷载作用下，抵抗塑性变形和断裂的能力称为强度。强度的大小用应力来表示。根据荷载作用方式的不同，强度可分为抗拉强度、抗压强度、抗弯强度、抗剪强度和抗扭强度。在一般情况下，很多机件在使用过程中是受到静荷载作用的，通过拉伸试验可以确定金属的强度指标和塑性指标，故多以抗拉强度作为判断金属强度高低的指标。

2）塑性

它是指金属材料发生塑性变形而不被破坏的能力。用金属材料在断裂时的最大相对塑性变形来表示。塑性指标也是由拉伸试验得到的。如拉伸时的伸长率 δ 和断面收缩率 ψ，它们都是工程上广泛应用的表征金属塑性好坏的两个力学性能指标。

3）硬度

是指金属材料抵抗其他更硬物体压入其表面的能力，是反映金属材料软硬程度的一个指标。硬度试验与轴向拉伸试验一样也是一种广泛的力学性能试验方法。硬度的试验方法有很多种，基本上可以分为压入法和划刻法两大类。根据加载速度的不同，又可分为静载压入法和动载压入法。通常我们采用的布氏硬度、洛氏硬度、维氏硬度和显微硬度均属于静载试验法。肖氏硬度（弹性回跳法）和锤击式布氏硬度则属于动载试验法。

不同的试验方法，其物理意义也不同。划刻法硬度主要用来表征金属对切断方式破坏的抗力。肖氏硬度主要表征在金属弹性变形功的大小。压入法硬度值则表示金属抵抗变形的能力。硬度是综合反映了压痕附近局部体积内金属的弹性、微量塑性变形抗力、形变强化能力以及大量塑性变形抗力等物理量的大小。

4）韧性

金属材料的强度、塑性及硬度等指标均是在静荷载条件下测得的。在实际应用中，有许多零件都是在冲击荷载条件下工作的。用静荷载下的力学性能指标不能说明材料此时的力学性能。

韧性是指在冲击荷载作用下，金属材料在断裂前吸收能量和进行塑性变形的能力。金属的韧性通常随加载速度的提高，温度的降低，应力集中程度的加剧而减小。冲击韧度是衡量金属韧性的常用指标之一。工程上常用一次摆锤冲击试验来测定金属材料的冲击韧性。

5）疲劳强度

许多机械零件，如轴、齿轮、轴承、弹簧等，在工作过程中各点的应力随时间做周期性变化，这种随时间周期性变化的应力称为交变应力（也称循环应力）。在交变应力作用下，虽然零件所承受的工作应力低于材料的屈服点，但经过较长时间的工作而产生裂纹或突然断裂的过程叫做金属的疲劳。

疲劳破坏是机械零件失效的主要原因之一。据统计，在机械零件失效中大约有80%以上属于疲劳破坏。而且，在疲劳破坏前，并没有明显的塑性变形，往往具有突发性，容易造成重大损失。

（5）水表常用金属材料

目前水表所用的金属材质大体可分为：不锈钢、球墨铸铁、铸铅黄铜、塑料、铝合金等五大类，其中又以球墨铸铁和铸铅黄铜为主要原材料。水表表壳和铜中罩是水表中使用金属材料最多的部件，近年来塑料和不锈钢表壳也逐步开始使用。早期水表表壳大多采用铸铁材质，后来相继出现了铸铜、工程塑料、铝合金和不锈钢的材质。由于铸铁表壳的二次污染问题，2008年6月1日实施的"城镇建设行业标准《饮用水冷水水表安全规则》CJ 266—2008"第3.2.5规定：灰铸铁表壳在本标准实施两年后不得在饮用水管网中新安装和换装。在强制性水表安全规则中也明确要求淘汰灰口铸铁水表，而只建议大口径水表的表壳采用球墨铸铁材料。

水表应用各种金属材料及优缺点：

① 球墨铸铁

优点为高强度和高韧性，优异的耐磨性，以及良好的机械加工性能等；缺点在于与灰铸铁相比，制造工艺难度及成本增加；同样会生锈，造成二次污染。灰口铸铁水表表壳价格低廉，这是其最大优势，但无论是采用灰口铸铁还是球墨铸铁材质，其成型和加工工艺都比较繁琐，并且由于腐蚀生锈而存在二次污染。

② 铸造铅黄铜

优点为机械性能好，制造工艺简单；缺点在于容易铅析出超标及发生铜绿，危害人体健康，国内铜资源缺乏，冶炼需高耗能，低铅铜制造成本高，且切削性能较差。

③ 不锈钢

优点为耐酸耐碱，无二次污染；在高低温条件下不会产生腐蚀物和渗出物，卫生环保；机械性能好；缺点在于不易加工，且制造成本高，目前尚未形成大批量生产能力。

④ 工程塑料

优点为制造方便，耐腐蚀，不生锈，不结垢，卫生环保，重量轻；缺点在于机械强度偏低，刚性不足，有冷脆现象，易老化、蠕变等。

⑤ 铸造铝合金

优点为原料丰富，成本较低，机械性能好，性价比较高，生产成本较低；缺点在于在冲击力作用下，螺纹等部位表面硬化层容易剥落和受损，表面氧化后的析出物是否会对人体健康有害有待评估，表壳腐蚀趋势的预测和评价方法尚在研究之中。现在较少使用。

因水表表壳多以铜、铁合金为主要原材料，经铸造、加工成型，在这里对铜、铁合金的基本概念作简要介绍。

铜合金是以纯铜为基体加入一种或几种其他元素所构成的合金。纯铜呈紫红色。又称紫铜。纯铜密度为 8.96，熔点为 1083℃。具有优良的导电性、导热性、延展性和耐蚀性。常用的铜合金分为黄铜、青铜、白铜三大类：黄铜是铜与锌的合金，因色黄而得名，它的机械性能和耐磨性能都很好，可用于制造精密仪器、船舶的零件、枪炮的弹壳和水表表壳等；铜与锡的合金叫青铜，因色青而得名。青铜一般具有较好的耐腐蚀性、耐磨性、铸造性和优良的机械性能。用于制造精密轴承、高压轴承、船舶上抗海水腐蚀的机械零件等。白铜是铜与镍的合金，其色泽和银一样，银光闪闪，不易生锈，常用于制造硬币、电器、仪表和装饰品。

铸铁是含碳量在 2.11％ 以上的铁碳合金。碳素钢是含碳量少于 2.11％ 的铁碳合金。工业用铸铁一般含碳量为 2.5％～3.5％。除碳外，铸铁中还含有 1％～3％ 的硅，以及锰、磷、硫等元素。碳、硅是影响铸铁显微组织和性能的主要元素。铸铁可分为：

a. 灰口铸铁：含碳量较高（2.7％～4.0％），碳主要以片状石墨形态存在，断口呈灰色，简称灰铁。熔点低（1145～1250℃），凝固时收缩量小，抗压强度和硬度接近碳素钢，减震性好。由于片状石墨存在，故耐磨性好。铸造性能和切削加工较好。用于制造机床床身、汽缸、箱体和水表等表壳等构件。其牌号以 "HT" 后面附两组数字表示。例如：HT20-40（第一组数字表示最低抗拉强度，第二组数字表示最低抗弯强度）。

b. 球墨铸铁：将灰口铸铁铁水经球化处理后获得，析出的石墨呈球状，简称球铁。碳全部或大部分以自由状态的球状石墨存在，断口成银灰色。比普通灰口铸铁有较高强度、较好韧性和塑性。其牌号以 "QT" 后面附两组数字表示，例如：QT45-5（第一组数字表示最低抗拉强度，第二组数字表示最低延伸率）。用于制造内燃机、汽车零部件、农机具和水表表壳等。

4.1.2 金属材料的加工

（1）铸造

将液态金属浇入与零件形状相适应的铸型型腔中，待其冷凝后获得毛坯或零件的方法称为铸造。铸件一般作为金属零件的毛胚，需经切削加工方能制成零件。但有时铸件也可能不经加工而直接做成零件来使用，如特殊铸造方法生产的某些铸件。铸造方法在毛胚生产中具有广泛的适用性，采用铸造方法的毛胚加工而成的零件，约占机械权重的 40%～80%。

铸造的方法有多种，如砂型铸造、特种铸造等，其中砂型铸造应用最为广泛。

1）砂型铸造工艺

砂型铸造的工艺过程如图 4-1 所示，砂型铸造是用型砂紧实成型的铸造方法。

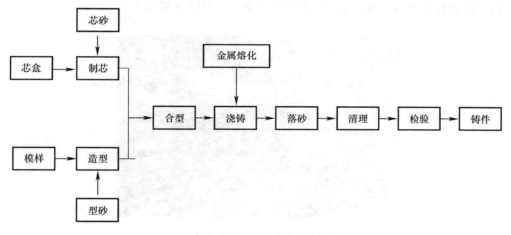

图 4-1　砂型铸造的工艺过程

砂型铸造的生产过程主要包括：制造模型及芯盒；配制型砂和芯砂；造型、制芯、合型；熔化金属及浇铸、落砂、清理和检验等。

造型材料：砂型是由型砂制成的。型（芯）砂的质量直接影响到铸件的质量和成本，由于型（芯）砂性能不合格而造成的铸件缺陷约占铸件总缺陷数的一半以上，因此，对型（芯）砂的性能、组成、配置及质量控制应引起充分重视。型（芯）砂主要由原砂（SiO_2）、粘结剂（普通黏土和膨润土）、附加物（煤粉、木屑）和水按一定比例配制而成。型（芯）砂应具备足够的强度、透气性、可塑性、耐火性及退让性等。

造型方法：分为手工造型和机器造型，其中手工造型操作灵活，适应性广。但生产率低，劳动强度大，适用于单件、小批量生产；而机器造型是用机器代替手工紧实成型、芯砂和起模。造型机的种类很多，目前应用最广泛的是以压缩空气为动力的震压式造型机和造型生产线。

浇铸位置的选择：浇铸位置是指浇铸时铸件在铸型中所处的空间位置。浇铸位置选择的正确与否，对铸件质量影响很大。一般应注意：铸件的重要表面应朝下或位于侧面；大而薄的平面应朝下；浇铸位置应有利于型芯的固定。分型面的选择，分型面是指上下砂型的接触面。分型面的选择在保证易于起模的前提下应注意：应尽量减少分型面的数目；分型面尽可能为平面；应使加工面和加工基准面尽可能位于同一砂箱内。

浇铸系统和冒口：浇铸系统是指液态金属流入铸型型腔内的通道，通常由浇口杯、直浇道、内浇道组成。冒口一般设置在铸件的顶部或最后凝固部位。它可以补充铸件的液态收缩和凝固时的体积收缩，避免产生缩孔、缩松缺陷，而且还有排气和集渣的作用。

浇铸工艺包括浇铸、落砂及清理三个过程。浇铸时应注意铁液出炉温度、浇铸温度及浇铸速度。浇铸温度高，易产生缩孔和气孔、晶粒粗大、力学性能下降等缺陷；浇铸温度低，金属流动性差，容易产生浇不足。浇铸速度快，容易充满铸型，但速度过快时，对铸型冲击大，易产生冲砂。

砂型铸造虽然是应用最广泛的一种铸造方法，能适用于不同生产规模和各种合金的铸造。但其缺点是铸件表面质量差，尺寸精度低，工艺过程复杂，铸件质量不易控制，生产效率低，劳动强度大等。水表表壳砂型铸造现场，如图 4-2 所示。

图 4-2　水表表壳砂型铸造现场

2）特种铸造

随着铸造技术的发展，特种铸造应用日益广泛，常用的特种铸造成型方法有：

① 金属型铸造：它是将液态金属在重力作用下浇入金属铸型而获得铸件的方法。金属型有三类：水平分型式（图 4-3a）垂直分型式（图 4-3b）和复合分型式。

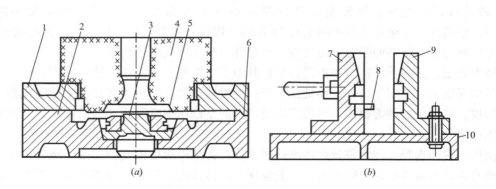

图 4-3　金属型铸造

1—上型；2—下型；3—型块；4—砂芯；5—型腔；6—止口定位；7—动型；8—定位销；9—定型；10—底座

金属型铸造的特点：可一型多铸，生产效率高；冷却速度快，铸件组织致密；铸件尺寸精度及表面粗糙度较好；但铸件易产生裂纹且形状、壁厚受限制。

应用：广泛应用于成批生产有色金属铸件。如水表铜表壳。金属型铸造现场如图4-4所示。

图4-4 水表表壳金属型铸造现场

② 压力铸造：压力铸造是将金属液在高压下迅速充型，并在压力下凝固而成获得铸件的方法。

压力铸件的主要特点：可生产形状复杂的薄壁铸件；铸件组织致密，强度高，缺陷少；铸件的尺寸及表面粗糙度等精度较好，一般不需再加工；但压铸模具成本高，设备投资大且铸件易产生皮下气孔。

应用：主要适用于有色合金的薄壁小件的大量生产。

③ 熔模铸造：用易熔材料制成与铸件形状相同的蜡模，在蜡模上包覆若干层耐火材料制成型壳，再加热型壳，将蜡模熔化排出，得到中空型壳，经高温焙烧后获得铸型进行铸造的方法，如图4-5所示。

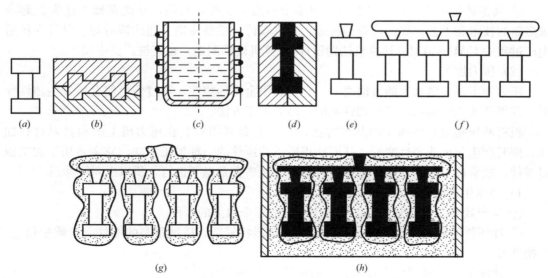

图4-5 熔模铸造工艺过程

(a) 母模；(b) 压型；(c) 熔蜡；(d) 铸造蜡模；(e) 单个蜡模；(f) 组合蜡模；(g) 结壳、熔化蜡模；(h) 浇铸

熔模铸型的特点：

铸件精度高；适用于各种合金铸造，特别是耐热合金；能生产形状复杂，难于加工的铸件；但其工艺过程复杂，成本高且不能生产大型铸件。

应用：广泛应用于浇铸航空、电器、仪表等小型精密铸件。

④ 离心铸造

它是将金属液浇入旋转的铸型中，在离心力的作用下充型和凝固的铸造方法，如图 4-6 所示。

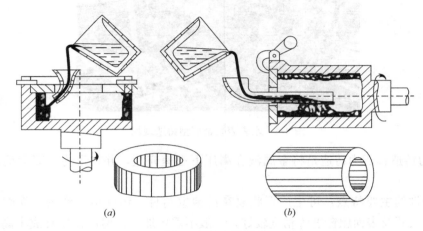

(a)　　　　　　　　　(b)

图 4-6　离心铸造法
(a) 立式；(b) 卧式

离心铸造的特点：

铸件组织细密，无缩孔、气孔、渣眼等缺陷；铸造空心回转体铸件不需要型芯和浇铸系统；便于浇铸双金属铸件（如轴瓦、双金属套筒等）；但铸件内表面质量较差。

⑤ 其他铸造方法：除了以上介绍的集中铸造方法外，目前，在此基础上还发展起来很多新的技术和工艺。如：陶瓷型铸造、真空吸铸、磁型铸造、连续铸造等。另外在铸造生产过程中 CAD/CAM（计算机辅助设计/计算机辅助制造）也正被广泛应用。

（2）压力加工

压力加工是金属加工的方法之一。它是利用金属的塑性，通过外力使金属发生塑性变形，获得所要求的形状、尺寸和性能的产品的加工方法。

板料冲压是金属性加工的基本方法之一，它是利用安装在压力机上的模具对材料加压，使其产生分离或塑性变形，从而获得所需冲压件的一种加工方法。它主要用于加工板料零件，故常称为板料冲压。由于这种加工方法多在常温下进行，所以也叫冷冲压。

1）冲压生产的特点有：

① 生产效率高，每分钟可加工数十个至数千个以上的零件。

② 冲压件的尺寸由模具保证，所以可制造形状复杂、精度很高的零件，且质量稳定，互换性好。

③ 冲压加工材料利用率较高，一般可达 70%～85%。

④ 利用冲压的方法不仅可以制造形状相当复杂的零件，而且经过塑性变形，冲压件还具有重量轻、强度好、刚度大、精度高、外表光滑美观的特点。

2）冲压及冲模

常用的冲压设备有剪床和冲床两大类。剪床，它是完成下料工序的设备。常用的剪切设备有振动剪、滚剪、平刃剪板机、斜刃剪板机等；冲床，它是冲压加工的主要设备。

（3）切削加工

机器设备都是由若干零件组成的，而大多数零件是用金属材料制成的。随着科学技术的发展，一部分机器零件已经能用精密铸造和冷挤压的方法制造，但绝大多数零件还是要进行金属的切削加工，才能获得较高的尺寸精度、形状精度、相互位置精度和较小的表面粗糙度值。切削加工就是利用刀具与工件的相对运动，从毛坯（铸件、锻件等）上切除多余的材料，使其满足图样上规定要求的加工方法。它可分为机械加工和钳工两部分。机械加工方法主要有车削、铣削、刨削、磨削等，在机械制造中有着重要的作用和地位。钳工一般是由工人手持工具对零件进行加工，由于使用工具简单，操作灵活方便，在零件的制造、修理和装配中是不可或缺的加工方法。

1）切削运动及切削形成的表面

切削时的运动：为了把工件上多余的金属层切除掉，以获得需要的形状、尺寸精度，必须要求刀具与工件间有确定的相对运动。按运动的作用分为如下两种：一是主运动，即由机床或人力提供的主要运动，它促使刀具和工件之间产生相对运动，从而使刀具前面接近工件。它的特点是在切削运动中速度最高、消耗机床功率最大，一般情况下主运动只有一个，主运动可以是刀具的旋转或直线运动也可以是工件的旋转或直线运动；二是进给运动，即由机床或人力提供的运动，它使刀具与工件之间产生附加的相对运动，加上主运动，即可不断地或连续地切屑，并得到具有所需几何特性的已加工表面，进给运动在切削运动中可能是一个或几个，例如车削时车刀的纵向、横向移动，钻销时钻头的轴向移动，都属于进给运动。

切削形成的表面：在切削过程中，随着切削运动的不断进行，工件表面被不断地切除，新的表面逐渐形成，因此在切削过程中，工件上有三个不断变化着的表面，即已加工表面（随着切削运动的进行逐渐形成的新表面）、待加工表面（被切除的金属层表面）和过渡表面（切削刃正在切削着的表面）。

2）切削用量及选择原则

切削用量，即是切削速度（v_c）、进给量（f）和背吃刀量（a_p）的总称，其中切削速度就是切削刃选定点相对于工件的主运动的瞬时速度；进给量就是刀具在进给运动方向上相对工件的位移量，可用刀具或工件每转或每行程的位移量来表述和度量；背吃刀量就是在通过切削刃基点并垂直于工作平面的方向上测量的吃刀量。

切削用量直接影响工件的加工质量、刀具的磨损和寿命，机床的动力消耗及生产率，因此必须合理地选择切削用量，由于切削速度、背吃刀量、进给量对切削温度和刀具寿命的影响大小不同，因此，选择切削用量的原则为先尽量选择大的背吃刀量，再尽量选择大的进给量，最后尽量选择大的切削速度。

3）切削力及切削热

切削加工时工件材料抵抗刀具切削所产生的阻力称为切削力。切削力分解为三个分力：作用于切削速度方向的分力称为主切削力；作用于切削深度方向的分力称为径向力；

作用于进给方向的分力称为轴向力。凡影响变形和摩擦的因素都能影响切削力,主要因素有工件材料、刀具角度、切削用量和切削液等。

在切削过程中,由于被切削金属层的变形、分离及刀具和切削材料间的摩擦而产生的热量称为切削热,它通过切屑、刀具、工件、切削液和周围空气传导出去。如果切削时不加切削液,则大部分切削热由切屑传出。

切削时,用来降低切削温度,并减少刀具与工件之间摩擦的液体称为切削液,它的作用:冷却、润滑、清洗、防锈等。

(4)钳工

钳工是以手工操作为主,用各种工具完成对零件的加工、装配和修理等工作。钳工的种类很多,按其性质可分为三大类:普通钳工、修理钳工和工具钳工。钳工的主要操作有:划线、錾削、锯割、锉削、刮削、研磨、钻孔、攻螺纹、套螺纹及装配等。

为了减轻劳动强度,提高劳动生产率,钳工工具和工艺正在不断改进,并在逐步实现机械化和半机械化。如许多工具已改成电动或气动工具。

1)划线

根据图样的要求,在毛坯或半成品的工件表面上划出加工界限,称为划线。可分为平面划线和立体划线两种。

① 划线工具及应用

划线工具按其功能不同可分为四类:基准工具、支承工具、划线工具和量具。

基准工具:是划线的基准,将工件放在上面进行划线工作,最常用的是平板和平台。

支承工具:常用的支承工具有方箱、V 形铁、千斤顶、角铁等。

划线工具:用来划线、找正和确定位置用的。常用的有划针、划规、划线盘、游标高度尺等。

量具:常用的划线量具有钢直尺、游标高度尺,90°角尺等。

② 划线基准及选择原则

划线基准:划线时,为了确定工件各部分尺寸、相互位置、几何形状所依据的那些点、线、面称为划线基准。

划线基准的选择原则:划线时基准应以已加工表面、未加工表面的中心线或较大的平面为划线基准。一般划线基准有:以两个相互垂直的平面为基准如图 4-7(a);以两条中心线为基准如图 4-7(b),以一个平面与一条垂直的中心线为基准如图 4-7(c)所示。

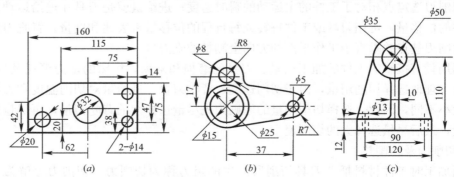

图 4-7 划线基准的类型

③ 划线方法及步骤

平面划线：在工件的一个表面进行划线称为平面划线。平面划线的步骤是：分析图样，检查毛坯，选择划线基准，按图样要求划出全部线条，检查无误后打样冲眼。

立体划线：在工件的长、宽、高方向上进行的划线称为立体划线。立体划线的重点是划线基准的选择及工件的安装找正。

2）钳工的基本操作方法

① 錾削

它是用锤子锤击錾子，对工件进行切削加工的一种方法。錾削可以进行加工平面、沟槽、切断及清理毛刺等工作。錾削的过程分为起錾、錾削和錾出三个阶段。起錾时，先在工件的角上切出一个小平面后再开始錾削，錾削至快结束时，应从反方向錾削，以免工件的棱角损坏。

② 锯削

锯削主要用来切断或切除多余材料、切槽等。

手锯：由锯弓和锯条组成。锯弓可分为固定和可调式两种。锯条由碳素工具钢经淬火制成。可分为粗齿和细齿锯条，分别适用于软、硬材料。锯条的锯齿每隔若干个即左右分开，形成锯路，以减小锯条侧面与锯缝的摩擦。

锯削方法：手锯是靠向前推动进行切削的，所以锯条安装时，锯齿应向前且松紧适度。锯削时应按所划的加工线进行。起锯时，起锯角度不宜过大（如图 4-8 所示，$\alpha \approx 15°$）、压力要轻，防止崩齿。锯削中，锯弓不能左右摆动，两手用力要均衡。前推时均匀用力，返回时要轻。

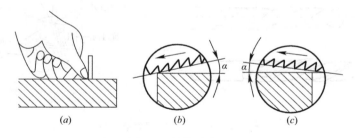

图 4-8　起锯的方法
(a) 确定锯削位置；(b) 远起锯；(c) 近起锯

③ 锉削

它是用锉刀对工件进行切削加工的方法。锉削可加工平面、曲面、内孔及沟槽等。

锉刀分为钳工锉（普通锉）、整形锉（什锦锉或组锉）和特种锉三种。钳工锉刀适应于一般工件表面的锉削。为适应不同形状的表面，钳工锉刀又可分为平锉、三角锉、方锉、圆锉、半圆锉等。整形锉适用于细小的修正及精密加工。特种锉是用来加工工件上的特殊表面。

锉刀的选择：合理选用锉刀可提高工作效率，保证加工质量，延长锉刀寿命。锉刀选择时，应根据加工精度、加工余量、加工表面形状等因素来进行选择。如精加工选择细齿锉刀，加工余量大，选择粗齿锉刀等。

锉削平面：锉削时两手用力均衡以保持锉刀运动中的水平。锉平面时，粗加工常采用交叉锉，顺锉用于精加工。其方法见图 4-9：

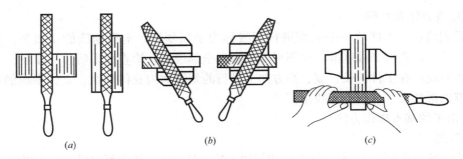

图 4-9　平面锉削方法
(a) 顺锉法；(b) 交叉锉法；(c) 推锉法

锉削曲面采用滚锉和顺锉。

④ 钻孔、扩孔和铰孔

用钻头在工件上加工出孔的方法称为钻孔。多用于加工中小直径或精度不高的孔。钻床可分为台钻、立钻和摇臂钻、数控钻床等。台钻用于直径小于 12mm 孔的加工，大于 12mm 孔用立钻加工，摇臂钻适用于较大工件或多个方向上有孔的工件的加工。钻头的种类包括麻花钻、中心钻、扩孔钻、硬质合金钻等，其中以麻花钻应用最为广泛。麻花钻由高速钢制成，其结构包括柄部、颈部、导向部分和切削部分（如图 4-10 所示）。

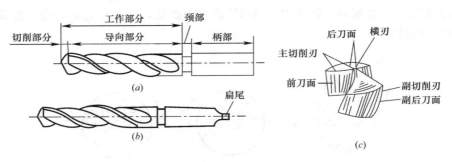

图 4-10　标准麻花钻的组成部分
(a) 直柄钻；(b) 锥柄钻；(c) 切削部分

标准麻花钻的切削部分存在着一些缺陷，如横刃太长，产生 50％～70％ 的轴向抗力，主切削刃长，外缘处容易发热和磨损等。为了改善切削性能，针对这些缺点，通过刃磨改进，形成了标准群钻。标准群钻（见图 4-11）是在标准麻花钻上采取以下修磨措施制成的。

磨出月牙槽：在钻头的后刀面磨出月牙槽，形成凹形圆弧刃，同时降低了钻心高度。这样可使切削省力，排屑、断屑容易，定心作用加强。

磨短横刃：使横刃磨短为原来的 1/7～1/5，减小了轴向抗力，提高了切削能力。

磨出单边分屑槽：在一条外刃上磨出分屑槽，有利于排屑和减少切削力。

按划出的线钻孔时，应先在工件上划出孔的中心线及找正圆，并在孔的中心打样冲眼，以便于钻头找正，钻孔时，应选择合适的切削用量，因钻孔属于半封闭切削，以保证加工精度和钻头的寿命。必要时可加冷却液进行冷却和润滑。

用扩孔钻对已有的孔进行扩大孔径的加工方法称为扩孔。扩孔是半精加工，它的加工质量比钻孔高，适用于某些直径较大的孔的最终加工或铰孔前的预加工。

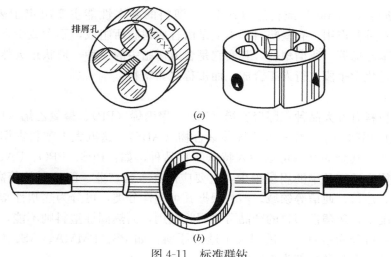

图 4-11　标准群钻
(a) 板牙；(b) 板牙架

用铰刀对孔进行精加工的方法称为铰孔。铰孔是提高孔的精度常用的方法。铰刀可分为机用和手用两种。铰孔时应合理地选择铰削用量。铰削余量要合适。余量大，铰刀易磨损，余量小，不能纠正上道工序留下的加工误差。采用手铰时，铰刀在孔中不能反向旋转，否则容易拉伤孔壁。铰削钢件时应加入润滑油润滑。

⑤ 攻螺纹与套螺纹

用丝锥加工内螺纹的方法称为内螺纹（也叫攻丝）。攻螺纹的工具为丝锥和铰杠，丝锥由工作部分和柄部组成。工作部分由切削、校准两部分组成。丝锥一般由两个一组，称为头锥和二锥。头锥主要负责切除加工余量，二锥负责加工出合格螺纹。

用板牙加工外螺纹的方法称为套螺纹。套螺纹使用的是板牙及板牙架，如图 4-12，板牙的外形像个圆螺母。套螺纹前，应检查工件的直径。

图 4-12　板牙和板牙架示意图

4.2　塑料材料基础知识

4.2.1　塑料材料性能

（1）定义

塑料是以单体为原料，通过加聚或缩聚反应聚合而成的高分子化合物（macromolecules），俗称塑料（plastics）或树脂（resin）。塑料的基本性能主要决定于树脂的本性，但添加剂也起着重要作用。有些塑料基本上是由合成树脂所组成，不含或少含添加剂，如有机玻璃、聚苯乙烯等。所谓塑料，其实它是合成树脂中的一种，形状跟天然树脂中的松树脂相似，经过化学手段进行人工合成，而被称之为塑料。

（2）分类

通用塑颗粒料有五大品种，即聚乙烯（PE）、聚丙烯（PP）、聚氯乙烯（PVC）、聚苯乙烯（PS）及丙烯腈—丁二烯—苯乙烯共聚合物（ABS）。这五大类塑料占据了塑料原料使用的绝大多数，其余的基本可以归入特殊塑料品种，如：PPS、PPO、PA、PC、POM等，它们在日用生活产品中的用量很少，主要应用在工程产业、国防科技等高端的领域，如汽车、航天、建筑、通信等领域。塑料根据其可塑性分类，可分为热塑性塑料和热固性塑料。通常情况下，热塑性塑料的产品可再回收利用，而热固性塑料则不能，根据塑料的光学性能来分，可分为透明、半透明及不透明原料，如 PS、PMMA、AS、PC 等属于透明塑料，而其他大多数塑料都为不透明塑料。

1）热塑性塑料

热塑性塑料：指加热后会熔化，可流动至模具冷却后成型，再加热后又会熔化的塑料；即可运用加热及冷却，使其产生可逆变化（液态←→固态），是所谓的物理变化。通用的热塑性塑料其连续的使用温度在 100℃以下，聚乙烯、聚氯乙烯、聚丙烯、聚苯乙烯并称为四大通用塑料。

2）热固性塑料

热固性塑料是指在受热或其他条件下能固化或具有不溶（熔）特性的塑料，如酚醛塑料、环氧塑料等。首次加热时可以软化流动，加热到一定温度，产生化学反应（交联固化）而变硬，这种变化过程是不可逆的，此后再次加热，已不能再变软流动了。该类塑料主要用于隔热、耐磨、绝缘、耐高压电等恶劣环境中。

表 4-1 为常用的几种塑料。

表 4-1　塑料的主要品种及用途举例

序号	塑料名称	英文缩写	用途举例	主要特性
1	聚甲醛	POM	水表轴承、齿轮	刚性好、耐疲劳；耐磨，耐水性极佳，耐热性好，耐燃性较差
2	聚乙烯	PE	水表指针、滤网、燃气、供水管道	加工性能优良、耐腐蚀性及高频电性能好；力学性能较低；热变形温度较低
3	聚丙烯	PP	水表表盖、医疗器械、包装薄膜、管道	耐腐蚀性及电性能优良；抗曲绕疲劳和应力开裂性较好；低温显脆性；对铜敏感；易老化
4	聚苯乙烯	PS	水表度盘、仪表外壳、玩具	价廉；易加工、着色；透明；性脆；高频电性能优异
5	丙烯腈/丁二烯/苯乙烯共聚物	ABS	水表叶轮盒、齿轮盒、叶轮等	刚韧；耐腐蚀性良好；吸湿性小；易镀层；耐候性差
6	聚酰胺	PA	水表顶尖、轴承、齿轮、风扇叶片、耐油管道	韧性好；耐磨性突出；耐油；吸水性强
7	聚氯乙烯	PVC	薄膜、人造革、鞋、电线绝缘	价廉；质硬、耐腐蚀性较好；有较好的强度；难燃；耐热性较低

续表

序号	塑料名称	英文缩写	用途举例	主要特性
8	聚碳酸酯	PC	齿轮、食品盘子	冲击韧性优良；透明；有应力开裂倾向；耐磨性差
9	苯乙烯-丙烯腈共聚物	AS	水表度盘视窗，仪表盒盖	无色透明，耐高温，硬度、刚性好，尺寸稳定性和承载力强
10	聚苯醚	PPO	热水表机芯多种主要零件，餐盘等	耐高温，可以在120℃下使用，硬度、强度刚度都较高，流动性差，加工工艺要求严格。有应力开裂倾向

（3）塑料制品的特性

1）基本特性

①质轻、比强度高。一般塑料的密度介于 $0.9\sim2.3g/cm^3$，只有钢铁的 $1/8\sim1/4$，铝的 $1/2$ 左右，而各种发泡塑料的密度更低约介于 $0.01\sim0.5g/cm^3$，按单位质量计算的强度称为比强度，有些增强塑料的比强度接近甚至超过金属材料。

②优良的电绝缘性能，几乎所有塑料都有优异的电绝缘性能，如极小的介电损耗和优良的耐电弧特性及较高的电阻率。

③优良的化学稳定性，一般塑料对酸碱等化学药品均有良好的耐腐蚀能力，特别是聚四氟乙烯的耐化学腐蚀性比黄金还要好，甚至能耐"王水"等强腐蚀性电解质的腐蚀。

④耐磨。绝大多数塑料的摩擦系数小，耐磨性好，具有消音和减震作用。许多工程塑料制造的耐磨零件如齿轮、轴承就是利用了塑料的这个特性。

⑤透光和防护性能。多数塑料都可制成透明和半透明制品，其中聚苯乙烯、聚碳酸酯的透光率可达 $88\%\sim92\%$，接近于玻璃。

⑥成型加工容易。塑料制品成型加工容易，制品繁多，可制成具有一定机械强度或柔软轻盈及透明的各种制品。

⑦缺点。耐热性较低，一般塑料仅能在100℃以下使用，少数塑料可在200℃左右使用，塑料的热膨胀系数比金属大 $3\sim8$ 倍，容易受温度变化而影响尺寸的稳定。塑料的蠕变值较大，在荷载作用下塑料会缓慢地产生黏性流动或变形，塑料的导热性能也较差，导热系数只有金属的 $1/600\sim1/200$，不易散热，但可作隔热材料，另外塑料在日光、大气、长期机械作用下会发生老化、变色、开裂现象等。

2）水表常用塑料性能

①聚乙烯（PE）

PE 为白色蜡状，半透明，表面光滑，无毒。它可分为低密度聚乙烯、高密度聚乙烯和线性低密度聚乙烯。三者当中，高密度聚乙烯熔点、刚性、硬度和强度均较高，有较好的热性能、电性能和机械性能，它的用途比较广泛，主要应用在薄膜、管材、注射日用品等多个领域。而低密度聚乙烯和线性低密度聚乙烯有较好的柔韧性、冲击性能、成膜性、透明性等，主要用于包装用薄膜、农用薄膜、塑料改性等。

②聚丙烯（PP）

PP 是一种比重特别小的塑料，白色蜡状且透明、无毒、易燃烧，表面光滑度不如聚乙烯。它的耐热性较好，一般可在100℃左右温度下使用，它的强度、刚度、硬度、耐热性均优于高密度聚乙烯，优良的耐腐蚀性，不受温度影响，但低温下会发脆、不耐磨、容易老化，收缩率较大，热变形温度低，吸湿性小，加工前不必干燥，用于做一般机械零件，耐腐蚀件、绝缘件等。丙烯的品种更多，用途也比较复杂，领域繁多，根据用途的不同，主要用在拉丝、纤维、注射、BOPP膜等领域，共聚聚丙烯主要应用于家用电器注射件，改性原料，日用注射产品、管材等，无规聚丙烯主要用于透明制品、高性能产品、高性能管材等。

③ 丙烯腈/丁二烯/苯乙烯共聚物（ABS）

ABS是一种不透明，呈现浅象牙色，无毒无味的粉料或颗粒。它是三元共聚物兼有三种组成的综合特点：丙烯腈使聚合物具有耐腐蚀、耐热且具有一定的表面硬度，丁二烯使聚合物具有橡胶一般的韧性且耐冲击性，苯乙烯使聚合物具有良好的电性能、热性能及良好的加工性能。低温时它的耐冲击强度也不会降低，但是ABS耐气候能力差，吸水性强，加工前须干燥处理。它广泛应用于家用电器、面板、面罩、组合件、配件等，尤其是家用电器，如洗衣机、空调、冰箱、电扇等，用量十分庞大，另外在塑料改性方面，用途也很广。

④ 改性聚苯乙烯（AS）

AS是丙烯腈苯乙烯的共聚物，它呈水白色，可为透明半透明或着色成不透明粒料，它的性能较ABS性能差些，但AS加瓷白粉，其染色性好，且无毒无味、价格便宜，耐一般酸碱盐腐蚀，耐应力开裂性较好，但耐疲劳性较差，吸水性较强，加工前须干燥处理。

⑤ 聚甲醛（POM）

POM是一种表面光滑，有光泽的硬而致密的材料。淡黄色或白色易于燃烧，染色性好，气密性好，对空气、氧、氮透过性很小，有极优秀耐疲劳性，是热塑性塑料中最好的，它具有良好的综合性能：强度、刚性、冲击、蠕变等性能均较好，减磨耐磨性、自润滑性良好，吸水性强，加工前须干燥处理，易做减磨耐磨及传动件。

⑥ 聚酰胺（PA）

PA种类较多，生产中常用的是尼龙1010。它是半透明，轻而硬，表面光亮的坚韧固体。吸水性很强，须用真空干燥箱干燥，因为尼龙对氧也很敏感。它的特点是坚韧、耐磨、耐疲劳、耐油、抗霉菌、无毒、易做耐磨及传动件。

⑦ 聚碳酸酯（PC）

PC本色呈微黄，而加点淡蓝色得到无色透明制品，具有良好的透光性，着色性好，可制成透明、半透明、不透明的各种塑料制品。它的机械性能是韧而刚，无缺口、抗冲击强度在热塑性塑料中名列前茅。成型的零件可达到很精密的公差，并在很宽的范围内保持尺寸稳定性。在较高温度、长时间的荷载作用下，冷流动性较小，使用时能耐60℃的水，耐一般的化学腐蚀，无毒，吸水性强，加工前在真空干燥箱内干燥。多用来做仪表小零件、绝缘件、透明件、耐冲击件。

⑧ 聚苯醚（PPO）

PPO呈琥珀色透明体，在沸水中煮沸仍具有尺寸稳定性，具有热塑性塑料中最高的玻璃化温度（210℃），成型温度也高，比尼龙、聚甲醛、聚碳酸酯的硬度、强度刚度都要高，流动性差，加工工艺要求严格。总之，它有良好的综合性能。可在120℃蒸汽中使用，吸水性小，有应力开裂倾向，可用苯乙烯改性，易做成耐热件，减磨耐磨件及传动件。

⑨ 苯酚-甲醛树脂（PF）

PF也叫酚醛，它可分为热塑性和热固性两种，水表常用热固性酚醛塑料。酚醛塑料它的刚性大，冷流性小，尺寸稳定性好，工作温度 $100℃\sim130℃$，即使在比较高的温度下，它也不会软化变形，具有良好的耐热、耐磨、耐腐蚀等性能。它是以酚醛树脂为主要原料，加入石棉填料，其颜色为黑色，适用于热压法成型，有较好的耐热性，适用于作水润滑轴承，如水轮泵，潜水电泵的轴承。

3）塑料成型方法

塑料成型加工是一门工程技术专业的总称，所涉及的内容是将塑料材料转变为塑料制品的各种工艺和过程。塑料制品成型加工主要由成型、机械加工、修饰和装配四个连续过程组成。成型是最主要工序。成型：即将各种形态的塑料（粉料、粒料、分散体、溶液等）制成所需形状的制品或型坯的过程，它在四个过程中最为重要，是塑料制品成型的必经过程，成型的方法很多，如挤出、注射、压延成型等。其他三个过程通常都是根据制品的要求而有所取舍。在水表塑料零件制造中注塑成型是最常用的一种方法，此工艺过程包括成型前的准备，注射成型过程及制件的后处理。工艺详见第九章

成型前的准备：为了使注射成型顺利进行和保证产品质量，在成型前有很多准备工作，具体有原材料的预处理、嵌件的预热、脱模剂的选用、料筒的清洗等。

注射成型过程：注射成型过程主要有加料、塑化、充模保压、冷却和脱模等几个步骤，但实际上只是塑化、注射和模塑三个过程。

注塑件后处理：由于塑化后不均匀或由于塑料在型腔中结晶、取向和冷却不均匀，或由于金属嵌件的影响或由于注塑件二次加工不当等原因，注塑件内部不可避免的存在一些内应力，从而导致注塑件使用过程中产生变形或开裂，因此应该设法消除之。

根据注塑件的特性和使用要求，可对注塑件进行适当的后处理，其主要方法是退火和调湿处理。

4.2.2 常用塑料的鉴别

在塑料进入了各个领域的今天，其制品不仅繁多，而且同一种形式的制品可以用几种不同塑料来生产，同一类塑料又可制成许多不同形式的制品，因此，如果做塑料的回收利用，第一步就是进行塑料的鉴别和分类，因为不同类塑料的回收方法也不一样。此外，通过鉴别还可以有目的得根据塑料的种类，在使用中加以防护；在稍有损坏时，也可以采取适当的修补方法，使塑料可继续使用。可见塑料的鉴别很有实用价值。

塑料的鉴别有很多方法，但有的要借助贵重的精密仪器，如红外分光光度仪、核磁共振仪、色谱-质谱联用仪、差动量热仪等等，在一般的场合下，配备这些仪器是不容易办到的，而且，对塑料的一般使用者来说，配备这些仪器也没有必要。这里，我们着重介绍简便易行的鉴别办法，如燃烧法、相对密度法等。

① 燃烧鉴别法

表 4-2 表示了几种塑料的燃烧特性，也就是这些塑料燃烧鉴别的依据。

表 4-2　几种塑料的燃烧特征表

序号	塑料名称	燃烧难易	离火后情况	火焰状态	塑料变化情况	气味
1	有机玻璃	容易	继续燃烧	浅蓝色、顶端白色	融化，起泡	水果香味
2	聚氯乙烯	难	离火即灭	黄色，下端绿色，白烟	软化	刺激性酸味

续表

序号	塑料名称	燃烧难易	离火后情况	火焰状态	塑料变化情况	气味
3	聚苯乙烯	容易	继续燃烧	橙黄色，浓黑烟	软化、起泡	特殊，苯乙烯单体味
4	ABS	容易	继续燃烧	黄色火焰，黑烟	软化、烧焦	特殊香味
5	聚乙烯	容易	继续燃烧	上端黄色，下端蓝色	熔融滴落	石蜡燃烧的气味
6	聚丙烯	容易	继续燃烧	上端黄色，下端蓝色，有少量黑烟	熔融滴落	石蜡味
7	尼龙	缓慢燃烧	缓慢熄灭	蓝色，上端黄色	熔融滴落，起泡	羊毛烧焦味
8	聚甲醛	容易	继续燃烧	上端黄色，下端蓝色	熔融滴落	强烈的甲醛味，鱼腥臭味
9	聚碳酸酯	缓慢燃烧	缓慢熄灭	黄色，黑烟炭末	熔融起泡	特殊气味
10	聚苯醚	难	熄灭	浓黑烟	熔融	花果臭味
11	聚四氟乙烯	不燃	—	—	—	—
12	酚醛树脂（木粉）	缓慢燃烧	自熄	黄色	膨胀，开裂	木材和苯酚味

试验时，可剪取一小块试样放在点燃的酒精灯、火柴或打火机上燃烧，仔细观察其燃烧的难易程度，火焰的颜色、气味和冒烟情况，熄灭后塑料色泽形态等，根据这些方面的特征，便大致可以确定该塑料是哪一类了。

② 相对密度鉴别法

不同品种的塑料有不同的密度，利用这一特性可粗鉴塑料。在制品上取一块试样，直接投入事先调制好的具有一定密度值的溶液中，看它们是沉是浮。当然该方法极为粗糙，而且主要用来判断没加入助剂或其他填充料的塑料品种。表 4-3 介绍了几种日用塑料的相对密度鉴别方法，对照下列的配制方法配制标准溶液后，将需要待鉴别的塑料截取一小块，投入配置好的标准溶液中，根据该塑料块在标准溶液中上浮或下沉的实际情况，依据表 4-3 对应查出塑料制品种类。

表 4-3　几种日用塑料的相对密度鉴别方法

溶液种类	相对密度（25℃）	配置方法	塑料制品种类	
			上浮	下沉
酒精溶液（51.6%）	0.91	水 100 毫升，95%酒精 144.2 毫升	聚丙烯	聚乙烯
酒精溶液（45.2%）	0.925	水 100 毫升，95%酒精 111.7 毫升	高压聚乙烯	低压聚乙烯
水	1	净水	聚乙烯、聚丙烯	聚氯乙烯、聚苯乙烯、ABS、有机玻璃
饱和食盐溶液	1.19	水 74 毫升，食盐 26 克	聚苯乙烯、ABS	聚氯乙烯
氯化钙水溶液	1.27	氯化钙 100 克，水 150 毫升	有机玻璃、ABS	聚氯乙烯

③ 溶剂法

此法是利用塑料在有机溶剂中的溶解程度来鉴别塑料品种的方法。在选用溶剂时可参看表 4-4 中所列的"几种常用热塑性塑料的溶剂"来进行。

表 4-4　几种常用热塑性塑料的溶剂

序号	塑料名称	溶剂
1	聚氯乙烯	环己酮、四氢呋喃、二氯甲烷
2	聚苯乙烯	甲苯、乙苯、苯、醋酸乙酯、氯仿、氯苯
3	ABS 塑料	甲乙酮等
4	聚碳酸酯	对二恶烷、三氯乙烯、二氯甲烷等
5	涤纶	苯酚、浓硫酸
6	聚酰胺（尼龙）	苯酚、甲酸、氯化钙和甲醇的混合液
7	有机玻璃	氯仿、二氯甲烷
8	纤维素塑料（赛璐珞）	丙酮、醋酸乙酯

④ 综合法

综合法就是综合上述方法进行联合鉴别，由于有些塑料制品性质相似，或者有些塑料的外观及某些性状已被电镀、涂漆、着色等处理变得难于辨认，或者由于我们经验不足，造成用单一方法不能做出决定。拿到一个塑料制品，先可用简易法来鉴别，如果决定不了或者需要进一步验证，则可采用燃烧法或其他适当的方法来继续判别。因为燃烧法也很方便，只要擦火柴或点燃酒精灯便可做试验。我们仔细观察燃烧时的现象，对照表 4-2，就可基本确定是哪个塑料品种了。如果某些部门，平时就备有不同密度的溶液（如表 4-4），则从制品上剪取小块，直接投入具有一定密度的溶液中，这样也可达到鉴别的目的。水的相对密度为 1，利用样品在水中的浮沉就可区分比水轻还是比水重的塑料。当然也可用溶液法来鉴别。通过几种方法同时使用，则鉴别结论就更有把握了。

4.3　水表中常用的其他非金属材料

在水表零件中除金属和塑料件外还有一种必不可少的组件，因耐磨性、热稳定性、伸缩性能等，被用在某些特殊的部位。下面对它们进行一些介绍。

（1）橡胶

橡胶是一种高分子材料，弹性高，在较小的外力作用下，能产生很大形变，在释放荷载后又能很快地恢复到近似原来的状态，橡胶具有优良的伸缩性能和可贵的积储能量的能力，成为水表常用的密封材料。橡胶属于完全无定型聚合物，它的玻璃化转变温度低，分子量往往很大。早期的橡胶是取自橡胶树、橡胶草等植物的胶乳，加工后制成的具有弹性、绝缘性、不透水和空气的材料。

分类：根据原材料来源与方法的不同将橡胶分为天然橡胶和合成橡胶两大类。其中天然橡胶的消耗量占 1/3，合成橡胶的消耗量占 2/3。天然橡胶是从橡胶树、橡胶草等植物中提取胶质后加工制成；合成橡胶则由各种单体经聚合反应而得。其中的合成橡胶又可分为通用合成橡胶、半通用合成橡胶、专用合成橡胶和特种合成橡胶。

用途：除应用于水表密封垫圈外，橡胶制品还广泛应用于交通运输、工业矿山、农林水利、军事固防、电器通信、医疗卫生、商品储存和文教体育等众多领域，其中占比最大的就是交通运输中的汽车轮胎等。

（2）钢化玻璃

它属于安全玻璃。钢化玻璃其实是一种预应力玻璃，为提高玻璃的强度，通常使用化学或物理的方法，在玻璃表面形成压应力，玻璃承受外力时首先抵消表层应力，从而提高了承载能力，增强玻璃自身抗风压性，寒暑性，冲击性等。注意与玻璃钢区别开来。它的特性通常有安全性（当玻璃受外力破坏时，碎片会成类似蜂窝状的钝角碎小颗粒，不易对人体造成严重的伤害）、高强度（同等厚度的钢化玻璃抗冲击强度是普通玻璃的 3～5 倍，抗弯强度是普通玻璃的 3～5 倍）、热稳定性（钢化玻璃具有良好的热稳定性，能承受的温差是普通玻璃的 3 倍，可承受 300℃ 的温差变化）。

将普通退火玻璃先切割成要求尺寸，然后加热到接近软化点的 700℃ 左右，再进行快速均匀的冷却而得到的（通常 5～6mm 的玻璃在 700℃ 高温下加热 240s 左右，降温 150s 左右。8～10mm 在 700℃ 高温下加热 500s 左右，降温 300s 左右。总之，根据玻璃厚度不同，选择加热降温的时间也不同）。钢化处理后玻璃表面形成均匀压应力，而内部则形成张应力，使玻璃的抗弯和抗冲击强度得以提高，其强度约是普通退火玻璃的四倍以上。已钢化处理好的钢化玻璃，不能再作任何切割、磨削等加工或受破损，否则就会因破坏均匀压应力平衡而"粉身碎骨"。

优点：强度较之普通玻璃提高数倍，抗弯；使用安全，其承载能力增大改善了易碎性质，即使钢化玻璃破坏也呈无锐角的小碎片，对人体的伤害极大地降低了。钢化玻璃的耐急冷急热性质较之普通玻璃有 3～5 倍的提高，一般可承受 250℃ 以上的温差变化，对防止热炸裂有明显的效果。是安全玻璃中的一种。为保障高层建筑提供合格材料安全性作保障。

缺点：钢化后的玻璃不能再进行切割和加工，只能在钢化前就对玻璃进行加工至需要的形状，再进行钢化处理；钢化玻璃强度虽然比普通玻璃强，但是钢化玻璃有自爆（自己破裂）的可能性，而普通玻璃不存在自爆的可能性；钢化玻璃的表面会存在凹凸不平的现象（风斑），有轻微的厚度变薄。变薄的原因是因为玻璃在热熔软化后，再经过强风力使其快速冷却，使其玻璃内部晶体间隙变小，压力变大，所以玻璃在钢化后要比在钢化前要薄。一般情况下 4～6mm 玻璃在钢化后变薄 0.2～0.8mm，8～20mm 玻璃在钢化后变薄 0.9～1.8mm。具体程度要根据设备来决定，这也是钢化玻璃不能做镜面的原因；通过钢化炉（物理钢化）后的建筑用的平板玻璃，一般都会有变形，变形程度由设备与技术人员工艺决定。在一定程度上，影响了装饰效果（特殊需要除外）。

（3）宝石材料

宝石是玛瑙、刚玉的统称，它们具有很小的摩擦系数，硬度高，耐腐蚀，热膨胀系数小，对温度的敏感程度低、抗压强度高等特性。水表中心齿轮和叶轮（翼轮）绕规定的轴线旋转，旋转支撑的承导件用宝石轴承来承担，通常使用的水表中，小口径水表用玛瑙、大口径水表用刚玉。

玛瑙是玉髓类矿物的一种，经常是混有蛋白石和隐晶质石英的纹带状块体，硬度 6.5～7 度，比重 2.65，色彩相当有层次。刚玉，名称源于印度，系矿物学名称。刚玉 Al_2O_3 的同质异象主要有三种变体，分别为 $\alpha\text{-}Al_2O_3$、$\beta\text{-}Al_2O_3$、$\gamma\text{-}Al_2O_3$。刚玉硬度仅次于金刚石，为滑石的 442 倍（见表 4-5）。刚玉主要用于高级研磨材料，手表和精密机械的轴承材料。

表 4-5　莫氏硬度等级和对应的矿物

莫氏硬度	所试矿物名称	莫氏硬度	所试矿物名称
1 级	滑石	6 级	正长石
2 级	石膏	7 级	石英、玛瑙
3 级	方解石	8 级	黄玉
4 级	萤石	9 级	刚玉
5 级	磷灰石	10 级	金刚石

注：莫氏硬度值越大越硬，反之越软。

第 5 章　水力学基础知识

5.1　水的主要特性

（1）水的主要物理力学性质

水在外力作用下是处于相对平衡还是作机械运动是由水本身的物理力学性质决定的，因此，水的物理力学性质是我们研究水相对平衡和机械运动的基本出发点。在水力学中，有关水的主要物理力学性质有以下几个方面：

① 密度

水单位体积内所具有的质量称为密度，以 ρ 表示。对于均质流体，若其体积为 $\overline{V}$，质量为 m，则：

$$\rho = \frac{m}{\overline{V}} \tag{5-1}$$

在国际单位制中，密度的单位为 $\mathrm{kg/m^3}$。

水的密度随温度和压强的变化而变化。在一个标准大气压下，不同温度下水和空气的密度值是不同的。实验表明，水的密度随温度和压强的变化甚微，在绝大多数实际工程流体力学中，可近似认为水的密度为一常数。计算时，一般采用水的密度值为 $1000\mathrm{kg/m^3}$。

② 黏性

由于水具有流动性，在静止时不能承受剪切力以抵抗剪切变形，但在运动状态下，水的内部质点间或流层间因相对运动而产生内摩擦力以抵抗剪切变形，这种性质叫做黏性。内摩擦力又称为黏滞力。水的黏性是水发生机械能损失的根源，是水的一个非常重要的性质。

由牛顿在 1686 年首先提出的，并经后人加以验证的牛顿内摩擦定律可表述为：处于相对运动的两层相邻流体之间的内摩擦力（或切力）T，其大小与液体的物理性质有关，并与流速梯度 $\dfrac{\mathrm{d}u}{\mathrm{d}y}$ 和流层的接触面积 A 成正比，并与液体的黏滞性有关，而与接触面上的压力无关。其数学表达式为：

$$T = \mu A \frac{\mathrm{d}u}{\mathrm{d}y} \tag{5-2}$$

式中 μ 为比例系数，在 A 和 $\dfrac{\mathrm{d}u}{\mathrm{d}y}$ 相同的条件下黏性越大的水，其内摩擦力越大，因而 μ 也越大，故 μ 可以用来量度水的黏性。μ 称为动力黏度，可简称黏度。在国际单位制中，μ 的单位为 $\mathrm{Pa \cdot s}$。

将上式两端同除以面积 A，可得出牛顿内摩擦定律的另一种形式：

$$\tau = \frac{T}{A} = \mu \frac{\mathrm{d}u}{\mathrm{d}y} \tag{5-3}$$

式中的 τ 为单位面积上的内摩擦力，亦称切应力，其单位为 Pa。

式（5-3）中 $\frac{\mathrm{d}u}{\mathrm{d}y}$ 表示速度沿垂直于速度方向的变化率。为了更好地理解速度梯度的意义，在图 5-1a 中垂直于流动方向的 y 轴上任取一边长为 dy 的方形流体质点 acdb，并将它放大成图 5-1b。由于其下表面的速度 u 小于上表面的速度 $u+\mathrm{d}u$，经过 dt 时段以后，下表面移动的距离 udt 小于上表面移动的距离 $(u+\mathrm{d}u)$ dt，因而方形 abcd 变形为 a′c′d′b′，两流层间的垂直连线 ac 和 bd 在 dt 时段里变化了角度 dθ，由于 dt 是一个微小时段，因此转角 dθ 也很小，所以：

$$\mathrm{d}\theta \approx \tan(\mathrm{d}\theta) = \frac{\mathrm{d}u\mathrm{d}t}{\mathrm{d}y}$$

故：

$$\frac{\mathrm{d}\theta}{\mathrm{d}t} = \frac{\mathrm{d}u}{\mathrm{d}y} \tag{5-4}$$

式中，$\frac{\mathrm{d}\theta}{\mathrm{d}t}$ 是单位时间的角变形，称为角变形率或称为切应变率。

可见，速度梯度就是直角变形速度，它是在切应力作用下发生的，又称为剪切变形速度。所以，牛顿内摩擦定律也可以理解为切应力与剪切变形速度成正比。

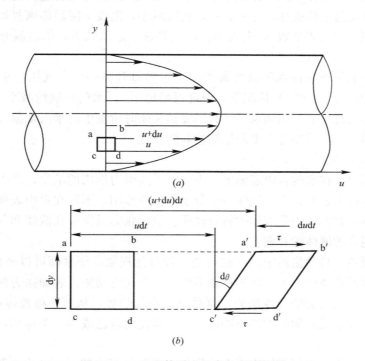

图 5-1　a、b 流体质点的直角变形速度

在分析黏性流体的运动规律时，经常同时出现黏度 μ 和密度 ρ 的比值，水力学中习惯于把它们组合成一个量，用 v 来表示，称为运动黏度，即：

$$v = \frac{\mu}{\rho} \tag{5-5}$$

在国际单位制中 v 的单位是 m^2/s。

水的黏性一般是随温度和压强而变化的，但实验表明，在低压情况下（通常指低于 100 个大气压），压强的变化对水的黏性影响很小，一般可以忽略。温度则是影响水黏性的主要因素，而且水和气体的黏度随温度的变化规律是不同的，水的 μ 随温度的升高而减小，而气体的 μ 值则随温度的升高而加大。这可以从分子的微观运动来说明：黏性是分子间的吸引力和分子不规则的热运动产生动量交换的结果，温度升高，分子间的吸引力降低，分子间热运动增强，动量增大；反之，温度降低，分子间吸引力增大，分子间热运动减弱，动量减小。对于水来说，分子间的吸引力是决定性因素，所以，水的黏性随温度的升高而减小；对于气体来说，分子间的热运动产生的动量交换是决定因素，所以，气体的黏性随温度的升高而增大。在实际计算中，可查阅有关手册中各种水的黏温曲线，或用经验公式计算黏度。

最后还要指出牛顿内摩擦定律只适用于牛顿流体，即切应力与剪切变形速度成线性比例关系的流体，如水、汽油、酒精、空气等，均为牛顿流体。而将不符合牛顿内摩擦定律的流体称为非牛顿流体，如油漆、泥浆、浓淀粉糊等。

③ 压缩性和膨胀性

水的压缩性是指水体受压，体积缩小，密度增大，除去外力后能恢复原状的性质。

水的膨胀性是指水体受热，体积膨胀，密度减小，温度下降后能恢复原状的性质。水的膨胀性一般用体积膨胀系数 α_V 来表示。定义是在一定压强下，单位温升所引起的体积变化率。

实践证明，水的压缩性和膨胀性都很小。压强每升高一个大气压，水的密度约增加 1/20000；在常温（10～20℃）情况下，温度每增加 1℃，水的密度约减小 1.5/10000，所以只有在某些特殊情况下，例如水管的阀门突然关闭时所发生的水击现象，自然循环的热水采暖系统等问题，才需要考虑水的压缩性和膨胀性。

④ 表面张力特性

水的表面张力：在水的自由表面上，由于分子间引力作用的结果，产生了极其微小的拉力，这种拉力称为表面张力。气体由于分子的扩散作用，不存在自由表面，也就不存在表面张力。所以，表面张力是液体的特有性质。表面张力只发生在液体和气体、固体或者和另一种不相混合的液体的界面上。

表面张力现象：日常生活中经常遇到的一种自然现象，如水面可以高出碗口不外溢，钢针可以水平地浮在液面上不下沉等都是表面张力作用的结果。表面张力的作用，使液体表面好像是一张均匀受力的弹性薄膜，有尽量缩小的趋势，从而使得液体的表面积最小。例如一滴液体，如果没有别的力影响的话，它总是使得自己成为一个球形，因为球形表面面积最小。

表面张力的大小，常用液体表面上单位长度所受的张力即表面张力系数 σ 表示，它表示液体表面单位长度上所受的拉力，其单位为 N/m。表面张力的方向总是垂直于长度方向。σ 的数值随液体的种类、温度和表面接触情况的不同而有所变化。

水的表面张力是很小的，例如水在 20℃ 时的表面张力为 $0.0728N/m$，在工程实际中是没有什么实际意义的,一般可以忽略不计。但是当水表面呈曲面,而且曲率半径很小时,表面张力的合力有时可达到不可忽略的程度。例如在流体力学实验中,经常使用装有水或水银的细玻璃管做成测压管,在测压管中会产生一种毛细管现象,这时表面张力作用就不能忽略。

毛细管现象:直径很小两端开口的细管竖直插入液体中,由于表面张力的作用,管中的液面会发生上升或下降的现象,称为毛细管现象。

为什么细管中的水面有时会上升,有时会下降呢?这可以从水分子和管壁分子间相互不同的作用加以说明。把水分子间的吸引力称为内聚力,水分子和固体壁面分子之间的吸引力称为附着力。当玻璃细管插入水中时,由于水的内聚力小于水同玻璃间的附着力,水将玻璃湿润,并沿着壁面向上延伸,使水面向上弯曲成凹面,再由于表面张力的作用,使液面有所上升,直到上升的水柱重量和表面张力的垂直分量相平衡为止,如图 5-2(a)所示。当玻璃细管插入水银中时,由于水银的内聚力远大于水银与玻璃的附着力,其结果与上述情况相反,水银表面向下弯曲形成凸面,而且表面张力作用使液面下降了一段距离,如图 5-2(b)所示。

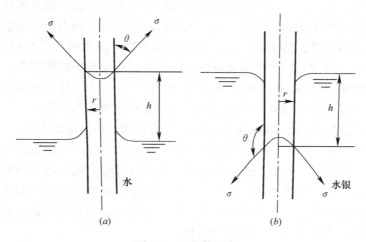

图 5-2 毛细管现象

毛细管中液面上升或下降的高度可以根据表面张力的大小来确定。设液面与管壁的接触角为 θ,管的半径为 r,直径为 d,液体的密度为 ρ,表面张力为 σ,由液体重量与表面张力的垂直分量相平衡(参见图 5-2(a)),即:

$$\pi d \sigma \cos\theta = \frac{1}{4}\pi d^2 h \rho g$$

可得:

$$h = \frac{4\sigma\cos\theta}{\rho g d} \tag{5-6}$$

式中,接触角 θ 与液、气的种类和管壁的材料等因素有关。实验表明,水与玻璃的接触角 $\theta=0°$,而水银与玻璃的接触角 $\theta\approx140°$。20℃水的表面张力系数 $\sigma=0.0728\mathrm{N/m}$,水银的表面张力系数 $\sigma=0.465\mathrm{N/m}$,水的密度 $\rho_{水}=998.2\mathrm{kg/m^3}$,水银的密度 $\rho_{水银}=13550\mathrm{kg/m^3}$,分别代入式(5-7),可得水在玻璃管中的上升高度:

$$h = \frac{29.8}{d} \text{mm} \tag{5-7}$$

水银在玻璃管中的下降高度：

$$h = \frac{10.5}{d} \text{mm} \tag{5-8}$$

式中玻璃管半径均以 mm 计。

上述公式表明，液面上升或下降的高度与管径成正比，即玻璃管内径 d 越小，毛细管现象引起的误差越大。因此，通常要求测压管的内径不小于 10mm，以减小误差。

5.2　水静力学

水静力学是研究液体在静止状态下的受力平衡规律及其工程应用。静止流体质点间仅有正应力，且流体不能承受拉应力，质点之间的相互作用仅以压应力形式体现，静止是压应力与质量力相互平衡的结果。静止流体内的压应力称为静压强。研究流体平衡的受力状态，分析静压强分布和势能转换规律，确定承压面流体的压力和力矩，是静水力学的基本任务。静水力学应用广泛：静压强产生水坝的倾覆力矩，深水闸门受到巨大的静水推力，静压强过高引起水管爆裂，以及水在液压传动设备和测压仪器中的作用等。运动的水内部压强的特性在诸多场合与静压强相近、甚至相同，因此水静力学是研究水运动的基础。

静压强是衡量水的静压质点应力状态的指标，它有两个基本特性。

1）静压强作用的垂向性。流体静压强总是沿着作用面的内法线方向。

2）静压强的各向等值性。某一固定点上流体静压强的大小与作用面的方位无关，也就是同一点上各个方向的流体静压强大小相等。当存在切应力时，各方向的压应力一般不相等。弹性体内部正应力的大小取决于方位，运动状态下黏性流体的压应力各向不等。静止流体内不可能存在切应力，这使得固定点上压应力的大小与作用面的方位无关。该特性与弹性体截然不同，水静力学也因此大为简化。

应用水静力学，可以研究静止流体中物体的平衡及其稳定性。最早研究浮力的学者是希腊哲学家阿基米德。船舶、潜艇和沉箱等的设计要求研究浮力和物体平衡的稳定性。

5.3　水动力学

5.3.1　伯努利方程

流体运动受到表面力和质量力的作用，表面力包括正应力与黏滞切应力。黏滞力作用下正应力与压强不相等，故黏性流体的应力状态较复杂。忽略黏滞力后，理想流体的应力状态与静止流体一样，仅有压强的作用，它沿着作用面的内法线方向，而且各向等值，故理想流体的分析步骤可大幅度简化。

（1）理想流体的伯努利定理

伯努利方程：

$$\frac{U^2}{2} + \frac{p}{\rho} - W = C' \tag{5-9}$$

其中，C' 是积分常数。由瑞士物理学家伯努利于 1738 年首次得到。积分常数 C' 称伯努利常数，其值由边界条件确定。一般地 C' 值随流线的不同而变化。式（5-9）中三项分别代表单位质量流体的动能、压强势能和质量力势能，$\frac{U^2}{2} + \frac{p}{\rho} - W = C'$ 是总机械能。伯努利定理表明：有势力场作用下常密度理想流体的恒定流中单位质量流体的机械能沿着流线守恒。

（2）重力场中理想流体的伯努利方程

设质量力仅含重力，取 z 坐标铅直向上。质量力势函数可写成 $W = -gz$，将其代入到伯努利方程式（5-9），用 g 除各项，得到：

$$\frac{U^2}{2g} + \frac{p}{g\rho} + z = C$$

在同一条流线的任意两点 1、2 上应用以上方程，得到：

$$\frac{U_1^2}{2g} + \frac{p_1}{g\rho} + z_1 = \frac{U_2^2}{2g} + \frac{p_2}{g\rho} + z_2 \tag{5-10}$$

这就是重力场中理想流体的伯努利方程，又称能量方程。它表示，重力场中常密度理想流体的元流（或流线上）做恒定流动时，流速 U、动压强 p 与位置高度 z 三者的相互转换关系。为了方便讨论，定义：

$$H_0 = z + \frac{p}{g\rho} + \frac{U^2}{2g} \tag{5-11}$$

伯努利方程（5-11）是能量守恒定律的具体表现形式，各项的几何意义和物理意义总结如下：

z——位置高度或位置水头，代表单位重力流体的位能；

$\frac{p}{g\rho}$——测管高度或压强水头，代表单位重力流体的压能；

$\frac{U^2}{2g}$——称流速水头，代表单位重力流体的动能；

H_0——称总水头或总能头，代表单位重力流体的总机械能。

水运动时具有动能，且它与势能之间可相互转化。能量方程（5-10）给出了位能、压能与动能三者之间的相互转化关系。

理想流体的伯努利方程（5-10）表明，流体从元流某断面流动到另一断面的过程中，单位重力流体的机械能 H_0 具有守恒性，总水头保持沿程不变。如图 5-3 所示，总水头线（H_0 线）是水平的，测管水头线（H_p 线）的高度是沿程变化的。该图称水头线图。总压管与毕托管是基于伯努利方程而设计的流速量测仪器。

例 5-1 流体围绕物体流动的流动简称物体绕流。考察图 5-4 所示墩头状物体的绕流场。设上游无穷远处流速 $U_\infty = 1.2\mathrm{m/s}$，压强 $p_\infty = 0$。受到物体障碍后，在物体迎流面顶充点 S 处形成滞点，该处压强升高。试求 S 点的压强。

解： 设滞点 S 处的压强为 p_S，黏性作用可以忽略。考察过 S 点的流线。依据该流线上成立的伯努利方程（5-10），有：

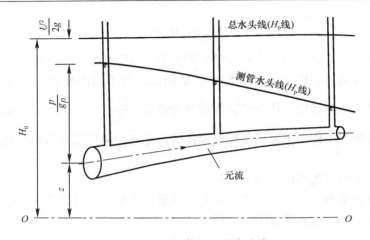

图 5-3　理想流体元流的水头线

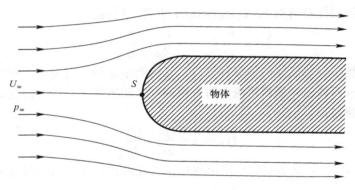

图 5-4　墩头状物体的绕流

$$\frac{U_\infty^2}{2g} + \frac{p_\infty}{g\rho} + z_\infty = \frac{U_S^2}{2g} + \frac{p_S}{g\rho} + z_S$$

下标∞代表上游无穷远处，下标 S 代表滞点。将 $z_\infty = z_S$ 代入上式，可得到：

$$\frac{p_S}{g\rho} = \frac{U_\infty^2}{2g} + \frac{p_\infty}{g\rho} - \frac{U_S^2}{2g} = \left(\frac{1.2^2}{2 \times 9.8} + 0 - 0\right)m = 0.073m$$

滞点压强为 $p_S = 0.073 mH_2O$。

5.3.2　实际流体的能量方程

实际流体具有黏性，流动过程中变形运动产生内摩擦力，机械能不断地转化成热能而散失。机械能向热能转化符合能量守恒定律，但该过程是不可逆的，表现为机械能沿程递减。本节研究机械能转换规律时，假定能量损失参数是给定的。

（1）元流的伯努利方程

元流中单位重力流体在两个断面之间的流程上损失的机械能，称元流的水头损失，以 h_w' 表示，它具有长度量纲。理想流体的伯努利方程（5-10）没有计入该水头损失。对于图 5-5 所示断面 1-1 与断面 2-2 之间实际流体的元流，应该根据能量守恒原理对方程（5-10）进行修正，也就是，在方程（5-10）的右侧添加 h'_w，使得断面 1-1 的总机械能等于断面 2-2 的总机械能与两断面间水头损失之和

$$\frac{U_1^2}{2g} + \frac{p_1}{g\rho} + z_1 = \frac{U_2^2}{2g} + \frac{p_2}{g\rho} + z_2 + h'_w \tag{5-12}$$

该方程称为实际流体元流的伯努利方程，它要求三个条件：

① 常密度流体的恒定流动；

② 质量力仅含重力；

③ 断面 1-1 和 2-2 是同一元流的两个断面。

实际流体的水头线如图 5-5 所示。总水头线（即 H_0 线）必须沿程单调下降，因为任意两断面都满足 $h'_w > 0$。单位流程上发生的水头损失称为水力坡度，简称能坡，以 J 表示。设 l 表示流程坐标，有

$$J = \frac{dh'_w}{dl} = -\frac{dH_0}{dl} \tag{5-13}$$

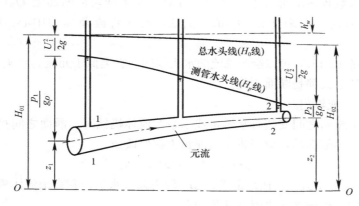

图 5-5　实际流体元流的水头线

H_0 总是沿程减小的，即 $\frac{dH_0}{dl} < 0$。上式中添加"—"号。总有 $J > 0$。类似地，单位流程上测管水头 H_p 的减小值称测管坡度，以 J_p 表示

$$J_p = -\frac{dH_p}{dl} = -\frac{d}{dl}\left(z + \frac{p}{g\rho}\right) \tag{5-14}$$

约定 H_p 减小时 J_p 为正、增加时 J_p 为负，故该式中添加"—"号。H_0 总是沿程减小，但 H_p 沿程可以减小、也可以增加。对于均匀流，有 $J_p = J = dh'_w/dl$。

（2）恒定总流的能量方程

总流运动要素的沿程变化对于解决实际问题更有意义。采用过流断面上元流积分的方法，可建立总流的能量方程。为了积分方便，先分析均匀流的测管水头 H_p 的剖面特性。

恒定总流的能量方程

实际流体恒定总流能量方程

$$z_1 + \frac{p_1}{g\rho} + \frac{a_1 V_1^2}{2g} = z_2 + \frac{P_2}{g\rho} + \frac{a_2 V_2^2}{2g} + h_w \tag{5-15}$$

称它为总流伯努利方程。若定义总流的断面平均总能头

$$H_0 = z + \frac{p}{g\rho} + \frac{aV^2}{2g} \tag{5-16}$$

将两断面的 H_0 值分别表示成 H_{01}、H_{02}，能量方程可简洁地写成

$$H_{01} = H_{02} + h_w \tag{5-17}$$

（3）总流能量方程的应用

实际流体的总流能量方程是工程设计中最常用的基本方程之一，应当熟练、确切地掌握其应用条件：

① 常密度流体的恒定流动，质量力只含重力；

② 两个过流断面符合均匀流或渐变流的条件（断面之间容许有急变流）；

③ 两断面间的总流段上除了水头损失外，无其他机械能的输入或输出；

④ 两断面间的总流段上没有质量的输入或输出，即总流的流量沿程不变。

解决实际问题时，条件①通常容易满足。选取总流断面时，满足条件②的前提下应该把断面取在已知参数较多的部位上，以简化计算。鉴于均匀流断面上 $H_p = z + p/g\rho = $ 常数，容许利用断面任一点来计算 H_p 值。例如，有压管流断面的中心，明渠流断面的液面。

依据能量方程（5-15），可以绘制总流的水头线图，它类似于元流的水头线图（图 5-5），差别仅在于总流各水头都是断面均值。

1）能量的输入或输出

当管道的两个断面之间安装有水轮机或水泵等流体机械时，断面之间存在机械能的输入或输出，条件③不能满足，应当将总流能量方程修改成

$$\Delta H + H_{01} = H_{02} + h_w \tag{5-18}$$

其中，H_{01} 和 H_{02} 仍然由式（5-16）定义，ΔH 称为输入水头，它表示流体机械输入给单位重力流体的机械能。机械能输出时 ΔH 取负值。

水泵的主要性能参数包括：

流量 Q——体积流量；

扬程 H——单位重量水体通过水泵后获得的能量，其单位为 m；

轴功率 P——单位时间内原动机传输给水泵的功率，单位为 kW；

效率 η——水泵的有用功率与轴功率的比值。

水泵的有用功率为水流单位时间内实际获得的能量 $g\rho QH$。由于水体通过水泵时产生水头损失，而且水泵本身存在机械磨损，因此 $\eta < 1$。水泵轴功率

$$P = \frac{g\rho QH}{\eta} \tag{5-19}$$

在能量方程（5-18）中，输入水头 ΔH 就是水泵的扬程，即 $\Delta H = H$。按扬程的定义，H 代表水泵入流、出流两断面的压强水头差，故在 h_w 中不应计入水泵入流、出流两断面之间的能量损失。

水轮机的轴功率 P 称为水轮机出力。设 H 表示单位重量水体给予水轮机的能量，η 表示水轮机的效率。轴功率的算式为

$$P = \eta g\rho QH \tag{5-20}$$

因为水流输出机械能，在方程（5-18）中取 $\Delta H = -H$，在 h_w 中不计入水轮机的损失。

2) 质量的输入或输出

当两个过流断面之间的总流段存在质量的输入或输出时，上述条件④得不到满足，但可采用流道分割法转化成简单流道。例如，图 5-6 （a）所示分叉管道，以流面 abS 为界面，可分成上、下两个分流道（Ⅰ）和（Ⅱ）。分流道各自满足条件④，故方程（5-17）可以直接应用于分流道。设 H_{01}、H_{02} 和 H_{03} 分别表示相应断面的 H_0 值，h_{wl-2} 表示断面 1-1 与 2-2 之间分流道（Ⅰ）的水头损失，h_{wl-3} 表示断面 1-1 与 3-3 之间分流道（Ⅱ）的水头损失。总流能量方程应写成：

$$H_{01} = H_{02} + h_{wl-2} \tag{5-21a}$$
$$H_{01} = H_{03} + h_{wl-3} \tag{5-21b}$$

将它们与连续方程 $Q_1 = Q_2 + Q_3$ 一起联立，方程组有确定的解。应当注意：①分流道（Ⅰ）和（Ⅱ）作为相互独立的两个流道来看待，两个分流道通过界面 abS 的相互作用有影响，但该影响一般在 h_{wl-2} 和 h_{wl-3} 中计入。②一般有 $h_{wl-2} \neq h_{wl-3}$。③两个分流道在断面 1-1 上共享平均总能头 H_{01}，这要求断面 1-1 的流速水头上、下较均匀。④流道分割法要求分叉处的局部流场具有稳定、明确的分界面，否则 h_{wl-2} 和 h_{wl-3} 缺少规律性。

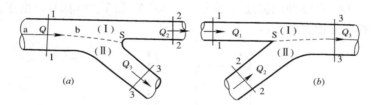

图 5-6　分流叉管和汇流叉管

对于图 5-6 （b）中汇流叉管，设 h_{wl-3}、h_{w2-3} 分别表示断面 1-3 间分流道（Ⅰ）和断面 2-3 间分流道（Ⅱ）的水头损失。连续方程和总流能量方程应写成

$$Q_1 = Q_2 + Q_3, \quad H_{01} = H_{03} + h_{wl-3}, \quad H_{02} = H_{03} + h_{w2-3} \tag{5-22}$$

例 5-2　水塔引水管如图 5-7 所示。水塔截面积很大，水位恒定。已知管道直径 $d = 200mm$，水头 $H = 4.5m$，引水流量 $Q = 100L/s$。试求水流的总水头损失。

解：选取水塔自由断面 1-1，引水管出水口为断面 2-2，基准面通过断面 2-2 的中心。由恒定总流的能量方程（5-15）得：

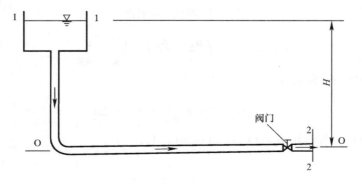

图 5-7　水塔引水管

$$h_\mathrm{w} = z_1 + \frac{p_1}{g\rho} + \frac{\alpha_1 V_1^2}{2g} - z_2 - \frac{p_2}{g\rho} - \frac{\alpha_2 V_2^2}{2g}$$

将 $z_1 - z_2 = H$ 和 $p_1 - p_2 = 0$ 代入上式，得

$$h_\mathrm{w} = H + \frac{\alpha_1 V_1^2}{2g} - \frac{\alpha_2 V_2^2}{2g}$$

水塔截面积很大，$V_1 \approx 0$。利用 $V_2 = Q/A$，取 $\alpha_2 = 1.0$，得到

$$h_\mathrm{w} = H - \frac{\alpha_2 V_2^2}{2g} = H - \frac{Q^2}{2gA^2}$$

由 $A = \pi d^2/4 = \pi \times 0.2^2/4 = 0.031\mathrm{m}^2$，$H = 4.5\mathrm{m}$ 与 $Q = 100\mathrm{L/s} = 0.1\mathrm{m}^3/\mathrm{s}$，可得出

$$h_\mathrm{w} = \left(4.5 - \frac{0.1^2}{2 \times 9.8 \times 0.031^2}\right)\mathrm{m} = (4.5 - 0.53)\mathrm{m} = 3.97\mathrm{m}$$

例 5-3　圆截面收缩管中水流流动（图 5-8），断面 1-1 和 2-2 的面积分别为 A_1、A_2。安装在两断面顶部的测压管量得的水头差为 Δh。设黏性作用可忽略，流动有势，流速剖面均匀。试求管道内的流量。

解：设流量为 Q。两断面的流速分别为 $V_1 = Q/A_1$ 和 $V_2 = Q/A_2$。由于流动有势，任意两点 A、B 上都成立伯努利方程

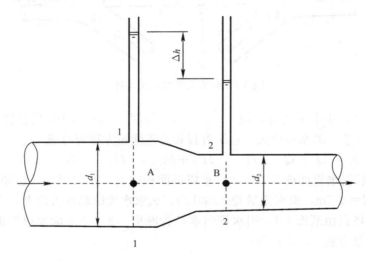

图 5-8　圆截面收缩管

$$(z_\mathrm{A} - z_\mathrm{B}) + \left(\frac{p_\mathrm{A}}{g\rho} - \frac{p_\mathrm{B}}{g\rho}\right) = \frac{V_2^2}{2g} - \frac{V_1^2}{2g}$$

当选取 A、B 分别位于断面 1-1、2-2 的中心时，有

$$z_\mathrm{A} - z_\mathrm{B} = 0 \text{ 和} \frac{p_\mathrm{A}}{g\rho} - \frac{p_\mathrm{B}}{g\rho} = \Delta h$$

代入到伯努利方程，且利用 $v_1 = Q/A_1$ 和 $v_2 = Q/A_2$，可解出流量

$$Q = \sqrt{\frac{2g\Delta h}{1/A_2^2 - 1/A_1^2}}$$

5.4 层流、紊流及其能量损失

实际流体具有黏性，流体质点会黏附在壁面上，从而引起流速在壁面法向上较大的变化梯度，相邻流层之间产生摩擦切应力。通过摩擦剪切作用，高速流层受到低速流层的摩擦阻力，作功后造成流体的部分机械能转化为热能而散失。长直流道中流动通常为均匀流或渐变流，摩擦阻力沿流程均布，其大小与流程长度成比例，故称沿程阻力。流体克服摩擦所损耗掉的能头称沿程水头损失或简称沿程损失，用 h_f 表示。例如，在图 5-9 所示管流的直管段 2-3、4-5 和 6-7，管径沿程不变，流线平行或接近平行，各段水头损失都属于沿程损失。

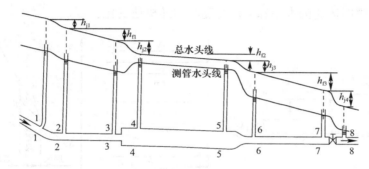

图 5-9 管道流动的水头损失

流动受到局部扰动而集中产生的能量损失称局部水头损失，由 h_j 表示。相应的流动阻力称为局部阻力，其大小主要取决于流道形状。例如图 5-9 弯头管 1-2，突然扩大段 3-4，收缩段 5-6 和阀门段 7-8，流道边界在这些部位上变化较急剧，常伴有旋涡运动或脱流等现象，结果是产生水头损失。

确定总水头损失 h_w 是求解总流能量方程的前提。将总流的水头损失分成沿程损失与局部损失的方法，易于分别加以研究、找到各自的规律，有利于简化水头损失计算。当计算某段流道的 h_w 值时，先分段考虑，算出各段的 h_f 值或 h_j 值，然后将所有的 h_f 值相加，所有的 h_j 相加，两者之和即为总水头损失 h_w。算式可写成

$$h_w = \sum h_f + \sum h_j \tag{5-23}$$

5.4.1 层流与紊流的概念

常见流动中，质点运动有很强的不规则性，甚至没有确定性。按质点轨迹的规则性，流动分为层流和紊流两种状态，它们的性质截然不同，能量损失规律差别很大。

（1）雷诺实验

雷诺实验装置如图 5-10（a）所示，主要部件为：水箱 A，装有喇叭进口的水平玻璃管 B，阀门 C，颜色水容器 D，颜色水注入针管 E，以及颜色水阀门 F。实验时，水箱 A 中的水位保持恒定，玻璃管 B 中断面平均流速维持恒定。为了减少干扰，适当地调整阀门 F 的开度，使针管 E 颜色水的流速与玻璃管 B 内注入点的流速相等或相近。由针管 E 流出的纤细染色流束在玻璃管 B 内的形状，显示出玻璃管 B 内质点运动的图形，便于肉眼观察

到。颜色颗粒的密度与水体密度几乎相同时，在流场中能够跟随流体质点一起运动，即跟随性较好。

当阀门 C 的开度较小、玻璃管 B 内流速 V 较小时，注入的颜色水在玻璃管 B 内的流束，呈现为位置固定、界限明确的细长直线（5-10（b）），与周围的清水没有掺混，从而说明流体质点有条不紊地呈层状运动，该流态称层流（此后将流动形态简称流态）。阀门开度逐渐加大、V 增大到某临界值时，染色水细小流束从进口下游某距离处开始便失去稳定性，呈摆动、蜿蜒状，流束线条沿程逐渐变粗（5-10（c））。随着 V 继续增大，染色水股流出针管 E 较短的距离后，流束线条会迅速断裂，与周围水体掺混，扩散至管内各处，形成很多旋涡体（图 5-10（d）），这说明流体质点均作杂乱无章的掺混运动，该流态称紊流（又称湍流）。紊流流场中存在很多旋涡的运动，这些旋涡不断地产生、发展与消亡，结果是固定点上瞬时流速的大小和方向都随时间随机地变化。

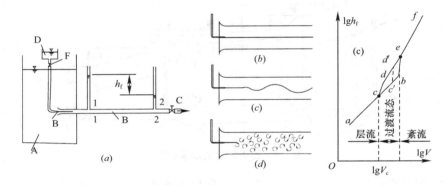

图 5-10　雷诺实验

上述雷洛实验的结果具有普遍意义，不仅限于圆管水流，其他流道边界形状的液流与气流也发现有类似现象。因此得到结论：任何实际流体的流动都存在层流与紊流两种流态。

（2）流态的判别——雷诺数

计算水头损失时，首先要判明流态的类型。将流态发生转换时圆管过流断面的平均流速称为临界流速，由紊流流态向层流流态转换时的临界流速 V_c 称为下临界流速，由层流流态向紊流流态转换时的临界流速 v_c' 称为上临界流速。实验发现，下临界流速的大小与管径 d 成反比，与运动粘度 ν 呈正比，即 $\nu_c \propto \nu/d$。写成等式，有

$$v_c = Re_c \frac{\nu}{d}$$

其中，比例因子 Re_c 是量纲一的常数。选用一系列 ν 值和 d 值实验后，发现 Re_c 几乎是一个常数

$$Re_c = 2000 \tag{5-24}$$

它表明 Re_c 不随流体性质、管径或流速而变。

为了很方便地判别流态，雷诺首次引进量纲一的参数

$$Re = \frac{Vd}{\nu} \tag{5-25}$$

称为雷诺数，而且把 $V = V_c$ 时的 Re 值称临界雷诺数

$$Re_c = \frac{V_c d}{\nu} \tag{5-26}$$

通过对比 Re 与 Re_c 值，可判别流态。工程设计中常用的流态判据为：

$$层流流态：Re < Re_c = 2000 \tag{5-27a}$$
$$紊流流态：Re > Re_c = 2000 \tag{5-27b}$$

当流线不平行或弯曲时，Re_c 值会略有变化。例如，在收缩管段，断面沿程减小具有阻尼扰动的效应，Re_c 值略有提高；扩张管和弯管有放大扰动的作用，Re_c 值略有降低。管道壁面非常粗糙时，Re_c 值降幅较大（最多可降低到 1000）。

例 5-4 水和油的运动黏度分别为 $\nu_1 = 1.79 \times 10^{-6} \mathrm{m^2/s}$、$\nu_2 = 30 \times 10^{-6} \mathrm{m^2/s}$，设它们以流速 $V = 0.5 \mathrm{m/s}$ 在直径 $d = 100 \mathrm{mm}$ 的圆管中流动。试确定其流态。

解： 水和油的流动雷诺数分别为

$$Re = \frac{Vd}{\nu_1} = \frac{0.5 \times 0.1}{1.79 \times 10^{-6}} = 27933 > 2000，水流为紊流流态；$$

$$Re = \frac{Vd}{\nu_2} = \frac{0.5 \times 0.1}{30 \times 10^{-6}} = 1667 < 2000，油层为流层流态。$$

5.4.2 流动的局部损失

局部损失取决于流道局部扰动引起的流场结构调整，例如收缩、扩张或弯曲等。与流线收缩相比，流线扩张产生的能量损失要大得多。图 5-11 给出典型的急变流示例。流道边壁急剧变化处大多引起流动分离或脱流，流场分成主流区和分离回流区，两区的界面是自由剪切层，它很不稳定，易于产生旋涡体。最大涡体的尺寸与流道断面尺度量级相同，它们从时均场中汲取能量，脉动能逐级转化到更小的尺度上，最后被黏性作用耗散掉。该能量转化过程一般是不可逆的。与流道长度相比，边界扰动往往发生在局部，集中在较短的流程上，但局部扰动的影响大多延伸到下游几十倍管径的距离。涡体形成后沿程继续变化：拉伸变形，失稳断裂，碎裂成更小的涡体等复杂过程。在黏性作用下所有脉动能最终都会转变成热能而散失，能量转变和散失的实际过程在某距离内发生，但鉴于能量转化的不可逆性，时均场的能量损失可看作是受到扰动处集中完成。流动的局部损失与复杂的旋涡形成、发展和消亡的过程有关，而且流道边壁的形状各异、种类繁多。突扩圆管是简单情况，采用理论分析方法能导出局部损失的解析式。目前缺乏一般情形局部损失规律的理论，依靠实验或数据模拟手段，预先确定各种流道的局部损失值，供设计时查阅。对计算精度要求较高的大型工程的设计，要针对具体的流道条件，实施专项试验和较精细的数值模拟，以提高和论证局部损失的计算精度。

（1）突扩圆管局部损失的理论公式

图 5-12 所示圆管流动，在断面 1-1 处管径由 d_1 突扩到 d_2。假定流动是紊流流态。实验发现，在边壁突变处流体脱离壁面，在主流与边壁之间形成环状回流区（该图没有按比例，实际回流区较长）。回流区与主流的分界面 es 上流速的横向梯度很大，形成强剪切层。剪切层上产生涡体，把时均能量转化成脉动能，大多涡体进入主流区，经过沿程发展最后耗尽其脉动而衰亡。由于在界面 es 两侧发生动量、能量等的交换，主流区的部分能量会传递到回流区在当地被消耗。

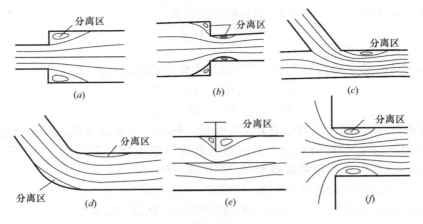

图 5-11　流道局部突变示例

(a) 突然扩大；(b) 突然缩小；(c) 三通汇流；(d) 管道弯头；(e) 闸阀；(f) 管道进口

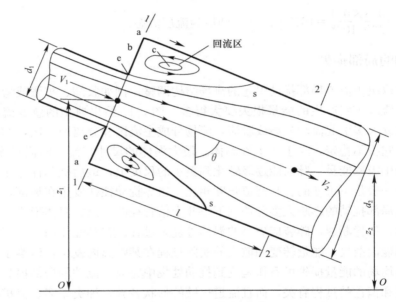

图 5-12　突扩圆管流动

（2）局部损失系数

一般情形下，局部损失的算式可表示成通用公式

$$h_{\mathrm{j}} = \zeta \frac{V^2}{2g} \tag{5-28}$$

其中 V 表示参考断面的平均流速，ζ 是局部损失系数，一般要由实验测定。理论上，ζ 取决于流道的局部形状变化和雷诺数。从实用角度，只要满足 $Re = Vd/\nu > 1.0 \times 10^4$，可认为 ζ 值与 Re 无关，流动受到局部干扰后会较早地进入阻力平方区。表 5-1 给出常用流道的 ζ 值以及相应的参考断面位置。若选取不同的参考断面，ζ 值的差别可能很大，故应用时要注意两者的相互对应。

当局部扰动的位置相距太近时，两个扰动之间相互干扰，局部损失总效果不等于正常条件下各 ζ 值之和。但实验研究表明，若两个局部扰动的距离大于三倍管径，忽略相互干扰的影响使得局部损失计算值偏大，结果一般是偏于安全。

（3）典型局部损失简析

流道收缩：

依据实验研究，圆管突缩的局部损失为

$$\zeta = 0.5\left(1 - \frac{A_2}{A_1}\right), \quad h_j = \zeta\frac{V_2^2}{2g} \tag{5-29}$$

管道突缩后形成环状回流区（图 5-13（a）），主流区形成过流面积最小的收缩断面 c-c。收缩断面前的流线收缩段损失较小，大部分损失发生在断面 c-c 后的流线扩散段，ζ 值取决于收缩程度。渐缩管可减小损失，改善出口流态。

管道进口：

管道直角进口相当于 $A_2/A_1 \to 0$ 的管道突缩，依据式（5-29），有 $\zeta = 0.5$，流线扩散段的损失约占 2/3。采用喇叭进口可减小损失。当收缩形状合适时在直管段不再发生流线收缩，也消除了流线的扩散，损失系数减小到 $\zeta = 0.05$。内插进口比直角进口的流线收缩程度要高（表 5-1 的 5B），流线扩散段的损失较大。一般地，内插长度较大且管壁较薄时来流收缩很充分，损失最大值 $\zeta = 0.8$，其他情形下 $\zeta = 0.5 \sim 0.8$。

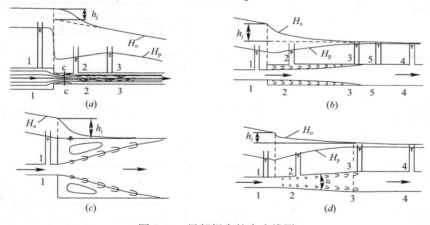

图 5-13 局部损失的水头线图

（a）突然收缩；（b）突然扩大；（c）淹没出流；（d）渐扩管

流道扩张：

流道突扩损失按波达公式计算，水头线如图 5-13（b），环状回流区较长，能量损失较大，且下游流态会很差，脉动较强烈。渐缩管又称扩压器，将进口动能逐渐转化成出口压能，水头线如图 5-13（d）。大多渐缩管较长，能量损失包括 h_f 和 $h_j = \zeta'v^2/2g$ 两部分，ζ' 取决于面积扩张比和扩张角 α。表 5-1 中 2 列出圆锥渐扩管 ζ 值，当扩张角 $\alpha \leqslant 5° \sim 7°$ 时流态较平稳，当 α 值较大时流态极为复杂。圆锥渐扩 ζ 值与突扩 ζ 值之比 $\eta(\alpha)$ 是 α 的函数。当管壁粗糙时在 $\alpha \approx 8°$ 有极小值 $\eta \approx 0.22$。对于光滑管壁，在 $\alpha \approx 6°$ 有极小值 $\eta \approx 0.15$；在 $\alpha = 9° \sim 60°$ 范围内 $\eta(\alpha)$ 接近线性变化，直到极大点 $\eta \approx 1.16$，该损失大于突扩值是因为发生流动分离，甚至主流摆动振荡；若继续增大 α，$\eta(\alpha)$ 会直线下降，直到 $\alpha = 110°$；当 $\alpha > 110°$ 时，流态已接近突扩管道，即 $\eta = 1$。

　　管道出口：

　　有压管道出流到大气中时称自由出流，若流出的水股淹没在另一部分流体中称淹没出流（图 5-13（c））。管道出口处所有的动能都被废弃到下游的大气或水域中，淹没出流 $\zeta \approx 1$，能量损失实际发生在射流的流线扩散区。采用渐扩管减小出口断面 v 值是减小能量废弃的有效途径。例如：水轮机尾水管通常取扩散角 $\alpha \approx 11° \sim 12°$，出口动能降到 20% 以下，显然能量废弃大幅度减少。

表 5-1　常用流道的局部损失系数

序号	类型	示意图	ζ 值、h_j 值及说明
1	断面突然扩大		$\zeta = \left(1 - \dfrac{A_1}{A_2}\right)^2$，　$h_j = \zeta \dfrac{v_1^2}{2g}$ $\zeta = \left(\dfrac{A_2}{A_1} - 1\right)^2$，　$h_j = \zeta \dfrac{v_2^2}{2g}$
2	圆形渐扩管		$\zeta = k\left(\dfrac{A_2}{A_1} - 1\right)^2$，　$h_j = \zeta \dfrac{v_2^2}{2g}$ 	α	8°	10°	12°	15°	20°	25°	 	k	0.14	0.16	0.22	0.30	0.42	0.62	
3	断面突然缩小		$\zeta = 0.5\left(1 - \dfrac{A_1}{A_2}\right)^2$，　$h_j = \zeta \dfrac{v_2^2}{2g}$
4	圆形渐缩管		$\zeta = k_1\left(\dfrac{1}{k_2} - 1\right)^2$，　$h_j = \zeta \dfrac{v_2^2}{2g}$ 	α	10°	20°	40°	60°	80°	100°	140°	 	k_1	0.40	0.25	0.20	0.20	0.30	0.40	0.60	 	A_2/A_1	0.1	0.3	0.5	0.7	0.9	 	k_2	0.40	0.36	0.30	0.20	0.10	
5A	管道进口		a 圆形喇叭口，$\zeta = 0.05$ b 完全修圆 $r/d \geqslant 0.15$，$\zeta = 0.1$ c 稍加修圆，$\zeta = 0.2 \sim 0.25$ d 直角进口 $\zeta = 0.5$
5B	管道内插进口		$\zeta = 0.8$

序号	类型	示意图	ζ 值、h_j 值及说明
6	分叉管		$\zeta_{1-3}=2$，$\quad h_{j1-3}=2\dfrac{V_3^2}{2g}$ $h_{j1-2}=\dfrac{V_1^2-V_2^2}{2g}$
7	截止阀		<table><tr><td>d/cm</td><td>15</td><td>20</td><td>25</td><td>30</td><td>35</td><td>40</td><td>50</td><td>$\geqslant 60$</td></tr><tr><td>ζ</td><td>6.5</td><td>5.5</td><td>4.5</td><td>3.5</td><td>3.0</td><td>2.5</td><td>1.8</td><td>1.7</td></tr></table>
8	板式闸门		<table><tr><td>e/d</td><td>0</td><td>0.125</td><td>0.2</td><td>0.3</td><td>0.4</td><td>0.5</td></tr><tr><td>ζ</td><td>∞</td><td>97.3</td><td>35.0</td><td>10.0</td><td>4.60</td><td>2.06</td></tr><tr><td>e/d</td><td>0.6</td><td>0.7</td><td>0.8</td><td>0.9</td><td>1.0</td><td></td></tr><tr><td>ζ</td><td>0.98</td><td>0.44</td><td>0.17</td><td>0.06</td><td>0.0</td><td></td></tr></table>

第二篇　专业知识与操作技能

第6章 水表及其技术要求

6.1 水表特性与应用

水表是用来测量流经封闭满管道清洁水的体积总量的仪表。水表上的读数告诉我们总计用水量，有的也可以切换看到瞬时流量等。水表中旋翼式系列和螺翼式系列是我们常用的机械水表。由围绕垂直于水流的轴线的涡轮转子（叶轮）组成的水表叫旋翼式水表。由围绕流动轴线旋转的螺旋翼转子（翼轮）组成的水表叫螺翼式水表。

水表在能源资源管理中发挥重要的计量职能。水表还可计算输配水过程中漏损量。有些经处理达标的污水也可以通过水表进行计量。我国计量法已将它列入依法管理的计量器具，作为贸易结算中使用的水表还列入强制检定的计量器具之列。

（1）水表型号与分类

1）水表的型号

水表的型号表示各种水表产品的主要特征，并作为产品名称的简化代号，供生产、订货、分配和施工等用。型号并不能完全表示产品的全部细节，但在使用方面，相同型号的产品一般是可以互换的。我国现在执行《水表产品型号编制方法》JB/T 12390—2015，相关常见内容介绍如下：

① 水表型号组成

水表产品型号由 2 节组成，各节之间用一根短横线隔开。

第 1 节最多 5 位组成，每位用大写的汉语拼音字母或英文字母表示，其中前 2 位规定为"LX"，其含义为"流量仪表中的水表"。

第 2 节为用若干位阿拉伯数字表示的公称通径，后面还有辅助位，用于区别冷、热水表。

② 代号及其含义

第 1 节的代号及其含义组成见表 6-1 和图 6-1。

表 6-1　代号及其含义

第1、2位	第3位	第4位	第5位
LX 水表	S 多流束旋翼式水表 D 单流束旋翼式水表 L 水平螺翼式水表 R 垂直螺翼式水表 F 复式水表 H 旋转活塞式水表 Z 章动圆盘式水表 J 射流水表 C 超声水表 E 电磁水表 W 涡街水表	湿式（指机械水表，省略） G 干式（指机械水表） X 机械水表电子显示	K 预付费功能 Y 远传功能 D 定量控制功能 F 预付费远传功能

注：第 1 节中的第 4 位、第 5 位可以允许不标注或仅标注其中一位，后一位可以移至前一位。

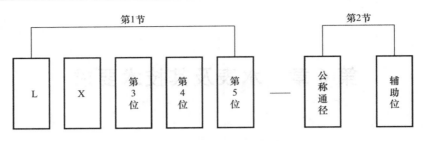

图 6-1　水表产品型号组成

第 1 节第 3 位表示水表的测量原理和主要结构特征；第 4 位表示水表的局部结构特征；第 5 位表示附加适用功能。

第 2 节辅助位用来表示测量冷、热水的水表，热水表用"R"表示，冷水水表不加标注。

③ 示例

产品名称	产品型号
DN15 多流束旋翼湿式冷水水表	LXS—15
DN20 多流束旋翼干式冷水水表	LXSG—20
DN15 多流束旋翼湿式电子显示远传冷水水表	LXSXY—15
DN15 多流束旋翼干式预付费远传冷水水表	LXSGF—15
DN15 多流束旋翼干式热水水表	LXSG—15R
DN100 垂直螺翼冷水水表	LXR—100
DN100 电磁水表	LXE—100

2）水表的分类

由于计量元件结构及运动原理的差异，计数器的结构各具特色，如果从不同角度来看水表，可以把水表分成不同的种类，水表主要按下列方法分为不同类型。

① 按计量元件的运动原理分类：

a. 速度式水表：安装在封闭管道中，由一个运动元件组成，并由水流速直接使其获得运动的一种水表。运动元件的运动靠机械的或其他方式传输给指示装置，计算出所流过的水的体积。这类水表里，计量元件是转动叶（翼）轮。当水流入水表时，运动的水流推动叶（翼）轮转动，并且转动的速度和通过水表的水的流量成正比例。转动的总圈数则同流过水表的水的总量成正比例。叶（翼）轮转动的同时，还驱动计数器运动，将叶轮转动圈数记录下来，从而间接地记录出水量。

速度式水表分为旋翼式和螺翼式两类，旋翼式水表又可分为单流束和多流束两种，由围绕垂直于水流轴线旋转的涡轮转子叶轮组成的旋翼式水表，如果一股流束冲击在转子（叶轮）圆周边缘的某一处，则为单流束水表；而如果是多股流束同时冲击在转子（叶轮）圆周边缘的几个点处，则为多流束水表。螺翼式水表又可分为水平螺翼式和垂直螺翼式。

b. 容积式水表：安装在封闭管道中，由一些被逐次充满和排放流体的已知容积的容室和凭借流体驱动的机构组成一种水表。通过计算流过该装置的体积的方法，计算出所流过的水的体积。这类水表里，计量元件是"标准容器"。当水流入水表时，随即进入"标准容器"，当"标准容器"充满水之后，在水流压力差推动下，"标准容器"将其内的水向水表出水口送去,同时带动计数器运动。"标准容器"再重新充满水,并送向出水口。如此反复,"标准容器"不停地"量"水,计数器记录下"标准容器""量"水的次数,达到计量目的。容积式水表有单缸往复活塞式、旋转活塞式及圆盘式几种。

c. 电子式水表:计量元件无机械传动,通过电学变化原理转换成水流量,从而间接地记录出水量。

② 按计数器的工作环境分类:

a. 湿式水表:水表计数器浸在被测水中,因表盘和指针都是"湿"的而得名;

b. 干式水表:水表计数器与被测水隔离开,表盘和指针都是"干"的;

c. 液封式水表:水表计数器中的读数部分与被测水隔离,并被封人充满特殊液体的读数盒内,但非读数零件也浸在被测水中。

③ 按计数器的指示形式分类:

a. 指针式:计数示值全部由若干个指针在标度盘上指示出来;

b. 字轮式:计数示值全部由若干个字轮上的字码直接排列为一线而显示出来,因而又称为"直读式";

c. 字轮指针组合式:一般示值中的整数位由字轮显示。小数位由指针在标度盘上指示。组合式既能具备"直读"的优点,又具有指针式结构简单、最小示值利于检定的特点;

d. 液晶(或电子)显示型:计数示值由液晶显示屏或数码管显示屏显示。

④ 按是否有附加功能分类:

a. 普通水表;

b. 复式表,亦称子母表。在小流量时,水流由口径较小的附表完成计量,主表并不工作。流量达到一定大小时,主表与附表共同工作,复式表扩大了水表的测量范围;

c. 智能水表:在普通水表基础上添加远传、预付费等功能。

⑤ 按水表用途分类:

a. 民用(家用)水表;

b. 工业用水表;

c. 消防用水表;

d. 区域监控用水表;

e. 标准水表。

⑥ 按被测水温度分类:

a. 冷水水表:流经水表的水温在 0.1~50℃ 范围内,如 T30 或 T50;

b. 热水水表:流经水表的水温高于 50℃,如 T90。

⑦ 按口径分类:

可分为小口径表、大口径表两类。小口径包括 $DN15$~$DN40$ 四种常用规格;大口径包括 $DN50$~$DN300$ 六种常用规格。小口径表用管螺纹与管道连接,而大口径表则以法兰与管道法兰连接。

⑧ 其他方式分类:

a. 立式水表:即水表可以在垂直管道上安装而一般水表都是在水平管道上安装的。

b. 可拆式水表：安装在管道上的水表，当需要检定时，可以将其"机芯"单独拆卸下来检定，而不需要连同壳体都拆卸下来，因而使更换水表变为更换机芯。大口径水平螺翼式表有可拆式产品。（该种做法不符合检定规程要求）

（2）常用表型性能特点

1）水表应具备的性能

水表首先是一种工业产品，同时又是一种计量仪表。水表计量大到一个工厂的用水量或出水量，小到一个家庭的用水量。水表的这种多重属性，需要它具有良好的技术、经济品质。这主要有：

① 满足计量要求方面：

a. 在一定的流量范围内，例如有的是家庭用水量范围，有的是工厂或车间乃至一台机器的用水流量范围，具有适宜的计量准确度，并不要求极高的准确度，因为计量对象并非贵重物资。精度也不宜过低，因为水既是载能工质，又是应该珍惜的资源；

b. 能在期限内保持计量的准确度；

c. 对于周期检定的水表易于维修，并且维修后，能重新恢复与保持计量的准确度。

② 作为一般工业产品应满足：

a. 结构简单，零件制造工艺性好；

b. 整机装配与调整工艺性好；

c. 选用的材料来源广泛，价格适宜。

③ 满足供水计量方面：

a. 在供水管网上装拆容易；

b. 流经水表的压力损失小；

c. 不污染所计量的水。

④ 满足一般民用方面：

a. 易于准确读数；

b. 价格适宜。

2）水表的性能特点比较

各种分类方法，从不同侧面反映了水表的特征。有些分类方法，已经一目了然地阐明了这些特征，例如按温度、压力的分类方法和计数器指示形式分类方法等。但在有些分类方法中，却同时隐蔽水表的重要技术和经济特性，比如按水表中运动元件的运动原理分类方法和按计数器工作环境分类方法。由于水表运动元件的结构与运动方式、计数器的工作环境，能够多方面影响水表制造与使用中的技术，经济效果，我们进一步比较它们的长短之处。

① 速度式水表与容积式水表的比较见表 6-2，目前容积式水表在我国主要用于直饮水计量。

② 多流束水表与单流束水表的比较见表 6-3。

单流束水表比多流束水表体积小重量轻，便于携带，且其结构简单。多流束水表比单流束水表的灵敏性能好，在极小流量时也能计量。多流束水表优于单流束水表，目前国内普遍使用多流束水表。

表 6-2 速度式水表与容积式水表的比较

比较项目 ＼ 水表类型	速度式水表	容积式水表
1. 整机机械结构	较简单	较复杂
2. 零件制造精度	较低	要求高
3. 制造成本	较低	较高
4. 灵敏性能	较好	优良
5. 整机调校	较易	较难
6. 使用维修	方便	较困难

表 6-3 多流束水表与单流束水表的比较

比较项目 ＼ 水表类型	多流束水表	单流束水表
1. 整机结构	较复杂	简单
2. 制造成本	较高	低
3. 灵敏性能	优良	差
4. 易损件使用情况	叶轮、顶尖单边磨损轻	叶轮、顶尖单边磨损较大
5. 正常工作周期	较长	较短
6. 压力损失	较大	较小

③ 湿式水表与干式水表的比较见表 6-4。

干式水表计数器与被测水隔开，标度盘和指针都是干的，需增加磁传系统和密封机构，因而结构复杂，成本高，价格也高，但它的标度盘表面无沉淀，也不易发黄、易读数。湿式水表结构简单，易修理，灵敏性能好，但对被测水质要求高，易使标度盘表面沉淀发黄。特别是表玻璃在冬季易冻裂。如有防冻措施也可以改善这种情况。

表 6-4 湿式水表与干式水表的比较

比较项目 ＼ 水表类型	湿式水表	干式水表
1. 整机结构	简单	较复杂
2. 制造成本	低	较高
3. 灵敏性能	优良	较差
4. 对水质要求	较高（表盘易污染）	不高
5. 受冻时	玻璃很快破碎（漏水）	后期（解冻）会出现流量误差不合格

④ 指针式水表与字轮式水表的比较见表 6-5。

指针式水表结构简单，制造成本低，较早应用。它有一个特殊优点：安装在表井中处在地面以下较深地方的水表，熟练抄表工人能在远离水表的地方凭着对指针几何位置的判断，准确地读出指针的示值。字轮式水表具有直观性强、抄读方便的特点。目前水表所处环境已有较大改善，并且液封机芯清晰不易变化，制造工艺和选材已有成熟进步，现已大量取代指针式。

表 6-5　指针式水表与字轮式水表的比较

水表类型 / 比较项目	指针式水表	字轮式水表
1. 整机结构	简单	复杂
2. 制造成本	低	高
3. 读数	特殊情况下方便	常规情况下方便
4. 对水质要求	不高	较高（湿式）

⑤ 电子类水表与机械类水表的比较见表 6-6。

从《饮用冷水水表和热水水表 第 1 部分：计量要求和技术要求》GB/T 778.1—2018 水表标准中把基于电或电子原理的流量计，用于计量饮用冷水和热水实际体积时，列入水表范围，需满足水表相关标准和检定规程要求。电子类水表由于压力损失极小、无机械故障、流通能力强、易于实现数据远程传输等特点，使用越来越多。

表 6-6　电子类水表与机械类水表的比较

水表类型 / 比较项目	电子类水表	机械类水表
1. 水中杂物影响	不敏感	敏感
2. 制造成本	高（售价高）	低
3. 远程智能	直接对接	要转换
4. 冻后性能变化	极小	较大
5. 压力损失	无缩径时很小	较大
6. 环境要求	较高	较低

⑥ 旋翼水表与螺翼（垂直、水平）水表的比较见表 6-7。

由于近 10 年的技术进步，当水平螺翼水表要做成水动力平衡时，这三种水表流量性能已相互很接近，不同之处可参考表 6-7。

表 6-7　旋翼水表与螺翼（垂直、水平）水表的比较

水表类型 / 比较项目	旋翼水表	垂直螺翼水表	水平螺翼水表（水动力平衡式）
1. 过滤网	有	有	无
2. 重量	较重	有的重、有的轻	较轻
3. 小规格（DN15～DN25）	有	无	无
4. 大规格（DN200～DN300）	无	DN200 有 DN300 无	有
5. 量程比 R	小	大	更大
6. 压力损失	较大	较大	较小
7. 价格	低	中	高

6.2　水表法定技术管理

按《计量法》和水表行业有关要求，从事水表方面工作或多或少会涉及以下范畴：①有关产品标准选用；②水表型式评价和型式批准；③计量标准考核；④计量检定授权考核；

⑤水表检定（贸易结算强检计量器具）；⑥质量监督抽查；⑦监督检查。

包括《计量法》以及上述所有规定都是动态变化的，水表工作者要及时关注最新有效版本。

6.2.1 水表法定技术管理文件简介

（1）国家标准

国家标准是国家标准化管理委员会发布，在全国范围内统一的标准。

1）《饮用冷水水表和热水水表 第 1 部分：计量要求和技术要求》GB/T 778.1—2018；

2）《饮用冷水水表和热水水表 第 2 部分：试验方法》GB/T 778.2—2018；

3）《饮用冷水水表和热水水表 第 3 部分：试验报告格式》GB/T 778.3—2018；

4）《饮用冷水水表和热水水表 第 4 部分：GB/T 778.1 中未包含的非计量要求》GB/T 778.4—2018；

5）GB/T 778.5—2018《饮用冷水水表和热水水表 第 5 部分：安装要求》；以上 5 个标准是水表国家标准主要组成部分，2019 年 1 月 1 日实施，等同采用国际标准。

6）《饮用冷水水表塑料表壳及承压件技术规范》GB/T 25920—2010；

7）《生活饮用水输配水设备及防护材料的安全性评价标准》GB/T 17219—1998。

（2）行业标准

在全国某个行业范围内统一的标准。

1）《饮用水冷水水表安全规则》CJ 266—2008，本标准是由国家建设部发布，自 2008 年 6 月 1 日起实施。本标准是强制性标准，属安全标准类；

2）《冷水水表检定规程》JJG 162—2018 报批稿；

3）《热水水表检定规程》JJG 686—2015；

4）《水表检定装置检定规程》JJG 1113—2015；

5）《IC 卡冷水水表》CJ/T 133—2012；

6）《电子远传水表》CJ/T 224—2012；

7）《饮用净水水表》CJ/T 241—2007；

8）《计量标准考核规范》JJF 1033—2016；

9）《法定计量检定机构考核规范》JJF 1069—2012。

10）《冷水水表型式评价大纲》JJF×××—2018 报批稿。

2）、3）、4）三个计量检定规程是由国家质量监督检验检疫总局发布实施的。计量检定规程是为评定计量器具的计量性能，作为检定依据的具有国家法规性的技术文件。

（3）水表国家标准简介

水表国家标准 GB/T 778.1～5—2018 中对水表的技术特性、计量特性、试验要求、方法和设备提出了详细的要求，还对水表选择和安装要求、首次使用要求做出全面论述。特别需要指出的是：水表组装成整机后，必须要经过密封性检查和示值误差检测，这是对水表性能的最基本的要求。

1）常用术语

① 常用流量（Q_3）：额定工作条件下的最大流量。

② 过载流量（Q_4）：要求水表在短时间内能符合最大允许误差要求，随后在额定工作条件下仍能保持计量特性的最大流量。

③ 分界流量（Q_2）：出现在常用流量和最小流量之间，将流量范围划分成各有特定最大允许误差的"流量高区"和"流量低区"两个区的流量。

注：流量高区为 $Q_2 \leqslant Q \leqslant Q_4$，流量低区为 $Q_1 \leqslant Q < Q_2$。

④ 最小流量（Q_1）要求水表工作在最大允许误差之内的最低流量。

⑤ 压力损失（Δp）：在给定流量下，由管道中存在的水表所造成的不可恢复的压力降低。

2）Q_3 的数值应从表 6-8 中选取。

表 6-8　Q_3 的数值

1.0	1.6	2.5	4.0	6.3	10	16	25	40	63
100	160	250	400	630	1000	1600	2500	4000	6300

注：该列数可以按此序列扩展到更高的数值。在《冷水水表型式评价大纲》中规定从 40 为起点。

3）Q_3/Q_1 的数值应从表 6-9 中选取。

表 6-9　Q_3/Q_1 的数值

10	12.5	16	20	25	31.5	40	50	63	80
100	125	160	200	250	315	400	500	630	800

4）比值 $Q_2/Q_1 = 1.6$。比值 $Q_4/Q_3 = 1.25$。

5）公称口径和长度连接尺寸

水表公称口径是用连接端的内径来表征的。每一个公称口径都对应有一组长度尺寸，本教材选择其中常用的安装长度尺寸见表 6-10，有的长度国标中没有。

表 6-10　常用的安装长度尺寸

公称口径 DN	安装长度（不含接管）			连接形式
	旋翼式	垂直螺翼式	水平螺翼式	
15	165	/	/	螺纹接口　G $\frac{3}{4}$B
20	195	/	/	螺纹接口　G1B
25	225	/	/	螺纹接口　G1 $\frac{1}{4}$B
40	245	245	/	螺纹接口　G2B
50	280	280	200	法兰接口
80	370	370	225	法兰接口
100	370	370	250	法兰接口
150	500	500	300	法兰接口
200	/	500	350	法兰接口
300	/	/	500	法兰接口
长度公差：DN15～DN40：0～—2mm　　　DN50～DN300：0～—3mm				

（4）常用行业标准基本内容

1）《饮用水冷水水表安全规则》CJ 266—2008 作为强制执行标准，从使用安全角度，对水表的表玻璃、表壳、管接头、连接螺母、湿式水表罩子和湿式水表的表玻璃进行规定。主要包括：材料、尺寸、重量和试验压力要求。

本标准是对国标安全要求方面的补充和具体化，也就是说本标准指定的水表除应符合国标外，在安全方面一定要符合本标准要求。

其中单件重量不小于表中数值，详见表 6-11。

表 6-11　单件重量　　　　　　　　　　　　　　　　　　单位：g

公称口径	连接螺母	管接头	湿式罩子	材质
15	38	46	170	铸造铅黄铜 ZCuZn40Pb2（常用铜棒加工）
20	60	75	170	
25	95	140	200	
40	220	280	450	

2）是为保障湿式水表的使用安全而制定的。该标准规定了湿式水表用钢化表玻璃的规格、技术要求、试验方法和检验规则。

其中钢化玻璃耐水压强度试验要求是：用罩子将表玻璃旋紧在水表壳上，用水排除表壳内空气，并逐渐增加压力达 2.5MPa，持续 1 分钟，观察表玻璃是否破碎。

（5）《冷水水表检定规程》JJG 162—2018 报批稿的主要内容

1）冷水水表是温度等级为 T30 或 T50 的水表，包括机械式水表、配备了电子装置的机械式水表、基于电磁或电子原理工作的水表。

2）检定项目见表 6-12，其中使用中检查不属检定范畴。

表 6-12　检定项目一览表

序号	检定项目	检定类别		
		首次检定	后续检定	使用中检查
1	外观、标志和封印	检	检	检
2	电子装置功能	检	检	检
3	密封性	检	检	检
4	示值误差	检	检	检

注：1. 使用中检查可不检查标志；
　　2. 使用中检查主要是对没有到期水表，有需要知道相关性能的检查。

3）检定环境条件

检定环境条件应满足水表的额定工作条件，且符合下列要求：

① 环境温度范围：5～35℃，当采用容积法装置检定水表时，环境温度应控制在 10～30℃之内；

② 水温范围：20±10℃，一次检定的水温变化不超过 5℃，且与环境温度之间的偏差应不超过 5℃；

③ 环境相对湿度范围：当检定带电子装置的水表时应不超过 93%，且一次检定的湿度变化应不超过 10%；

④ 水源压力范围：0.03MPa 到水表最大允许压力（MAP），水表上游压力变化不超过 10%；

⑤ 工作电源范围：交流电源电压为标称值的 85%～110%，频率为标称值的 98%～102%，直流电源电压为标称值的 90%～110%；

⑥ 检定场所还应无明显的振动和外磁场干扰。

4）检定方法

① 外观、标志和封印检查

用目测方法检查水表外观和标志，应符合本规程中第 6.1.1 条～6.1.2 条的规定；用目测方法检查水表的保护装置和封印，并操作检查带电子装置水表的封印，应符合本规程中第 6.1.3 条的规定。使用中检查时观察水表的外表面，确认水表安装是否符合制造商的规定，并检查施加在不允许自行拆卸的连接部位封印和保护装置的完好性。

② 电子装置功能检查

功能检查一般只对带电子装置水表与主示值有关的显示和信号转换功能。这些功能应符合相应产品标准技术要求的有关规定，且误差符合表 6-15 要求。使用中检查应在水表使用条件下进行，保持水表的原始状态，且管道应能正常通水。

③ 密封性检查

把水表安装在耐压试验台或带耐压装置的水表检定装置上，先通水排除试验设备和水表内的空气，然后缓慢升压，使水表承受规定的试验静压力。试验时水压的增压速度应缓慢平稳，详见 11.2 中例 2。

首次检定和后续检定时，试验压力为水表最大允许压力的 1.6 倍，持续时间不少于 1min，水表应无渗漏现象。使用中检查，通过观察水表及水表与连接管道的结合面，在使用条件下无可察觉的渗漏或密封件损坏现象。

④ 示值误差检定

首次检定和后续检定时，每一台水表均应在常用流量 Q_3、分界流量 Q_2 和最小流量 Q_1 三个流量点进行检定。实际流量值应分别控制在：

$0.9Q_3$～Q_3 之间、Q_2～$1.1Q_2$ 之间、Q_1～$1.1Q_1$ 之间

在一次检定过程中，水表应连续运行。

使用中检查应优先在使用条件下进行，当在使用条件下无法进行时，可以在实验室条件下进行，流量值一般为介于分界流量 Q_2 和常用流量 Q_3 之间的一个点，也可以根据需要增加检查流量点。

对于 2 级水表，采用启停法，一次检定的用水量应不小于水表最小检定分格值的 200 倍，且一般不小于检定流量 1min 对应的体积量。

示值误差 E 计算

$$E = \frac{V_i - V_a}{V_a} \times 100\% \tag{6-1}$$

式中，V_i——水表指示体积；

V_a——量器指示体积。

每个流量点一般检定一次。

如果一次检定的 E 值超过最大允许误差，可重复再检 2 次，以 3 次 E 值的平均做为该流量点下的示值误差。当后 2 次的 E 值均在最大允许误差内、且 3 次 E 值的平均值也不超过最大允许误差时，可认为检定结果合格。

首次检定和后续检定时，对于 2 级水表，检定结果应符合高区（$Q_2 \leqslant Q \leqslant Q_4$）为 $\pm 2\%$，低区（$Q_1 \leqslant Q < Q_2$）为 $\pm 5\%$。对于 1 级水表，检定结果应符合高区（$Q_2 \leqslant Q \leqslant Q_4$）为 $\pm 1\%$，低区（$Q_1 \leqslant Q < Q_2$）为 $\pm 3\%$。

使用中检查水表的最大允许误差应符合高区（$Q_2 \leqslant Q \leqslant Q_4$）为 $\pm 4\%$，低区（$Q_1 \leqslant Q < Q_2$）为 $\pm 10\%$。

5）检定结果处理

检定合格的水表发给《检定证书》，对于公称通径在 $DN25$ 及以下的水表也可以只出具检定合格证，并可靠施加在水表本体的醒目位置。

检定不合格水表发给《检定结果通知书》，并对不合格项说明。

注：使用中检查不发给《检定证书》或《检定结果通知书》，可以提供《检查报告》说明检查情况。

6）检定周期

对于公称通径为 $DN50$ 及以下，且常用流量 Q_3 不大于 $16\mathrm{m^3/h}$，只作安装前首次强制检定，限期使用，到期更换；对于公称通径超过 $DN50$ 或常用流量 Q_3 超过 $16\mathrm{m^3/h}$ 的水表，到期检定合格可以继续使用。相关规定如下：

公称通径不超过 $DN25$ 的水表，使用期限不超过 6 年；

公称通径超过 $DN25$ 但不超过 $DN50$ 的水表，使用期限不超过 4 年；

公称通径超过 $DN50$ 或常用流量 Q_3 超过 $16\mathrm{m^3/h}$ 的水表，检定周期一般为 2 年。

（6）《计量标准考核规范》JJF 1033—2016 简介

各城市自来水公司为便于管理、减少周转、经济高效解决民生问题，很多水司都依法成立水表检定站，水表检定装置计量标准作为检定站必备项目，应满足该规范要求。

该规范包含术语和定义、计量标准的考核要求、计量标准考核程序、计量标准的考评、计量标准考核的后续监管五个部分内容。

申请新建计量标准考核，建标单位应当向主持考核的人民政府计量行政部门提供以下资料（相关表格应到受理考核的质监网站下载）：

①《计量标准考核申请书》原件一式两份和电子版一份；

②《计量标准技术报告》原件一份；

③ 计量标准器及主要配套设备有效的检定或校准证书复印件一份；

④ 开展检定或校准项目的原始记录及相应的模拟检定或校准证书复印件两套；

⑤ 检定或校准人员能力证明复印件一套；

⑥ 可以证明计量标准具有相应测量能力的其他技术资料（如果适用）复印件一套。

其中《计量标准技术报告》填写涉及内容较多，下面通过新建标实例来介绍（已建标与此有不同）：

《计量标准技术报告》

一、建立计量标准的目的
因自来水公司是水表使用很集中单位，且需求量很大，为了满足及时用表需求，需配备水表检定职能，特此建立水表检定装置计量标准，满足计量法要求，保障合法履行职能

二、计量标准的工作原理及其组成
工作原理：容积比较法（也可以是其他方法、这里选常用的方法举例说明） 　　将冷水水表水平安装在水表检定装置上，打开进水阀门以及流量调节阀，将管道中空气排尽并将工作量器注满水，关闭流量调节阀，按水表检定装置证书上给出的放水时间，打开工作量器的底阀，将工作量器中的水排空，关闭底阀，打开流量调节阀，调节到要检的流量点，待工作量器中的水位到达某一高度时，关闭流量调节阀，此时读出工作量器的容积以及冷水水表上的指示容积，就可以算出冷水水表的示值误差。 　　组成 　　水表检定装置由5000L、2000L、1000L、200L、100L和10L金属量筒、玻璃转子流量计、压力表、水温计、水表夹紧装置、进出水阀门等组成

三、计量标准器及主要配套设备

	名称	型号	测量范围	不确定度或准确度等级或最大允许误差	制造厂及出厂编号	检定周期或复校间隔	检定或校准机构
计量标准器	水表检定装置	LBJ (15~25)	(4~8000)L/h DN(15~25)	0.2 级	××公司 008-60	2 年	×市所
	水表检定装置	LBJ (15~25)	(4~8000)L/h DN(15~25)	0.2 级	××公司 132-147	2 年	×市所
	水表检定装置	LJS-IIB (40~50)	(4~50000)L/h DN(40~50)	0.2 级	××公司 021-10	2 年	×市所
	水表检定装置	LS (80~300)	(4~1600000)L/h DN(80~300)	0.2 级	××公司 195.002	2 年	×市所
主要配套设备	压力表		(0~2.5)MPa	1.6 级	××有限公司 7239	0.5 年	×市所
	水温计		(0~50)℃	±1℃	××有限公司 0023	1 年	×市所
	高清动态摄像读数系统				××有限公司		

四、计量标准的主要技术指标

水表检定装置

測量范围：(4～1600000)L/h
$DN(15～300)$
准确度等级：0.2级

五、环境条件

序号	项目	要求	实际情况	结论
1	温度	(10～30)℃	22℃	合格
2	湿度	(0～100)%RH	55%RH	合格
3	水温	(10～30)℃	19℃	合格

六、计量标准的量值溯源和传递框图

水表检定装置量值传递系统图

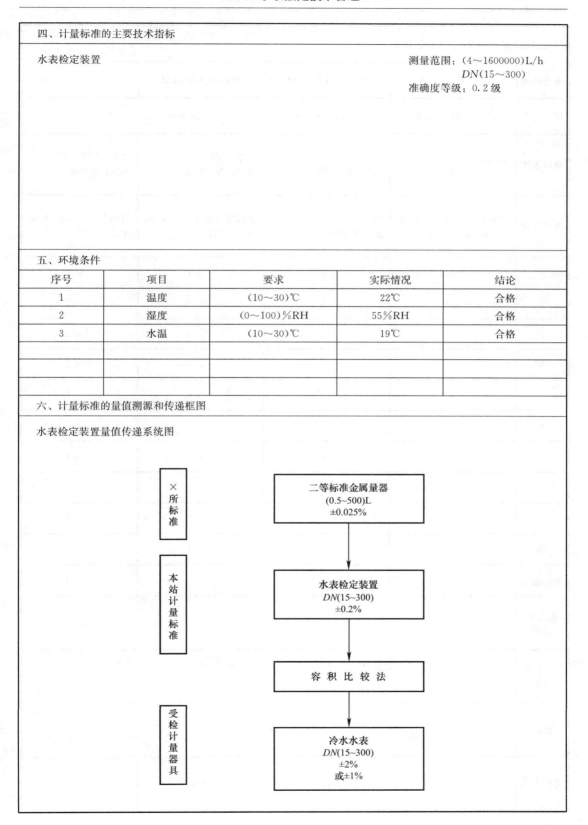

七、计量标准器稳定性考核记录表			
考核时间	2017 年 2 月 6 日	2017 年 3 月 10 日	2017 年 4 月 12 日	2017 年 5 月 14 日
核查标准	名称：容积式水表　　　　型号：LXH-20　　　　编号：B02			
测量条件	水温：12℃ 水压：0.3MPa	水温：15℃ 水压：0.3MPa	水温：16℃ 水压：0.3MPa	水温：19℃ 水压：0.3MPa
测量次数	测得值（在 64L/h 用水量 10L 时误差%）	测得值（在 64L/h 用水量 10L 时误差%）	测得值（在 64L/h 用水量 10L 时误差%）	测得值（在 64L/h 用水量 10L 时误差%）
1	−0.3	−0.2	−0.1	−0.2
2	0.1	0	−0.2	−0.2
3	0	0.1	−0.4	−0.3
4	−0.3	−0.1	−0.2	−0.2
5	−0.2	−0.4	−0.4	−0.1
6	−0.3	−0.1	0	−0.1
7	−0.4	−0.1	−0.2	−0.1
8	−0.6	−0.1	0	−0.2
9	−0.5	−0.3	−0.2	−0.2
10	−0.3	−0.1	−0.4	−0.2
平均值 $\bar{y}$	−0.28	−0.13	−0.21	−0.18
最大变化量	0.15			
允许变化量	0.2			
结论	合格			
考核人员	××	××	××	××

八、检定或校准结果的重复性试验

试验时间	2017 年 5 月 14 日		
被测对象	名称	型号	编号
	容积式水表	LXH-20	B02
测量条件	在 64L/h 用水量 10L　水温 19℃　水压 0.3MPa		
测量次数	测得值 y_i（相对误差%）		
1	-0.2		
2	-0.2		
3	-0.3		
4	-0.2		
5	-0.1		
6	-0.1		
7	-0.1		
8	-0.2		
9	-0.2		
10	-0.2		
$\bar{y}$	-0.18		
$s(y_i)=\sqrt{\dfrac{\sum\limits_{i=1}^{n}(y_i-\bar{y})^2}{n-1}}$	0.063×10^{-2}		
结论	不确定度验证合格后该值作为下次重复性比较基准		
试验人员	××		

九、检定或校准结果的不确定度评定

计量标准器 008-60 上，按水表检定规程对一只水表进行误差测量，获得测量不确定度。

数学模型：

$$y = \left[(Q_m - Q)/Q \right] \times 100\%$$

式中：y——水表的示值误差

Q_m——水表指示的水量

Q——实际通过的水量

测量不确定度分析：

下面用 0.2 级水表检定装置检测水表为例，对水表示值误差的不确定度进行分析评定。

A 类不确定度评定

选一只 LXH-20 冷水水表，在计量标准器 008-60 上于 64L/h 流量点放水 10L，对其重复测量 10 次，结果见"八、检定或校准结果的重复性试验"

所以　　　　　　　　　　　　$u_1 = S(y_i)/n^{1/2} = 0.02 \times 10^{-2}$

B 类不确定度评定

1. 工作量器为 0.2 级

则 $u_2 = 0.002/3^{1/2} = 0.12 \times 10^{-2}$

2. 人工读取水表差异最大为 $\pm 0.025L$

则 $u_3 = 0.025/(10 \times 3^{1/2}) = 0.14 \times 10^{-2}$

3. 水温偏离（20±5）℃时，

实测水温 19℃，偏离 20℃很小，使水体积变化极小，故可忽略不计。

由上得出不确定度分量一览表

不确定来源	分布	灵敏系数 c_i	不确定度分量 u_i
重复测量 u_1	正态	1	0.02×10^{-2}
工作量器 u_2	均匀	1	0.12×10^{-2}
人工读取水表差异 u_3	均匀	1	0.14×10^{-2}

以上各量互不相关，则合成不确定度 $u_c = \left[\sum_{i=1}^{3} (c_i \times u_i)^2 \right]^{1/2} = 0.2 \times 10^{-2}$

取 $k = 2$，扩展不确定度为：$U = u_c \times 2 = 0.4 \times 10^{-2}$

十、检定或校准结果的验证		

将该水表在 132-147 水表检定装置上进行检测，两台比对法验证结果如下：

计量标准	008-60 水表检定装置（0.2 级）	132-147 水表检定装置（0.2 级）
64L/h 流量点放水 10L 误差 $\bar{y}_i$	-0.18×10^{-2}	-0.34×10^{-2}
测量不确定度 U_i	$U_1 = 0.4 \times 10^{-2}$	$U_2 = 0.5 \times 10^{-2}$

$$| \bar{y}_1 - \bar{y}_2 | = 0.16 \times 10^{-2} < (U_1^2 + U_2^2)^{1/2} = 0.6 \times 10^{-2}$$

所以测量不确定度评定结果经验证可信。

注：目前大多数水表检定装置都是 0.2 级的，自来水公司的水表检定站使用的水表检定装置又普遍数量较少（多数同规格的没有 3 台），少数省级计量院才有高等级的能检水表的计量标准（另操作也不便），这些因素对结果验证带来困难，即按规范中传递比较法和比对法都难实现，故这里推荐两台比对法

十一、结论

经分析验证表明该计量标准满足国家计量标准考核规范 JJF 1033—2016 的要求，可以开展冷水水表的检定

十二、附加说明

相同检定装置有 2 台，选用其中 1 台为代表进行技术分析

经过现场考核合格，计量行政部门将颁发《计量标准考核证书》，证书到期前 6 个月应提交复审申请。

（7）《法定计量检定机构考核规范》JJF 1069—2012 简介

很多水司依法成立水表检定站，按《计量法》规定应通过授权许可，授权考核是按《法定计量检定机构考核规范》来实施的。作为检定站有关工作人员应对该规范熟悉掌握。

该规范包含术语和定义、组织和管理、管理体系、资源配置和管理、检定、校准和检测的实施、管理体系改进、考核、证后监管、扩项考核九个部分内容。

按规范要求检定站应编制《质量手册》和《程序文件》，并按文件要求实施且保留相关证据。

申请授权考核，已建标单位应当向主持考核的人民政府计量行政部门提供以下资料（相关表格应到受理考核的质监网站下载）：

① 法定计量检定机构《考核申请书》原件 1 份和电子版 1 份；

② 机构依法设立的文件副本复印件 1 份；

③ 机构法定代表人任命文件副本复印件 1 份（常用部门负责人任命文件的复印件）；

④ 考核项目表 B1——检定项目原件 1 份和电子版 1 份；

⑤ 考核项目表 B2——校准项目原件 1 份和电子版 1 份（需要时）；

⑥ 考核规范与管理体系文件对照检查表 1 份和电子版 1 份；

⑦ 证书报告签发人员一览表 1 份和电子版 1 份；

⑧ 证书报告签发人员考核记录 1 份和电子版 1 份；

⑨ 质量手册 1 份；

⑩ 程序文件目录（常需含正文全部）1 份；

⑪ 已参加的计量比对和（或）能力验证活动目录及结果 1 份。

经考核合格后，计量行政部门应颁发《计量授权证书》和印章。授权证书附页应有授权单位名称、授权范围（属社会公用或企业最高）、开展检定（校准）范围以及证书有效期等。

获证后检定站应按规范要求持续改进、保持体系连续运行。

6.2.2 水表出厂检验

根据水表国家标准《饮用冷水水表和热水水表 第 2 部分：试验方法》GB/T 778.2—2018 中对水表出厂检验有以下 1)～3)方面要求，生产单位还应有 4)～6)方面要求：

1）静压试验

以 1.6 倍最大允许工作压力进行压力试验，持续时间 1min。试验期间应观察不到泄漏现象；

2）示值误差测量

至少应在以下 3 种流量确定水表测量实际体积时的示值误差：

$0.9Q_3$～Q_3 之间、Q_2～$1.1Q_2$ 之间、Q_1～$1.1Q_1$ 之间

结果应符合高区（$Q_2 \leqslant Q \leqslant Q_3$）为 $\pm 2\%$，低区（$Q_1 \leqslant Q < Q_2$）为 $\pm 5\%$；

3）检验条件

冷水水表检验水温应在 10～30℃；

同一类型和尺寸的水表可以串联起来进行试验，但管线上最后一台水表出水口处的水压应大于 0.03MPa，水表之间不应有明显的相互影响；

4）外观方面

产品标识、颜色、防锈蚀等；

5）功能方面

涉及到远传、IC 卡功能，要符合相关标准对功能的检验要求，如机电转换误差≤1 个机电转换信号当量；

6）包装方面

包含包装符合性以及装箱物件符合性等。

6.2.3 冷水水表型式评价大纲简介

作为水表生产准入控制的技术规范要求，全面评价水表技术质量可行性以及先进性，在技术层面明确是否承认计量器具的型式符合法定要求。详细内容参见最新版的《冷水水表型式评价大纲》，下面介绍其中常规内容：

1）计量器具标识（该部分信息也是检定水表时要关注的）

水表应清晰、永久地在外壳、指示装置的度盘或铭牌、不可分离的表盖上，集中或分散标明以下信息，这些标志在水表出售到市场后或使用中应在不拆卸表的情况下可见：

① 计量单位；

② 准确度等级，如果是 2 级可不标注；

③ Q_3 和 Q_3/Q_1 的数值：如果水表可测量反向流且 Q_3 和 Q_3/Q_1 的数值在正向和反向流的情况下不同，则 Q_3 和 Q_3/Q_1 的数值均应按对应流向描述；比值 Q_3/Q_1 可表述为 R，如"R160"。如果水表在水平和竖直方位上的 Q_3/Q_1 值不同，则两种 Q_3/Q_1 值均应按对应的水表安装方位描述；

④ 制造商的名称或注册商标；

⑤ 制造年月，其中年份至少为最后两位；

⑥ 编号（尽可能靠近指示装置）；

⑦ 流动方向（标志在水表壳体的两侧，如果在任何情况下都能很容易看到表示流动方向的指示箭头，也可只标志在一侧）；

⑧ 最大允许（工作）压力（MAP），DN500 以下超过 1MPa 时，DN500 及以上超过 0.6MPa 时，应标注；

⑨ 字母 V 或 H，V 表示水表只能竖直方位（垂直于地面）安装，H 表示水表只能水平方位安装，不标注表示水表可以任意方位安装；

⑩ 温度等级，如果是 T30 可不标注；

⑪ 压力损失等级，如果是 $\Delta p63$ 可不标注；

⑫ 流场敏感度等级，如果是 U0/D0 可不标注；

⑬ 型式批准标志（应符合国家规定）；

对于带电子装置的水表，下列额外的内容还需要标明在适当的地方：

a. 对于外部电源：电压和频率；

b. 对于可更换电池：更换电池的最后期限；

c. 对于不可更换电池：更换水表的最后期限；

d. 环境等级；

e. 电磁环境等级。

示例：具有下列特性的水表：

$Q_3 = 2.5\mathrm{m^3/h}$；

$Q_3/Q_1 = 200$；

水平安装；

温度等级 T30；

压力损失等级：$\Delta p63$；

最大允许压力：1MPa；

流场敏感度等级 U10/D5；

编号：123456；

制造年月：2017 年 5 月；

制造商：ABC。

可以标记如下：

$Q_3$2.5、R200、H、→、U10/D5、123456、1705、ABC。

2）水表的额定工作条件

水表应设计成满足下列的额定工作条件：

流量范围：$Q_1 \leqslant Q \leqslant Q_3$；

环境温度范围：5～55℃；

水温范围：0.1～50℃；

环境相对湿度范围：带有电子装置时应不超过 93%RH；

压力范围：0.03MPa 到至少 1MPa 的最大允许压力（MAP）。

3）参考条件

对水表进行型式评价试验时，除了试验时的影响量外，其他所有适用的影响量都应保持下列值，而对于带电子装置的水表，其影响因子和扰动允许采用相关试验标准规定的参考条件。（以下未注明的都是在参考条件下进行试验）

流量：$0.7(Q_2+Q_3) \pm 0.03(Q_2+Q_3)$；

水温：20℃±5℃；

水压：在额定工作条件内；

环境温度范围：15～25℃；

环境相对湿度范围：45%～75%；

环境大气压力范围：86～106kPa；

电源电压（交流）：额定电压，$U_{nom}(1\% \pm 5\%)$；

电源频率：额定频率，$f_{nom}(1\% \pm 2\%)$；

电源电压（电池）：$U_{bmin} \leqslant U \leqslant U_{bmax}$。

每次试验期间，参考范围内的温度和相对湿度的变化应分别不大于 5℃和 10%。如果型式评价机构有证据表明某种型式的水表不受条件偏离的影响，则性能试验时允许偏离上述规定的极限值，但应测量偏离条件的实际值，并载入试验记录和型式评价报告。

4）准确度等级、最大允许误差和固有误差试验

水表分为准确度等级 1 级和 2 级。1 级水表的最大允许误差应符合表 6-13 的规定。

表 6-13　1 级水表的最大允许误差

流量	低区	高区	
	$Q_1 \leqslant Q < Q_2$	$Q_2 \leqslant Q \leqslant Q_3$	
工作温度（℃）	$0.1 \leqslant T_w \leqslant 50$	$0.1 \leqslant T_w \leqslant 30$	$30 < T_w \leqslant 50$
最大允许误差	±3%	±1%	±2%

2 级水表的最大允许误差应符合表 6-14 的规定。

表 6-14　2 级水表的最大允许误差

流量	低区	高区	
	$Q_1 \leqslant Q < Q_2$	$Q_2 \leqslant Q \leqslant Q_3$	
工作温度（℃）	$0.1 \leqslant T_w \leqslant 50$	$0.1 \leqslant T_w \leqslant 30$	$30 < T_w \leqslant 50$
最大允许误差	±5%	±2%	±3%

如果水表所有的示值误差符号相同，则至少其中一个示值误差应不超过上述规定的最大允许误差的二分之一。

至少应在下列流量下确定水表的固有误差，①、②、⑤的流量应至少测量三次以计算重复性，其他每种流量下的误差至少测量两次：

① Q_1：$Q_1 \sim 1.1Q_1$ 之间；

② Q_2：$Q_2 \sim 1.1Q_2$ 之间；

③ $0.35(Q_2+Q_3)$：$0.33 \times (Q_2+Q_3) \sim 0.37 \times (Q_2+Q_3)$ 之间；

④ $0.7(Q_2+Q_3)$：$0.67 \times (Q_2+Q_3) \sim 0.74 \times (Q_2+Q_3)$ 之间；

⑤ Q_3：$0.9Q_3 \sim Q_3$ 之间；

⑥ Q_4：$0.95Q_4 \sim Q_4$ 之间；

对于复式水表：

⑦ $0.9Q_{x1}$：$0.85Q_{x1} \sim 0.95Q_{x1}$ 之间；

⑧ $1.1Q_{x2}$：$1.05Q_{x2} \sim 1.15Q_{x2}$ 之间。

按纵坐标为示值误差，横坐标为流量画出每个水表的误差特征曲线，用于评估水表在规定流量范围内的通用性能。

5) 重复性

水表的重复性应符合：同一流量点 3 次重复测量的标准偏差应不超过 4) 规定的最大允许误差绝对值的三分之一。标准偏差按极差法计算。

标准偏差计算

$$S(E) = \frac{E_{\max} - E_{\min}}{1.69} \tag{6-2}$$

式中，$S(E)$——标准偏差；

　　　$E_{\max}$——某流量点 3 次重复测量结果中示值误差最大值；

　　　$E_{\min}$——某流量点 3 次重复测量结果中示值误差最小值。

6) 机电转换误差

机电转换是带电子装置的机械式水表具备的一种功能，水表同时具有机械指示装置和电子指示装置或电子指示输出装置，电子指示装置或电子指示输出装置是辅助装置的构成部分。水表的机械和电子示值应保持对应关系，根据机电转换方式的不同，其机电转换误差应符合表 6-15 的规定。

表 6-15　水表机电转换误差

机电转换方式	机电转换误差
实时转换式	不超过±1 个脉冲当量
直读式	不超过±1 个最小转换分度值

7) 静压力

水表应能承受下列试验压力而不发生渗漏、泄漏或损坏：

① 1.6 倍最大允许压力，施加 15min；

② 2 倍最大允许压力，施加 1min。

8) 压力损失

制造商应按表 6-16 所列的数值选取压力损失等级。对于给定的压力损失等级，在 Q_1

至 Q_3 之间，流过包括过滤器、过滤网和流动整直器等所有整体水表构成部件在内的压力损失，应不超过规定的最大压力损失。

表 6-16 压力损失等级

等级	最大压力损失（MPa）
$\Delta p63$	0.063
$\Delta p40$	0.040
$\Delta p25$	0.025
$\Delta p16$	0.016
$\Delta p10$	0.010

注：1. 管道上流动整直器不被认为是水表的组成部分。

2. 对于某些水表，如复式水表，$Q_1 \leqslant Q \leqslant Q_3$ 的流量范围内产生最大压力损失的流量点不在 Q_3。

计算水表在流量 Q_t 下的压力损失 Δp_t。

$$\Delta p_t = \Delta p_2 - \Delta p_1 \tag{6-3}$$

式中，Δp_t——水表在流量 Q_t 下的压力损失，MPa；

Δp_1——测量段不安装水表时在流量 Q_t 下的压力损失，MPa；

Δp_2——测量段安装水表时在流量 Q_t 下的压力损失，MPa。

无论是通过试验来确定压力损失还是通过理论确定压力损失，当实际测量的流量不等于所确定的试验流量时，可参照式（6-4）的平方律公式将测得的压力损失修正到预期流量 Q_t 下的值。

$$\Delta p_t = (Q_t/Q_m)^2 \times \Delta p_m \tag{6-4}$$

式中，Q_m——实际测量的流量，m^3/h；

Δp_m——在实际测量的流量 Q_m 下测得的水表的压力损失，MPa。

9）耐久性试验

在耐久性试验中，应满足水表的额定工作条件。先做断续流量试验，后做连续流量试验。按表 6-17 规定的条件下运行水表。

表 6-17 耐久性试验

水表分类	常用流量 Q_3(m^3/h)	试验流量	试验水温（℃）	试验类型	中断次数	停止时间	试验流量下的试验时间	启动与停止持续时间
T30 和 T50	$\leqslant16$	Q_3		断续	10 万	15s	15s	0.15 $[Q_3]$ s，最小值 1s
		Q_4		连续	/	/	100h	/
	>16	Q_4		连续	/	/	200h	/
复式水表（附加试验）	>16	$Q \geqslant 2Q \times 2$	20 ± 5	断续	5 万	15s	15s	3～6s
复式水表（如果小表未经型式批准）	>16	$0.9Q \times 1$		连续	/	/	200h	/

注：1. $[Q_3]$ 等于以 m^3/h 表示的 Q_3 的值；

2. 如果组成复式水表的表之前已通过型式批准，复式水表仅需进行断续流量试验（附加试验）。

① 断续流量试验

一个完整的循环由以下四个阶段组成：

a. 从零流量到试验流量阶段；

b. 恒定试验流量阶段；

c. 从试验流量到零流量阶段；

d. 零流量阶段。

在试验期间，当水表出现功能性故障时应停止试验。为方便试验，试验可分割成若干个时间段进行，每个时间段的持续时间至少为 6h。应至少每 24h 记录一次试验数据，如果试验分段进行，则每一分段还应记录一次数据。试验结束后应按 4）要求测量示值误差，应取 2 次测量的平均值，将得到的示值误差减去试验前得到的固有误差，取绝对值作为示值误差曲线的变化量。

水表应同时满足下列要求方可判定为合格：

a. 在断续流量试验期间和之后，受试水表的各项功能均应正常；

b. 示值误差应符合 4）规定的最大允许误差要求；

c. 示值误差曲线的变化量应符合 4）规定的允许变化量要求。

② 连续流量试验

在试验期间，当水表出现功能性故障时应停止试验。

为方便试验，试验可分割成若干个时间段进行，每个时间段的持续时间至少为 6h。应至少每 24h 记录一次试验数据，如果试验分段进行，则每一分段还应记录一次数据。试验结束后应按 4）要求测量示值误差，应取 2 次测量的平均值，将得到的示值误差减去试验前得到的固有误差（断续流量误差），取绝对值作为示值误差曲线的变化量。

水表应同时满足下列要求方可判定为合格：

a. 在连续流量试验期间和之后，受试水表的各项功能均应正常；

b. 示值误差应符合 4）规定的最大允许误差要求；

c. 示值误差曲线的变化量应符合 4）规定的允许变化量要求。

10）水表的型式评价项目见表 6-18。上述 4)-9) 是表 6-18 中一部分项目，也是常规项目，如申请水表型式评价需要按表 6-18 进行全面评价。作为技能等级学习，如涉及到相关内容需借助型评大纲系统学习掌握。

表 6-18　型式评价项目一览表

序号	型式评价项目	评价方式	适用	水表数量
法制管理要求				
1	计量单位	观察	a)	≥1
2	外部结构	观察	a)	≥1
3	标志	观察	a)	≥1
4	封印和防护	观察	a)	≥1
计量要求				
5	水表的流量特性	观察	a)	全部
6	准确度等级和最大允许误差	试验	a)	全部
7	示值误差曲线	试验	a)	全部

序号	型式评价项目			评价方式	适用	水表数量
计量要求						
8	重复性			试验	a)	全部
9	互换误差			试验	a)	全部
10	反向流			试验	a)	≥1
11	水温			试验	a)	≥1
12	水压			试验	a)	≥1
13	过载水温			试验	a)	≥1
14	无流动或无水			试验	a)	≥1
15	水表和辅助装置的其他要求	电子部件之间的连接		观察	b)	≥1
		调整装置		观察	a)	≥1
		修正装置		观察	a)	≥1
		计算器		观察	a)	≥1
		辅助装置		试验	a)	≥1
16	静磁场			试验	a)	≥1
17	耐久性	断续流量耐久性		试验	a)　c)	≥1ieao
		连续流量耐久性		试验	a)　c)	≥1ieao
通用技术要求						
18	水表的额定工作条件			观察	a)	≥1
19	水表的材料和结构			观察	a)	≥1
20	指示装置			试验	a)	≥1
21	安装条件			试验	a)	≥1
22	静压力			试验	a)	全部
23	压力损失			试验	a)	≥1
24		总要求		观察	b)	≥1
		环境等级		观察	b)	≥1
		电磁环境		观察	b)	≥1
		电源	总要求	观察	b)	≥1
			外部电源	观察	b)	≥1
			不可更换电池	观察	b)	≥1
			可更换电池	观察	b)	≥1
		电子装置结构		观察	b)	≥5
		影响量和扰动	高温（无冷凝）	试验	b)	≥1
			低温	试验	b)	≥1
			交变湿热（冷凝）	试验	b)	≥1
			电源变化	试验	b)	≥1
			内置电池中断	试验	b)	≥1
			振动（随机）	试验	b)	≥1
			机械冲击	试验	b)	≥1
			交流主电源电压暂降和短时中断	试验	b)	≥1
			信号线、数据线和控制线上的脉冲群	试验	b)	≥1
			交流和直流主电源上的（瞬变）脉冲群	试验	b)	≥1
			静电放电	试验	b)	≥1
			辐射电磁场	试验	b)	≥1
			传导电磁场	试验	b)	≥1
			信号线、数据线和控制线上的浪涌	试验	b)	≥1

续表

序号	型式评价项目	评价方式	适用	水表数量
通用技术要求				
24	交流和直流主电源线上的浪涌	试验	b)	≥1

注：1. 适用栏中，a) 为适用于所有水表，b) 为适用于带电子装置的水表，c) 为应最后试验，且按排列的先后顺序进行；

2. 水表数量栏中，≥1表示相同型号规格的样机中至少选择其中1个样机；且该样机应完成所有项目的评价；对于电子装置相同的水表，≥1表示在所有样机中至少选择其中1个样机进行所有影响量和扰动项目的评价；全部表示所有的样机；≥1ieao表示系列水表中至少选择一个规格的样机均对每个适用的安装方位进行试验。

6.2.4　必备条件

计量法修正版已取消生产和修理许可证。但必须具有与所制造、修理的计量器具相适应的设施、人员和检定仪器设备。《水表制造计量器具许可考核必备条件》JJF 1435—2013 提出了相关要求，目前没有强制要求执行。

其内容涉及生产设施、出厂检验条件、技术人员、安全要求、其他要求五个方面。对于生产单位应理解必备条件具体内容，并且充分准备。作为修理没有上述要求，但应有能证明可以修理的相关能力。

6.3　旋翼式水表

旋翼式水表作为水表家族一员，历史悠久。由于旋翼式水表的高灵敏性能和良好的制造经济性，普篇用于生话用水计量。

6.3.1　水表结构

旋翼式水表，按照流经水表的水流在推动水表叶轮转动时，分成一股或几股流束冲向叶轮，即分为单流束和多流束两类。本教材考虑到我国普遍使用多流束，故后续不再介绍单流束旋翼水表（后续所描述的旋翼水表都指多流束）。它们的结构原理如图 6-2 旋翼式水表包括以下几个部分：

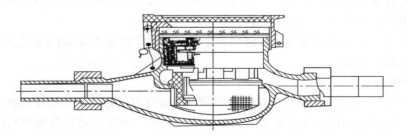

图 6-2　多流束旋翼水表

1）外壳部分：主要零件有壳体（下壳）、罩子（上壳）、表玻璃和盖子。

外壳部分的作用是将水表的机芯封装在其内，形成计量的环境，并且与管道相连接。

外壳部分各零件构成的组件，应该具有以下性能：

① 与管道的连接方便、可靠，且连接长度固定；

② 能承受供水管道中水压的作用；

③ 能通过规定流量的水流，同时产生的水头损失小；

④ 能从外部清晰地认读出水表机芯记录下的水量；

⑤ 具有一定的使用寿命。

2）叶轮计量机构

主要零件有叶轮组件、叶轮盒、调节件、叶轮下轴（顶尖）、齿轮盒。叶轮组件包括叶轮、叶轮轴、中心齿轮等，有些表中将它们制成分立件再组装，有些表则制成整体。调节件包括上、下调节两部分，上部调节是固定在齿轮盒底部的调节筋，下部是装在叶轮盒底部的调节板。

计量机构用来把流经水表的水流的部分机械能转变为叶轮转动的机械能，从而实现计量水量的目的。

计量机构应具备以下性能：

① 在水表计量的流量范围内，叶轮转动量能准确地与流经水表的水量成比例；

② 在很小的水流流经水表时，叶轮也能连续转动；

③ 叶轮转动时，其机械阻力足够小；

④ 整个计量机构水力阻力小，使流经它的水流产生的能量损失小；

⑤ 运动易损件具有一定的使用寿命。

3）计数机构

水表计数机构包括一组齿轮和安装齿轮的夹板、指针、标度盘等主要零件。在字轮式计数机构中，还包括一组字轮及其安装支架等。

计数机构应具备的主要性能有：

① 能准确记录和指示（显示）流过水表的水量，并且能够稳定地保持记录的数量；

② 指示（显示）的数值容易辨读；

③ 机构的机械阻力小；

④ 具有一定寿命。

4）过滤网

安装在叶轮盒外的碗形滤网，或是筒形滤网。过滤件用来阻止较大污物进入水表计量机构及计数机构，以保障它们正常工作。

过滤网上的孔眼尺寸要适宜，孔眼面积之和足够大，以便有足够的流通能力，又不产生过大的水流能量损失。

5）连接件

小口径表（DN15～DN40）连接件是接管和连接螺母；DN50 表的连接件是带有管螺纹的法兰盘。连接件不仅要保证水表与管道可靠地连接，而且还要使其安装与拆卸方便。

6.3.2　叶轮计量机构和计数机构

1. 叶轮计量机构

叶轮计量机构是水表的测量部件。在叶轮计量机构内，水流部分机械能传递给叶轮，变为叶轮转动的机械能从而实现计量的。所以，叶轮及其相关部件是计量机构的关键件。

旋翼式水表是我国水表行业在 20 世纪 60 年代完成的统一设计水表，就是选择该型式的水表。目前我国市场流通的水表，图 6-3 是统一设计 LXS-15 水表叶轮计量机构图，它代表了 LXS-15～50 系列 5 个产品计量机构的特点：由叶轮组件；叶轮盒内有多排（6～8）矩形斜孔；齿轮盒底与叶轮盒围成一个叶轮计量室；叶轮组件转动时靠两个转动副支持：上部支持运动副是叶轮顶部的轴和上夹板中心凸台上的孔组成。下部是顶尖与叶轮下部的孔组成的转动副；叶轮盒底部装有可以适当调节安装方位的调节板；齿轮盒底部凸入叶轮盒内的三条筋，也是调节件。

流经水表的水，经叶轮盒下排斜孔导向，形成多股流束在叶轮旋转圆的切线方向上射向处在叶轮盒内的叶轮。

图 6-4 是 LXS-80 水表叶轮计量机构图。同图 6-3 相比，它有四个不同：（1）叶轮盒上排斜孔已变化为六根支柱之间形成的大流通面；（2）中心齿轮与叶轮轴是同一整体，但与叶轮分立；（3）叶轮盒底部的调节板分成三件；（4）齿轮盒底部装有三件可以调整安装方向的上调节板。这些是 LXS-80～150 大口径旋翼式水表计量机构的共同特点。

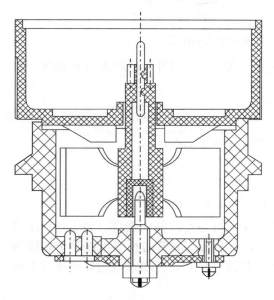

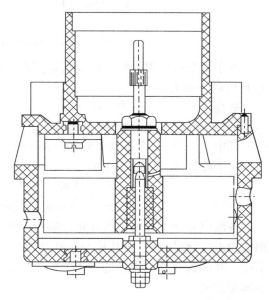

图 6-3　LXS-15 水表叶轮计量机构图　　　　图 6-4　LXS-80 水表叶轮计量机构图

（1）叶轮计量的力学基础

在旋翼式水表的叶轮计量机构中，流入水表的水流部分动能和压力能，转变为叶轮作转动的机械能。我们正是通过记录叶轮的转动，来记录流经水表的水量的。因此，水表中的叶轮就是传感器。

进入水表的水流，是怎样推动叶轮转动的呢？我们以目前常见的 LXS 型小口径水表的叶轮计量机构为例，看看在机构内是如何换能的。

从图 6-5 中看出，水表叶轮是由几块平板状叶片，均匀地呈辐射状连接在叶轮轴上，叶片平面与叶轮轴线平行。

图示为叶轮计量机构中水流进叶轮盒的一个瞬间示意。流向叶轮盒的水流，经叶轮盒下排斜孔分解为 8 股流束，同时被斜孔导向。流束的方向随下排斜孔的方向而定。定向流束遇到叶片的阻挡，便对叶片产生冲击力，此冲击力的方向与水流束流动方向一致。由于

8 股流束均匀分布在叶轮盒壁上，而且每个孔的斜向一致（斜孔共有一个切线圆）。而叶轮则有 7 片叶片，因此各流束与叶片的平面法线间夹角不一致。如图示的瞬间，叶片 1 的法线与水流束间的夹角为 0，也就是说，水流束垂直冲向叶片的平面。不难算出其余 6 个叶片法线与冲向它的水流间的夹角 α。以叶片 4 上受到由斜孔射出的流束冲击力为例，水流与叶片法线的夹角 $\alpha = 19°17'8''5$。

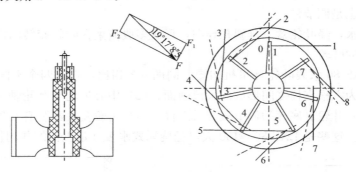

图 6-5　旋翼水表叶轮和水流束对叶轮的冲击

由于每个进水斜孔射出的水流束截面积和速度相等，因此对叶轮的冲击力 F 相等。但力 F 可以分解为两个力：

垂直于叶片平面的力 $F_1 = F\cos\alpha$

平行于叶片平面的力 $F_2 = F\sin\alpha$

其中 F_1 产生一个推动叶轮转动的力矩，F_2 使叶片产生一个离心力。

对于叶片 4，我们可以算出：

$$F_1 = F\cos\alpha = F\cos 19°17'8''5 = 0.944F$$
$$F_2 = F\sin\alpha = F\sin 19°17'8''5 = 0.330F$$

各流束对叶片冲击力的作用点略有变化。当流束正好与叶片平面垂直（如图叶片 1 受到的冲击），作用点正是叶片与斜孔切线圆的交点，就是说，力臂的长度正好等于切线圆半径。其他各叶片上受到的冲击力的力臂长均大于切线圆半径，并随水流与叶片法线夹角不同而改变。

各个进水孔流入的水流，都对叶轮产生一个旋转力矩，推动叶轮转动。如果各个力矩的总和为 $M_总$，则根据欧拉方程可以得到：

$$M_总 = \sum_{n=1}^{n} M_i = pQ(V_1 r_\omega \cos\alpha_1 - V_2 r_\omega \cos\alpha_2) \tag{6-5}$$

式中，p——水的密度；

　　　　Q——水的体积流量；

　　　　r_ω——叶轮半径；

　　V_1，V_2——叶轮盒进出水口处水流绝对速度；

　　α_1，α_2——V_1，V_2 与半径 r_ω 处叶轮圆周速度 V 之间的夹角。（见图 6-6）

（2）叶轮转动和水量的关系

作为旋翼式水表计量传感器的叶轮，把获得的能量变为自己的转动，并且以叶轮的转动来反映流经水表的水量。计量传感器必须准确地将被测量转变为可测量，那么在旋翼式水表中，叶轮是如何以它的转动准确地标明被测的水量的呢？

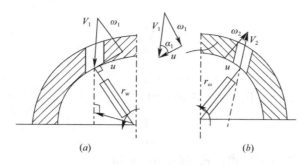

图 6-6　水表叶轮盒进出口速度三角形
(a) 进口速度三角形；(b) 出口速度三角形

水流进叶轮盒后，推动叶片使叶轮旋转。然后水流顺叶轮轴的方向流向叶轮盒上部，并且沿着叶轮旋转运动的切线方向经叶轮盒出水孔流出叶轮盒。在叶轮盒内部，水流可能经过复杂的运动历程，比如在叶片和叶轮盒之间的反射转折和涡流。我们不需弄清其复杂的运动轨迹，只将它看作一组规则射向叶片的流束的流动，那么，能够看出叶轮转动和水量之间的对应关系。

设单位时间内从叶轮盒进水孔射向叶轮的水的流量为 q，则

$$q = V_水 \cdot S \tag{6-6}$$

式中：$V_水$——叶轮盒进水孔射出的水流的绝对速度；

　　　　S——进水流通总面积之和。

在时间 t 内，射向叶轮的水量为 Q，则

$$Q = qt = V_水 \cdot S \cdot t \tag{6-7}$$

$$V_水 = \frac{Q}{S_t} \tag{6-8}$$

上一节中我们知道，射向叶片的水流冲击在叶片上，并且冲击点的位置，随叶片与喷孔的相对位置变化而略有不同。我们取叶片上的一个点作为水流平均作用点，叫做等效作用点，这个等效点到叶轮轴的距离为 R，称为等效半径。那么叶片上水流等效作用点在旋转运动中的线速度以 $V_叶$ 表示，并可以表示为

$$V_叶 = \omega R = 2\pi n R \tag{6-9}$$

式中：ω——叶轮转动的角速度；

　　　　n——叶轮转动的频率。

由式（6-9）可得

$$n = \frac{1}{2\pi R} V_叶 \tag{6-10}$$

在时间 t 内，叶轮转动的总圈数为 N，则有

$$N = nt \tag{6-11}$$

以式（6-10）代入式（6-11）

$$N = nt = \frac{1}{2\pi R} V_叶 \cdot t \tag{6-12}$$

由于各种阻力的存在等原因，叶轮上水流等效作用点的旋转线速度与冲击在叶片上的水流的实际线速度（绝对速度）并不相等，且前者小于后者。我们令两个速度之比为 η，则

$$\eta = \frac{V_{\text{叶}}}{V_{\text{水}}} \tag{6-13}$$

也可表示为

$$V_{\text{叶}} = \eta V_{\text{水}} \tag{6-14}$$

将式 (6-14)、式 (6-6) 代入式 (6-10) 得

$$n = \frac{\eta}{2\pi RS} q \tag{6-15}$$

再将式 (6-14), 式 (6-8) 代入式 (6-12), 可得

$$N = \frac{\eta}{2\pi RS} Q \tag{6-16}$$

令

$$K = \frac{\eta}{2\pi RS} \tag{6-17}$$

则式 (6-15) 和式 (6-16) 写作

$$n = Kq \tag{6-18}$$
$$N = KQ \tag{6-19}$$

从式 (6-14) 和式 (6-15) 看出, 若 K 为常数, 则旋翼式水表中叶轮转动的频率与通过水表的流量成正比例, 而叶轮转动的总圈数与流过水表的水的总量 (累积流量) 成正比例。因此, 如果测量并记录叶轮的转动频率和转动圈数, 就能测量和记录流经水表的水流量的水量总和。因为水表只作为总量 (累积流量) 计量仪表使用, 所以, 水表的计数机构只要记录下叶轮转动的圈数, 就能记录流经水表的水量, 达到计量的目的。

(3) 叶轮转动的滞后系数

在上节我们曾指出, 叶轮是旋翼式水表的传感器。流进水表的水, 由叶轮盒下排孔分流和导向, 形成多股定向流束, 以速度 $V_{\text{水}}$ 射向叶片, 推动叶轮转动。转动的叶轮除了受到冲击水流形成的力矩作用之外, 同时受到多种阻力作用。如叶轮轴和轴套之间的摩擦阻力, 叶轮周缘和叶轮盒内壁之间的黏性摩擦阻力, 叶轮下端面与叶轮盒底面之间的黏性摩擦阻力, 叶轮上端面与齿轮盒底面之间的黏性摩擦力, 计数器中齿轮系机械阻力等。这些阻力都形成阻碍叶轮转动的阻力矩。阻力矩的存在, 使叶轮上等效作用点在作旋转运动时总是不能与推动它的水流同步, 该点圆同运动的线速度 $V_{\text{叶}}$ 小于水流绝对速度 $V_{\text{水}}$。我们已在式 (6-13) 中定义两个速度之比为 η, 即

$$\eta = \frac{V_{\text{叶}}}{V_{\text{水}}} \tag{6-20}$$

显然, η 是一个大于 0 而小于 1 的正数, 它表明叶轮运动对水流的滞后现象, 故称作旋翼式水表叶轮的滞后系数。

我们能够从实际水表产品中的有关结构参数, 计算出叶轮的滞后系数值。

以下我们用当前我国最常见的 LXS-15 型水表为例进行计算。

(注: 水表叶轮盒结构参数每家生产单位会有不同, 但这些参数在水表结构确定时都是定值, 实际需要计算时应按各自的参数去算。)

LXS-15 水表叶轮盒主要结构参数有:

设叶轮盒进水孔面积为 S (单位 mm²), 该面积包含: 下排进水孔面积和调节孔实际

进水面积。

设流进水表的流量为 Q（单位 $\mathrm{m^3/h}$），则

$$V = \frac{Q}{S} \times 10^9 (\mathrm{mm/h})$$

度盘上最小位指针为 $\times 0.0001\mathrm{m^3}$，即指针转一圈计数 $0.001\mathrm{m^3}$

计数器齿轮组合可以计算出叶轮转速与最小位指针转速比为 29.66，

即：

$$i_{0.0001} = 29.66$$

在流量 Q 时最小位指针转动频率

$$n_{0.0001} = Q/0.001 = Q \times 10^3 (\mathrm{r/h})$$

叶轮转动频率

$$n_{\text{叶}} = n_{0.0001} \times i_{0.0001} = 29.66Q \times 10^3 (\mathrm{r/h})$$

设切线圆半径为 R（单位 mm），叶片上等效作用点在流量 Q 时转动线速度，按（6-9）式则

$$v_{\text{叶}} = \omega R = 2\pi n_{\text{叶}} R = 2\pi \times 29.66Q \times 10^3 R = 186.26QR \times 10^3 \ (\mathrm{mm/h})$$

可以求得

$$\eta = \frac{v_{\text{叶}}}{v_{\text{水}}} = \frac{\pi}{4} \frac{186.26QR \times 10^3}{10^9 Q/S} = 186.26RS \times 10^{-6} \qquad (6\text{-}21)$$

如按某 LXS-15 水表结构参数可以计算出下面结果：

进水孔数：6 个

进水孔几何尺寸：矩形孔高×宽＝9mm×2mm

进水孔切线圆半径：18mm

底部调节孔数：3 个（实际通水 1 个）

调节孔孔径：$d = 2\mathrm{mm}$

$$S = \text{矩形孔总面积} + \text{调节孔实际通水面积}$$

即 $\qquad S = 9 \times 2 \times 6 + \frac{\pi}{4} \times 2^2 \times 1 = 111.14\mathrm{mm^2}$

则 $\qquad \eta = 186.26 \times 18 \times 111.14 \times 10^{-6} = 0.37$

即某 LXS-15 水表中，叶轮上等效作用点在转动时的线速度近似于冲动它的水流绝对速度（线速度）的三分之一。

依照同样的方法，我们可以计算出其他规格水表的滞后系数 η。

（4）叶轮计量机构参数选择

叶轮计量机构是水表的主要部件，它的参数很大程度上决定水表的整机性能，例如，水表计量的精确度、水表的计量能力、水表的测量范围（量程比），水表的使用寿命等。

因此，正确选择和确定叶轮计量机构中的有关参数，对一只优良的水表来说，是至关重要的。

旋翼式水表的叶轮计量机构，其结构形状近乎是"经典"式的，除了用料及成型工艺变化较大，其他部分无明显变化。本章所介绍的结构，即是"经典"的代表之一。如此的叶轮计量机构，使流入其中的水流（即经其计量的水流），呈极其复杂的紊流状态。人们对于复杂的紊流，研究工作确已很多，但还不足以用来从理论上确定计量机构内的水力学

描述。因此，叶轮计量机构的参数选择，无法来自完整的理论计算，而是借助经验的、实验的手段和在此基础上的计算。以下我们从实验结论入手，介绍旋翼式水表叶轮计量机构重要参数的确定方法。

1）水表的压力（水头）损失实验

装入管路的水表，是依靠水流冲动叶轮转动，并带动计数机构中齿轮系的传动而实现计量的。流入水表的水流，流经曲折多变的路程，其间，一方面要克服叶轮转动中遇到的机械阻力做功而消耗机械能。另一方面又多次经过流通面积的突然变化（缩小或变大）、流动方向的变化，形成复杂的涡流，而消耗水流的机械能（转变为水流的热能）。因此，水表对水流实际上也是一个耗能元件。就管路而言，出入水表的水流速度是相同的（因而水流动力水头未变化），所耗的能量来自水流的压力损失，就是水表使水流造成的压力损失。

水表使水流产生的压力损失，可以用实验的方法求得。将完整的水表接入管路，通过一定流量时，测量水表进出水端的压力差，则测出水表整机的压力损失。然后，逐次将表中叶轮和齿轮系去除、滤水网去除，叶轮盒去除，并通以相同的流量，分别测量余下部分产生的压力损失，就能比较各零部件对压力损失所产生的作用。表 6-19 是小口径旋翼式水表各零部件产生的压力损失分配比例。

表 6-19　小口径旋翼式水表各零部件产生的压力损失分配比例

部件名称	压力损失约占整机压力损失（%）			
	DN15	DN20	DN25	DN40
叶轮齿轮等回转零件	1.5	1.0	1.5	1.5
表壳	32	24.5	14	18
碗状滤网	2.5	2.5	4.5	2.5
叶轮盒	64	72	80	78

从表 6-19 可见，叶轮盒与表壳产生的压力损失占整机造成的损失之 $94\%\sim96\%$，其余部分占比例甚小。由滤水网及回转零件造成的压力损失即使零件制造有所差异，但其压力损失的变化对整机压力损失的影响可以忽略不计。而水表表壳的公称口径，长度已由技术标准规定，一般不作改动，表壳的内部结构也几乎无明显大变，因此，表壳产生的压力损失也变化不大。由于上述原因，旋翼式水表各部件产生的压力损失之比例基本上已定型，这为我们选择叶轮计量机构中各零件的有关参数奠定了基础。

2）叶轮计量机构中调节方式选择及其计算

两种调节方式：由式（6-16）、式（6-19）知：

$$N = \frac{\eta}{2\pi RS}Q = KQ$$

式中：$\eta = \dfrac{V_{吐}}{V_{水}}K = \dfrac{\eta}{2\pi RS}$

我们是通过记录 N 而记录 Q 的。水表制造过程中，各零件的尺寸不可能是绝对一致的，加上零件装配体尺寸差异的影响，总会使每只表性能有差异，即上列两式难以始终准确成立。为此，必须设置合适的调节方式。才能使所制每台水表及以后维修后经适当调整而检定合格。

旋翼式水表常用外调节和内调节两种：

外调节式水表中，在表壳进水侧与出水侧间，设置一个旁通孔，水流在表内由进水侧流向出水侧时，其流通的面积包括两部分：1）叶轮盒进水孔；2）旁通孔。调节旁通孔的面积，就能实现调节水表 K 值，起到调节示值误差的作用，因此旁通孔就是调节孔。由于这种结构的水表中，旁通孔流通面积是从表外部调节的，所以叫外调节式。外调节孔经 $d_{外调}$ 的全部流通面积为 $F_{外调}$，其开启部分流通面积为 $F_{外调开}$，叶轮盒进水孔的流通面积为 $F_{进}$，则流通总面积 S 为：

$$S = F_{进} + F_{外调开} \tag{6-22}$$

由于流经 $F_{进}$ 的水流才推动叶轮转动，因此变化 $F_{外调开}$，就是变化了对叶轮转动无作用的部分，增大 $F_{外调开}$，水表示值误差向负方向变化，反之向正方向变化。

内调节式则是在叶轮盒底部设有水流旁路孔，称之为内调节孔，流通面积用 $F_{内调}$ 表示。内调节孔有两种取向：一种是孔轴线与叶轮回转平面垂直，如图 6-7（a）调节孔流出水流之速度用矢量 $\vec{V}_{调}$ 表示，$\vec{V}_{调} = \vec{V}_{y}$，即调节孔内流过的水流方向平行于叶轮转轴，对叶轮转动不发生作用。

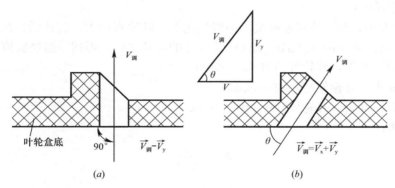

图 6-7　内调节孔

将该调节孔总流通面积用 $F_{内调}$ 表示，其开启部分用 $F_{内调开}$ 表示，则与外调式相似，其流通总面积 S 可表示为：

$$S = F_{进} + F_{内调开} \tag{6-23}$$

另一种内调节孔轴线与叶轮回转平面成 θ 交角。如图 6-7（b）。调节孔流出的水流，其流速用矢量 $\vec{V}_{调}$ 表示，可以分解为两个分量：$\vec{V}_{x}$，$\vec{V}_{y}$。

$$\vec{V}_{调} = \vec{V}_{x} + \vec{V}_{y} \tag{6-24}$$

根据矢量分解三角形可知，两个分量的数值可以用下式表示：

$$\vec{V}_{x} = \vec{V}_{调}\cos\theta \tag{6-25}$$

$$\vec{V}_{y} = \vec{V}_{调}\sin\theta \tag{6-26}$$

显然，V_{x} 分量垂直于叶轮转轴，能推动叶轮转动，而 V_{y} 分量平行于叶轮转轴，对叶轮转动无作用，是不起调节作用的部分。

调节作用是靠水流动能传递形成的，单位时间内调节孔内流出水流的调节动能 $E_{调}$ 为：

$$E_{调} = \frac{1}{2}mV_{y}^{2} = \frac{1}{2}(\rho V_{调} F_{\theta内调})(V_{调}\sin\theta)^{2}$$

$$= \frac{1}{2}\rho(V_{调}\sin\theta)(F_{\theta内调}\sin\theta)V_{调}^{2} \tag{6-27}$$

由式（6-27）可见，由调节孔 $F_{\theta内调}$ 内流出的水流，其调节能力（动能），相当于由面积（$F_{\theta内调}\sin\theta$）内以速度 $V_调$ 流出的质量为（$\rho V_y F_{\theta内调}\sin\theta$）的流体的动能。

上述两种调节方式，可把起调节作用的孔之面积单独立一项，将总进水流通面积写作；

$$S = F_进 + F_{\theta内调}\sin\theta + F_{\theta内调}\cos\theta \tag{6-28}$$

3）调节幅度选择

调节幅度亦称调节范围，是指在全部开启和关闭调节孔时，水表将产生二个不同的示值相对误差，该二个相对误差的差之绝对值即为调节范围，一般取 $A_调 = 15\% \sim 20\%$。于是有调节孔开

$$A_调 S = (15 \sim 20)\% S = F_调$$
$$F_调 = F_{外调} = F_{\theta内调}\sin\theta \tag{6-29}$$

进而可计算出调节孔尺寸。

4）叶轮外径尺寸选择

叶轮外径尺寸选择有两种

① 经验选择法：

叶轮直径大小，与叶轮转速有关。一般情况下，叶轮直径大，转速低；反之若叶轮直径小，则转速高。从国内外产品中实际叶轮尺寸的尺寸统计，得到一组经验值：

$DN15 \sim DN20$ 表，叶轮外径取 $42 \sim 50$mm

$DN25$mm 表，叶轮外径取 $49 \sim 53$mm

$DN40 \sim DN50$ 表，叶轮外径取 $60 \sim 68$mm。

② 计算法：

由公式（6-17） $\qquad K = \dfrac{\eta}{2\pi RS}$

得 $\qquad\qquad R = \dfrac{\eta}{2\pi KS} \tag{6-30}$

式中 η 可以按表 6-20 选取。K 值可以由设计人预选，并参考表 6-21 选定，S 是根据水表的压力损失计算出来的。因此，若叶轮外径近似等于水流对叶轮作用点等效半径时．可以求出叶轮外径。

表 6-20　小口径表 η 值

公称口径 进水孔形状	15	20	25	40
矩形直孔	0.50	0.59	0.58	0.69
矩形收敛孔	0.54	0.63	0.63	0.73

表 6-21　旋翼水表 K 值

公称直径	15	20	25	40	50	80	100	150
K（r/l）	29.66	22.50	15.58	3.54	3.08	10.09	6.12	2.47

5）叶轮盒内径选择

叶轮盒内孔直径与叶轮外径之间，保留有适当的间隙。间隙的作用有二：一是防止水中可能混入的微小固体颗粒杂质卡住叶轮，二是能使流人叶轮盒的水流不致于从过大的间

隙中大量流过,以求合理利用水流束的能量推动叶轮转动。经验上,取间隙 $a=0.03\sim$ $0.1R_{\text{叶}}$ 为好,$R_{\text{叶}}$ 是叶轮的半径。

6)叶轮盒外径选择

$$\text{叶轮盒外径}=\text{叶轮盒内径}+2\times\text{壁厚}$$

壁厚在可能的范围内尽量选大些,以便增强导流效用,但过大壁厚使叶轮盒外形过大,会导致表壳尺寸过大。

(5)叶轮计量机构参数选择与计算步骤

利用选定的 K 值进行计算

1)计算叶轮盒进水孔中水流速 $V_{\text{水}}$

用公式
$$V_{\text{水}}^2=2gh/\xi$$

其中:查表 6-22

表 6-22 ζ值

部件名称	计算用速度	ζ值			
		15	20	25	40
整机	水表进口 DN 处之 $V_{\text{入}}$	8.8	10	12.5	10
表壳	表壳进口 DN 处之 $V_{\text{入}}$	3.2	2.5	1.4	1.8
叶轮盒	进水孔内 $V_{\text{水}}$	3.3	3.8	4.0	4.0

h 查表 6-19 叶轮盒所占比例,且按 Q_3 时水表的水头损失求得。

2)计算叶轮盒进水流通总面积 $F_{\text{进总}}$

用公式
$$F_{\text{进总}}=Q_3/V_{\text{水}}$$

3)计算调节孔流通面积 $F_{\text{调}}$

用公式
$$F_{\text{调}}=A_{\text{调}}\,F_{\text{进总}}$$

其中:$A_{\text{调}}$ 设计人选取,一般为 $15\sim20\%$。

4)计算调节孔直径 $d_{\text{调}}$

用公式
$$d_{\text{调}}^2=\frac{4\sin\theta F_{\text{调}}}{n\pi}$$

其中:n 为调节孔个数。

θ 为内调节孔轴线与叶轮盒底平面夹角。

5)计算叶轮盒进水孔流通面积 $F_{\text{进}}$

用公式:
$$F_{\text{进}}=F_{\text{进总}}-F_{\text{调}}\times60\%$$

为保留调整可向正负双向进行,故按调节孔先开启 60%计算。

6)计算进水孔尺寸

先确定进水孔个数 m

计算每个进水孔流通面积 F

$$F=F_{\text{进}}/m$$

当进水孔为矩形孔时,取定高 a,计算宽 b,且 $a\times b=F$

7)计算叶轮盒进水孔切线圆半径 R

因为切线圆半径近似等于叶轮上等效作用点半径,按式(6-30)可得:

$$R = \frac{\eta}{2\pi KF_{进总}}$$

8）计算叶轮半径 $R_{叶}$

半径
$$R_{叶} = R + \frac{b}{2} + C$$

式中：b 是进水孔宽；

C 是经验值，取 $1 \sim 2mm$。

9）计算叶轮盒内径 $d_{内}$

$$d_{内} = d_{叶} + \delta$$

式中　$\delta = (0.03 \sim 0.1)R_{叶}$

δ 值在性能调试中最后确定，初选时应取较小值，因可以加工后逐步加大。

10）计算叶轮盒外径 $d_{外}$

$$d_{外} = d_{内} + 2\Delta t$$

式中：Δt 是叶轮盒壁厚

11）计算齿轮减速比 i

用公式
$$i = (10uK)^{-1}$$

式中：u 是最小位指针相邻两个数字之间的分度值。

K 是公式（6-17）$K = \dfrac{\eta}{2\pi RS}$ 为常数，且查表 6-21 可得

当 $u = 0.1L$ 时，$i = k^{-1}$

12）匹配减速齿轮组

按速比 i，确定从中心齿轮（叶轮上齿轮）到最小位指针齿轮需要几组以及各个齿轮齿数，目前考虑到上下夹板通用性，在 $DN15/DN20/DN25$ 都是用相同中心距，只是齿数有所不同。

如常用的 $DN15$ 水表 $i = \dfrac{1}{29.66} = \dfrac{10}{25} \times \dfrac{9}{31} \times \dfrac{9}{31}$ 从叶轮三级传递到 $0.1L$ 位。

2. 计数机构

（1）计数机构的性能

旋翼式水表的传感器——叶轮计量机构把流经水表的水量信息转变为叶轮的机械转动（正因为这一点，这类水表属于机械类水表），它把转变后的信息传递给下一个部件——水表计数机构，从而完成信息的记录和显示。为了维持水表整机的正常工作，计数机构应该具备以下性能：

1）能维持计量机构连续正常工作

当计量机构获得水量信息后，通过机械的或者磁性的方式传输给计数机构，二者之间的传输、耦合方式造成的阻力应足够小，不致影响计量机构的连续工作，并保证信息转换仍正常进行。

2）能准确记录计量机构输入的信息

计量机构把流经水表的水量转变为叶轮的转动，并且按照 $N-KQ$ 的关系把叶轮转数 N 与水量 Q 联系起来，计数机构应该准确地反映出比例系数 K，从而也准确地记录出 N，进而实现记录 Q。

3）能清晰地显示记录的结果

记录的水量 Q 要用有效的方式显示出来，供用户认读。水表是安装在供水管道中的，表井是在比较深的地下，因此计数器显示方式要能够适应水表的工作环境，使用户能方便正确地读出记录结果。

4）显示要有记忆性

要求记录的结果在水表一个使用周期内，不会因内外条件干扰使记录和显示消失，仅当使用者作消除显示处理后，显示的结果才会消失、清除。

5）显示的数值要满足一定的要求

显示的数值必须是以立方米（m^3）为单位表示的量值中的数值；

显示的最小分度值应该适合水表检定时准确、经济地判断水表的计量性能；

显示的数值可以足够大，以便使计数机构显示的水量在水表的抄表周期中，不产生辨读错误。

现行水表中，计数机构有机械和电子两类。机械式的包括指针式和字轮式两种，或者是指针与字轮组合式。近些年来，电子技术应用到水表里，使水表出现了液晶式记录与显示装置。但在我国，市场上流行最广泛的仍然是指针式的或者是指针与字轮组合式。下面我们着重介绍这类计数机构。

（2）指针式计数机构

指针式计数机构是水表中出现最早、使用最广泛的一种形式计数机构。见图 6-8。它借助于齿轮系减速和传动的原理，来实现记录与显示功能。这种机构中的关键零件——齿轮，是机械制造业中早已具有丰富制造经验的成熟零件，能够在制造过程中可靠地获得所需的精度。现在，塑料及其加工业的发展，已能够提供具有较高精度、价格低廉的塑料小模数齿轮，使齿轮的制造成本大大降低，指针式计数器结构简单，制造成本低，使用简便，且早已被人们所熟悉。齿轮排列见表 6-23 和表 6-24。

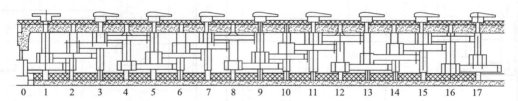

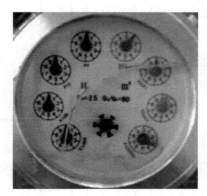

图 6-8　计数机构图与齿轮排列图

表6-23 LXS-15~50 齿轮排列表

齿轮结构示意（齿轮结构示意图）

标度盘示值 / 位号	1	2	3	4	5	6	7	8	9	10	11	12	13	14	15	16	17
标度盘示值 LXS-15C~25C	始动流量指示		×0.0001		×0.001		×0.01		×0.1		×1		×10		×100		×1000
标度盘示值 LXS-40C / LXS-50C	始动流量指示		×0.001		×0.01		×0.1		×1		×10		×100		×1000		×10000
位号	1	2	3	4	5	6	7	8	9	10	11	12	13	14	15	16	17
齿轮示值 表口径 15	151a	152	153a	158	155	156	157	158	155	156	157	158	155	156	157	158	155
齿轮示值 表口径 20	201	156	157														
齿轮示值 表口径 25	201	252	253a														
齿轮示值 表口径 40	401	402	153a														
齿轮示值 表口径 50	501	152	153a														

表6-24 LXS-80~150 齿轮排列表

齿轮结构示意（齿轮结构示意图）

标度盘示值 / 位号	1	2	3	4	5	6	7	8	9	10	11	12	13	14	15	16	17	18
标度盘示值	始动流量指示			×0.01		×0.1	×10	×100	×1000		×10000		×100000					
位号	1	2	3	4	5	6	7	8	9	10	11	12	13	14	15	16	17	18
齿轮示值 表口径 80	801	802	154	155	156	157	158	155	156	157	158	155	156	157	158	155	156	157
齿轮示值 表口径 100	801	1002	1003	1004														
齿轮示值 表口径 150	1501	1502	1503	1004														

1）齿轮号的含义

表 6-23 和表 6-24 中，所有齿轮都编了号，也就是每个齿轮都有固定的"名字"。具有不同参数的齿轮都具有不同的齿号，且相同参数的齿轮都具有相同的编号。

齿轮号分别用 3 个（或 4 个）数字表示。前 2 个（或 3 个）数字表示该齿轮首先出现在哪个口径的水表中，末尾的数字表示首先出现时排列在第几位上。例如：LXS-15 水表第一位上的齿轮被缩为 151a。LXS-15 水表第 5 位上的齿轮被编为 155。我国现用 LXS 型表是在原 7 位指针基础上改进过来的。本教材不再描述原 7 位指针情况（7 位指针已淘汰）。

2）齿轮的结构分类和参数

旋翼式水表的齿轮，排列在齿轮夹板之间的空间，若把此空间分为上下四档，它们的大齿片自下而上分布在四档位置上，使每个齿轮大小齿片的位置配置分为四种类型。如果再考虑齿轮轴有长（安装指针用）有短，其外型共有七类，同类齿轮要用齿轮的齿数、模数来区分。为便利使用，将常用的 22 种齿轮特征数列于表 6-25。

表 6-25 各种齿轮主要参数表

齿号	大齿片		小齿片		所处位数	轴长	齿号	大齿片		小齿片		所处位数	轴长
	m	z	m	z				m	z	m	z		
151a	0.6	25	0.5	9	1	长	1002	0.5	31	0.5	12	2	长
201	0.6	25	0.5	10	1	长	1502	0.5	31	0.5	12	2	长
401	0.6	26	0.5	9	1	长	153a	0.5	31	0.5	9	3	长
501	0.6	26	0.5	10	1	长	203	0.5	30	0.5	10	3	短
155	0.5	30	0.5	9	5, 9, 1, 3, 17, 4	长	253a	0.5	27	0.5	9	3	长
152	0.5	31	0.5	9	2	短	157	0.5	30	0.5	9	3, 7, 11, 15	长
202	0.5	31	0.5	9	2	短	158	0.5	30	0.5	10	4, 8, 12, 16	短
252	0.5	30	0.5	13	2	短	1003	0.5	29	0.5	12	3	短
402	0.5	32	0.5	9	2	短	1503	0.5	27	0.5	12	3	短
156	0.5	30	0.5	10	6, 10, 14, 2	短	801	0.8	35	0.5	10	1	长
802	0.5	31	0.5	10	2	长	1501	1.0	25	0.5	12	1	长
1004	0.5	28	0.5	9	4	长							

3）齿轮的功能分类

LXS-15C～50C 表中，共有 17 个齿轮，LXS-80C～150C 表中共有 18 个齿轮。这些齿轮组成线式啮合传动链，把叶轮计量机构中叶轮的转动，通过叶轮轴上的中心齿轮与计数机构中第 1 位齿轮啮合，传给计数机构齿轮系，从而记录叶轮转动，并通过一些齿轮轴上的指针在标度盘指示（显示）出叶轮转动的水量。齿轮组中从叶轮上齿轮到第一位红指针上齿轮为变速齿轮，起变速作用。自第一位红指针上齿轮的主动轮（即小齿轮）起，直到末位齿轮止，起计数作用，称为计数齿轮，其相邻的两指针的齿轮间，其速比均为 10：1，由此构成连续的十进位方式，现在 LXS-80～150 增加 0.001m³ 位红指针、更有利于检表。

不同规格的水表，在通过等量水体积时，其叶轮与第一位指针的转数比是不同的。变速齿轮的作用是通过其主、被动轮的齿数变化，取得不同的速比，从而满足不同规格水表的需要，就可最大限度地提高上、下夹板、度盘等零部件的通用化程度。

习惯上将水表第一位红指针转一圈与其叶轮的转数之比称为该水表的减速比 i。

4）标度盘分格

一要满足检定时的分辨力要求，二要满足在水表正常使用时间内水表的指示示数不返回零。

$1m^3$ 及其整数倍的指针和度盘用黑色，其余用红色。

水表的指示装置的指示范围根据其常用流量 Q_3 值应符合表 6-26。

表 6-26　水表的指示范围

Q_3（m^3/h）	指示范围（最小值）（m^3）
$Q_3 \leqslant 6.3$	9999
$6.3 < Q_3 \leqslant 63$	99999
$63 < Q_3 \leqslant 630$	999999
$630 < Q_3 \leqslant 6300$	9999999

对于准确度等级 2 级水表，其检定标尺的最小分格值（或称最小分度值）应足够小，以保证水表分辨力，应保证不超过最小流量 Q_1 下流过 1.5h 的实际体积值的 0.5%，即下列条件：

连续显示数值时　$\dfrac{最小标尺分格}{2} \leqslant 1.5 Q_1 \times 0.5\%$

断续显示数值时（液晶显示）最小一个数字 $\leqslant 1.5 Q_1 \times 0.5\%$

5）齿轮的齿形

从机械基础知识学习中知道，摆线与渐开线齿形相比，具有更稳定的传动比，传动精度更高。因而摆线齿形早已被广泛地应用于钟表等机械仪表中。基于上述原因，1965 年水表统一设计时，齿轮选用了摆线齿形。

纯正的摆线是一条复杂的非圆弧线，制造和检查这种纯摆线齿形都较困难。国内外仪表行业普遍使用一组圆弧线，成功近似地替代复杂的纯摆线。故水表中使用的是这种修正摆线齿轮。

（3）字轮式计数机构

字轮式计数机构是我国水表工业中目前大部分替代指针式使用的另一类机械式计数机构，字轮式计数机构中有一组字轮，每个字轮形同一个扁形圆鼓，在鼓的圆柱侧面上均布有 0~9 十个数字，一组字轮同轴水平一线排列，侧面的数字在上夹板上一个矩形窗孔中显示出来，能直读出一个显示水量的数字，所以，又称直读式计数器，如图 6-9（a）、图 6-9（b）所示。

字轮式计数机构具有直观性强，抄读方便，可以避免读数时的误差，所以为大多数用户乐意接受。干式水表和液封式水表普遍采用字轮计数器。

我国市场上流通的带字轮式机构的水表，都是采用字轮指针组合式。在组合指示机构里，标度盘上分度值 $1m^3$ 以上的指示做成字轮，其余部分为指针。

指针部分有关问题，我们已学习过，现在应着重弄清字轮是如何完成计数的，指针与字轮部分是怎样联系起来的。

字轮计数原理

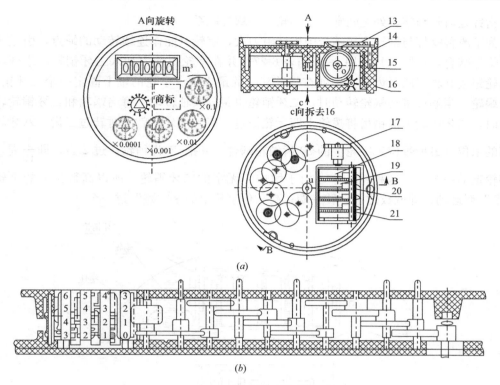

图 6-9 指针字轮组合式计数机构排列图

字轮的构造：字轮轴线呈水平，并使它侧面上的字头向前方时，那么在字轮右侧端面上，沿端面近边圆周上，均布有 20 个圆柱形的销（也有做成齿轮形），垂直于端面。这是齿轮的一个特殊变形，称作销轮。每一个突起的圆柱销就是一个轮齿。所以在字轮的右侧面是一个完整的 20 齿销轮。而在字轮左端面，则只有两个销齿，因此是一个不完全销轮。众所周知，不完全齿轮是用来作间歇运动中的传动用的，由此可知，字轮实际上是一个复杂的组合体：圆柱面上的字轮和两端面上的两个销轮。

拨轮（四八牙轮）：字轮间联系的桥梁。它是一个齿数很少的双联齿轮。一端有八个轮齿，但其中四个轮齿做得较矮，只有双联轮全高的一半，而另四个轮齿较高，延伸至双联轮全高，所以，另一端只有四个轮齿。于是习惯上称它为四八牙轮。由一个字轮的转动通过四八牙轮来拨动另一个字轮的转动，因此被定名为拨轮。

字轮之间的传动：字轮和拨轮分别安装在两根平行的水平轴上。每两个字轮之间对应一个拨轮。拨轮的八牙端与字轮的 20 销齿的销轮啮合，而拨轮的四牙端则用来与销齿的不完全销轮相啮合。当居于低数位的字轮转过一周时（因而轮子上转过 0~9 十个字），字轮上的不完全销轮与拨轮啮合一次，并把拨轮上的四牙转过一齿位。与此同时，拨轮上的八牙轮已经转过二个轮齿。转动的八牙轮是与高一个数位字轮上的 20 销齿的销轮相啮合的，于是销轮被拨过二牙（二个销齿），即 $\frac{1}{10}$ 周，高一个数位的字轮转过了一个字码。即低数值字轮转一周（十个附码），相邻高数位上的字轮转去 $\frac{1}{10}$ 周，构成了相邻的十进位两个字轮间的运动传动。

指针处齿轮与字轮处之间常采用蜗轮——蜗杆联系

为了改善蜗杆与销轮直接啮合中机械阻力大，字轮只能作连续转动的缺点，引进了蜗轮与蜗杆啮合，见图 6-10、图 6-11 和表 6-27，并在字轮组前方加入二牙销轮，蜗杆与一个齿轮组成共轴双联系齿轮。排列在指针部分的最末位。字轮的轴上固定一个二牙销轮，一个蜗轮。当蜗杆带动蜗轮转动时，二牙销轮也跟随共轴转动。每当蜗轮和二牙销轮转过一周时，二牙销轮上的销齿将拨轮上四牙轮拨过一齿，八牙轮就同时转过二齿。八牙轮与相邻的末位（最低数位）字轮上的 20 齿销轮啮合，并把 20 齿销轮拨过 2 齿，即 $\frac{1}{10}$ 周，于是字轮走动一个字。这种结构中，由于增加了无字的二牙销轮，所以高数位上的字轮呈"跳字"型运动，即低数位指针转一圈；高数位字轮上的字"跳"过一个。

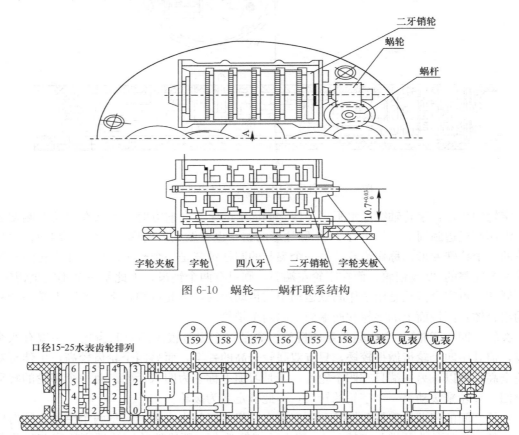

图 6-10　蜗轮——蜗杆联系结构

图 6-11　指针—字轮组合计数器齿轮排列图

表 6-27　指针—字轮组合计数器齿轮排列表

口径	K_1	K_2	K_3	K_4	K_5	K_6	K_7	K_8	K_9	K_{10}
LXS-15E	151a	152	153a	158	155	156	157	158	$159\left(\dfrac{z19}{z30}\right)$	螺旋齿轮
LXS-20E	201	156	157	158	155	156	157	158	159	

6.3.3 水表装配和性能调试

（1）水表装配

在熟悉水表结构的前提下，掌握水表装配要领。我国旋翼式水表目前有指针式、字轮—指针组合式、半液封式、全液封式、叶轮-电子组合式，以及在前面做基表时附加机电转换结构实现远传、预付费、阀控等功能。旋翼水表作为民用水表主流首选，各种形式都广泛使用。其装配基础部分是字轮-指针组合式。

字轮—指针组合式装配在不考虑机电转换时可按下面分类装配：

① 字轮系装配、用于液封表的字轮盒封装、灌液；

② 计数器齿轮链装配；

③ 叶轮盒装配（顶尖、调节板）；

④ 机芯装配（指针、计数器、齿轮盒、叶轮、叶轮盒、滤网）；

⑤ 成品表装配（表壳、机芯、密封圈、玻璃、防转垫、罩子、盖子、铅封）。

每一道装配在生产厂都应有工艺文件作为作业指导书，但也需要工人的熟练技能。作为大多数自来水公司，从事的是水表检定工作，对装配细节不需要更多掌握。下面只作常规介绍：

1）字轮系装配

通常采用人工方式（也有自动化机械手装配），借助字轮上定位孔把字轮串联起来，并且把四八牙轮和涡轮安装到位，见图 6-12。

图 6-12　字轮安装示意图

2）液封表的字轮盒封装

作为液封表，当把字轮和四八牙轮安装到位后要用超声波设备把需封装部分焊接起来形成密封空腔。

3）灌液

把已形成空腔带有字轮的部件放入盛有甘油与水混合液的容器中（也有用不含甘油的纯净水），通过真空泵负压灌注。真空灌注设备见图 6-13。

4）计数器齿轮链装配

通常采用人工方式（也有自动化机械手）装配，识别清齿轮号，把度盘放在工作台上，按 4 级传动倒序依次安装齿轮（即第一个装所有的第四级齿轮，以此类推）。见图 6-14，齿轮全部装上后依次装下夹板、托板。自动化机械手装配见图 6-15。

图 6-13　液封盒液封液真空灌注设备

图 6-14　齿轮安装场景

图 6-15　自动化机械手装配计数器

5）叶轮盒装配

叶轮盒里面顶尖有的是在注塑叶轮盒时铸接在需要位置，有的是二次压装上或螺纹连接上。内调式结构用调节板，需用螺钉固定在叶轮盒下底面上。

6）机芯装配

把指针安装到齿轮轴上（该部分也可以在计数器齿轮链装好时装），应把指针对刻度零位且高度一致到位，吹干净所有机芯用部件，把计数器放入齿轮盒，有的会有定位结构。依次装入叶轮、叶轮盒、滤网。调整叶轮盒与齿轮盒对线，再次调整指针对零位。

7）成品表装配

在车间生产工位，准备好要用到的零部件，使用单台位检表装置（也有使用串联紧表装置），把表壳装到装置上通水，把机芯先放在水槽里泡一会儿，检查指针对零位和齿轮盒与叶轮盒对线，再装进表壳里（如是半液封表视窗小盖子先不装），放上密封圈，让水填满度盘（如是半液封表这时装上视窗小盖子），放上玻璃、防转圈、罩子，旋紧。有人工手动旋紧，也有利用机械手旋紧，装表盖。全过程注意度盘面水要填满，旋紧力要一致且适度。

干式表成品表装配是在专用紧表器上利用动力机械紧固的。

铅封是在水表校验合格后再装，目前铅封有多种组合形式。如铜丝—铅块、尼龙线—铅块、塑料线—塑料锁紧器、铜丝—塑料锁紧器、钢丝—塑料锁紧器等。

（2）水表性能调试

本章在研究叶轮转动时，我们得到关系式 $N=KQ$（式 6-19），就是说，在旋翼式水表中，记录下叶轮转动圈数 N 就记录了流经水表的水量 Q。计数机构将常数 K 用齿轮系传动比反映出来，完成了水量 Q 由标度盘上指针直接指示水量。

由于常数 K 是根据定义式 $K = \dfrac{\eta}{2\pi RS}$ 给定的一个复合量，与 η、R、S 有关。实际制造中，计数器中的 K 值是准确固定的，而叶轮计量机构中的 K 值则是略有变动的，且因下列因素的变化而变化：

水的黏度：包括水的成分与水温度变化时形成对水黏度的影响；

水流对叶轮作用的位置：包括叶轮盒进水孔高度、方向，叶轮盒出水孔的高度、方向，叶轮在叶轮盒里的装配位置，叶轮装配中预留的叶轮上下移动的窜量，叶轮的重量。

水流对叶轮的作用方向：叶轮盒进出水孔的方向（以进水孔及出水孔轴线的切线圆半径 R 表征）。

水流作用于叶轮时的流速：影响流速的主要因素有叶轮盒进水孔（含调节孔）流通面积和流过水表的水的流量。

水流作用于叶轮时的流态：这主要决定于叶轮盒进出水孔的形状；例如孔的内壁粗糙度不同，出流的流束产生的阻力系数不同，当进水孔采用收敛形孔时，阻力系数又明显减小，主要是流束边界处减少了涡流的成分。

只有正确选择这些因素中可变成分的参数，从而指望可以得到一个基本稳定的，且与计数机构中基本相同的 K 值，才能使计数机构正确指示流量，也就是说，才能使水表的示值误差曲线在水表全量程内均能不超出标准规定的示值误差限范围。这就是水表性能调试。

水的黏度是随水温而变化，而自来水的化学成分是基本固定的，并不使黏度变化。同时水表必须在它工作温度范围内都准确计量，所以，调试工作实际上是正确地选择叶轮计量机构中叶轮、叶轮盒、齿轮盒的几何尺寸、相对位置，叶轮的重量，等等。

调试工作有两类：

1）生产调试

叶轮盒现为一次注塑成型的，已定型投产的产品，可变更部分有调节孔、上调节板位置、顶尖高度（很多已固定）、调节孔角度等，需要调节的部位越少，越能体现定型尺寸的合理性，以及机芯零件成型的一致性。生产调试就是对该批机芯确定需要调节部分较佳位置。

2）定型调试

新设计的水表，其叶轮、叶轮盒等各零件尺寸已作初步选择，需经样机调试选定各零件的最佳定型尺寸。

定型调试中，一方面待确定的尺寸较多，另一方面，每一尺寸选定的范围变化较大，需要在较大的范围内选定。

调试时选择一套符合图纸所注尺寸要求的壳体、罩子、叶轮、叶轮轴、顶尖、滤水网和组装好的计数器、齿轮盒。一般应选择各零件尺寸为图纸尺寸公差带的中值。调试时，这些零件不作更换。按设计选定叶轮盒内腔尺寸，暂时选定叶轮尺寸，调试叶轮盒进出水孔尺寸和内孔直径，调试调节孔尺寸，再进一步调试叶轮孔尺寸。如此重复调试叶轮及叶轮盒尺寸，直至取得一组可以满足性能要求的尺寸为止。

3）调试影响因素

无论是生产调试或是定型调试，可以借鉴同行们已经取得的成功经验，缩短调试历程。下面是调试影响因素，但不仅限于此：

① 进出水孔切线圆半径越大，流量误差曲线的中部（$0.3Q_3 \sim 0.6Q_3$）越趋向负值。反之亦然；

② 进水孔面积减小，流量误差曲线的 Q_3 段趋正；

③ 进水孔底面下降，并减小其切线圆半径，可使流量误差曲线的 Q_3 段下降；

④ 调节孔开度越大，流量误差曲线的 $0.1Q_3 \sim 0.3Q_3$ 段越向负变；

⑤ 叶轮底距叶轮盒底越近，调节孔开度变化对流量误差曲线的低区段影响越明显。开度增大，曲线变负，反之变正；

⑥ 进出水孔越靠拢，流量误差曲线的线形越趋向平直；

⑦ 叶轮在叶轮盒内位置越高，流量误差曲线的高区段（$Q_3 \sim 1.25Q_3$）越向负变化；

⑧ 叶轮顶部与上夹板宝石轴承间距离（叶轮窜量）越大，示值误差接近低区段越不稳定（重复性差）；窜量过小，容易出现最小流量性能变劣；

⑨ 叶轮重量越大，流量误差曲线在低区出现的高峰向高区方向移动越多，且峰幅减小；

⑩ 出水孔面积减小，压损增大；进水孔面积减小，流量误差曲线向正方向上移，且压损加大；

⑪ 出水孔位置上移，可使流量误差曲线的 $Q_3 \sim 1.25Q_3$ 段向下移（变负些）；

⑫ 叶轮盒内径加大（因而使叶轮与叶轮盒间隙加大），流量误差曲线的低区段变化不明显，高区段偏负；

⑬ 水温高时，水表始动流量性能好，流量误差曲线低区段偏正，水温低时则相反；

⑭ 碗状滤水网与叶轮盒的相对位置、齿轮盒与叶轮盒的相对位置均影响流量误差曲线线形，前者各次校验时应固定，后者可用来作为一个调试手段，即利用齿轮盒上的调节筋（板）与叶轮盒的相对位置来调节流量误差曲线线形。

4）性能调试是一个极其细致的操作的过程，为了缩短调试过程，应该注意几点：

① 滤水网与叶轮盒安装的方位要固定；

② 罩子旋上时，旋紧力要基本相同，例如用扭力扳手旋紧时，使扭力相同；

③ 要用同一只表壳作调试。用于调试的表壳尺寸要选在公差带居中位置；

④ 使用同一只齿轮盒调试，用于调试的齿轮盒尺寸要取在公差带居中位置；

⑤ 水压应在 $0.1 \sim 1\text{MPa}$ 之间，受材料和结构的影响，水压增大会对水表计量性能产生负偏差，其中对干式表影响更明显；

⑥ 水压脉动会对小流量产生正偏差；

⑦ 水中含有气泡会产生正偏差；

⑧ 水表夹紧在装置上，如水表出水端有漏水会使水表显示正偏差；

⑨ 装置管线上切换阀门不密封，如有虹吸时会导致水表显示负偏差（发生在 DN80 以上）；

⑩ 水表机芯内部有杂物（碎塑料屑、头发、纸屑）会导致水表误差有时出现较大负偏差，有时又正常。

经过调试选定的尺寸，在转变为一次成型结构的零件尺寸时，要使孔的截面积相同，并且矩形孔的几何中心位于切线圆位置。

6.4　螺翼式水表的型式和特性

螺翼式水表是速度式计量仪表，此种水表系在一段直管内设置螺旋桨（螺翼），当水流经仪表时，推动螺翼旋转，螺翼的旋转经机械传动机构直接带动计数器动作。螺翼的转速与被测水的流速成正比，其转动圈数与被测水的体积总量成正比。螺翼式水表有流通能力大、压力损失小、体积小和重量轻等优点。大多用于大量用水场合，如：工业用水、出厂水源（深井）水的计量，船舶给水等等。据资料记载，螺翼式水表为德国人伏特曼氏（Woltman）于 1897 年发明，故在国外大多称为伏特曼水表。

常用螺翼式水表有二种类型。水平螺翼水式，即其螺翼的轴平行于管道轴线。垂直螺翼式水表，即其螺翼的轴垂直于管道轴线。

螺翼式水表主要由表壳、导流器、测量元件（螺翼），计数机构、误差调整装置、表玻璃、密封垫圈和中罩等组成。表壳由球铁制成，能承受标准规定的水压试验。螺翼一般由工程塑料制成，用轴承支撑在整流器和支架之间。螺翼的转动通过蜗杆——蜗轮机构（水平螺翼式水表）及齿轮传动，计数器即显示出通过水表的水的体积总量。螺翼式水表按计数器的形式可分为湿式、干式、液封。

6.4.1　水平螺翼式水表

水平螺翼式水表其体积小、重量轻、流通能力大，公称口径一般有 DN（50、80、100、150、200、250、300、400、500）八种规格，并有整体式、可拆式、水动力平衡式三种。从计量特性来说水动力平衡式最好，具体项目可看 6.1 节（2）常用表型性能特点。一般超过 300mm 的不用水表计量。

导流器置于螺翼前端，减少水流扰动的影响。

误差调整装置是把一片导流板设计成可转动的，从而可以改变部分水流冲击翼轮的方向，以此来调节水表示值误差。

将螺翼水平轴转动改变为齿轮轴垂直转动，即完成 90°垂直传动，可以采用蜗轮—蜗杆或伞齿轮。

计数机构部分和计量原理与旋翼表大致相同。

水动力平衡式是将螺翼轴在转动时不与轴承产生摩擦，从而可以提高量程比，且在低区有良好的计量性能。图 6-16 是常用的水平螺翼表外形图（（a）为整体式、（b）为可拆式、（c）为动平衡式）。

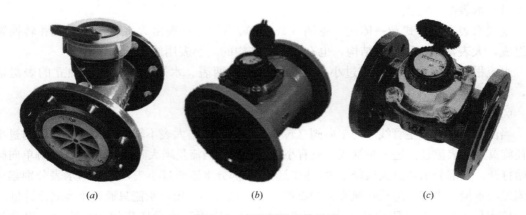

(a)　　　　　　　　　　(b)　　　　　　　　　　(c)

图 6-16　水平螺翼表外形图
(a) 整体式；(b) 可拆式；(c) 动平衡式

6.4.2　垂直螺翼式水表

垂直螺翼式水表水流通路比水平螺翼式水表复杂，水流由水表进口直到出口经过二个 90°变化，所以体积大，比较笨重，相对来说压力损失也较大。但是由于螺翼垂直支撑在摩擦力小的轴承上，而且计数机构可以直接由齿轮传动（不用蜗杆——蜗轮），传动效率高，摩擦力小。与水平螺翼式（非动力平衡）水表相比具有耐久性好、工作可靠、流量下限低等特点。现在越来越多使用这种水表来替换旋翼水表。

一般说来垂直螺翼式水表的公称口径有 DN（40、50、80、100、150、200）六种规格，口径 DN150 和 DN200 的因其体积过大，比较笨重。

垂直螺翼水表其他方面与水平螺翼基本相同。图 6-17（a）、（b）是常用的垂直螺翼表外形图。

(a)　　　　　　　　　　　　　(b)

图 6-17　垂直螺翼表外形图

6.5　复式水表的型式和特点

（1）水表结构特点

复式水表有分体式和一体式，见图 6-18（a）、（b）。水表由大水表、小水表和转换装置组成，大表常用水平螺翼结构，也有用旋翼结构的。小表用旋翼结构。

水流根据流量大小自动流过小水表或同时流过两表。水表读数由两个独立的表盘显示，其水量是两个表用量相加。

（2）性能特点

当流量较小时，主管线上的单向阀（转换装置）关闭，大表不转，水流从其旁路通过小口径旋翼式水表流过，进入主管线，只有小表在计量；当流量增大到转换流量 Q_{x1} 时单向阀开始打开，大部分水通过大口径水表，同时仍有小部分水流通过小表，这时两水表分别累计所流过的水量。当流量降至转换流量 Q_{x2} 时，单向阀开始关闭，水流只通过小表进行计量。

该表最大特点是量程比相当大（大于 R1000），适用于流量变化较大的场合，以及如有消防要求，平时用水量又很小的场合。

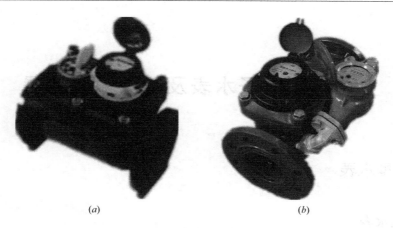

(a)   (b)

图 6-18　复式水表外形图

该表有两个转换流量点，阀门打开 Q_{x1} 和阀门关闭 Q_{x2}，从大表上观察就是大表开始转动和大表从转动到停止，是在连续通水情况下改变流量大小得到的。这两个流量误差要达到标准要求，对结构和零部件一致性要求较高。

复式水表上的小表一般会处于长期快速运行状态，需要有可靠的耐久性能。大表出水端的转换阀密封面要耐磨，且密封要可靠，还有起单向力作用的弹簧一致性要好。

复式水表在中国使用经历两个阶段，第一个阶段是在 20 世纪五六十年代。体积非常庞大。第二个阶段是在 2000 年左右，部分进口的复式水表和国内仿制复式水表在市场上有部分使用，由于国内管网中杂质较多，影响转换阀工作，再加上全电子式水表发展，复式水表最终没有推广起来。

第 7 章　电子水表及远传输出装置

7.1　电子型水表

7.1.1　电磁水表

电磁水表又称电磁流量计（Electromagnetic Flowmeters，简称 EMF）是 20 世纪五六十年代随着电子技术的发展而迅速发展起来的新型流量测量仪表。电磁流量计是应用电磁感应原理，根据导电流体通过外加磁场时感生的电动势来测量导电流体流量的一种仪器。管道式电磁流量计外形图见图 7-1，原理图见图 7-2。

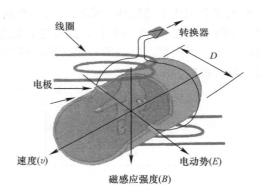

图 7-1　电磁流量计外形图　　　　　图 7-2　电磁流量计原理图

（1）工作原理

电磁流量计是根据法拉第电磁感应定律进行流量测量的流量计。电磁流量计的优点是压损极小，可测流量范围大。最大流量与最小流量的比值大，适用的工业管径范围宽，最大可达 3m，输出信号和被测流量成线性，精确度较高，可测量电导率≥5μs/cm 的酸、碱、盐溶液、水、污水、腐蚀性液体以及泥浆、矿浆、纸浆等的流体流量。但它不能测量气体、蒸汽以及纯净水的流量。

当导体在磁场中作切割磁力线运动时，在导体中会产生感应电势，感应电势的大小与导体在磁场中的有效长度及导体在磁场中作垂直于磁场方向运动的速度成正比。同理，导电流体在磁场中作垂直方向流动而切割磁感应力线时，也会在管道两边的电极上产生感应电势。感应电势的方向由右手定则判定，如图 7-2。感应电势的大小由式（7-1）确定：

$$E = BDV \tag{7-1}$$

式中，E——感应电势，V；

　　　B——磁感应强度，T；

　　　D——管道内径，m；

　　　V——液体的平均流速，m/s。

然而体积流量 Q_v 等于流体的流速 V 与管道截面积（πD^2）/4 的乘积，将式（7-1）代入该式得：

$$Q_v = (\pi D/4B) \cdot E \qquad (7-2)$$

由上式可知，在管道直径 D 已定且保持磁感应强度 B 不变时，被测体积流量与感应电势呈线性关系。若在管道两侧各插入一根电极，就可引入感应电势 E_x，测量此电势的大小，就可求得体积流量。

据法拉第电磁感应原理，在与测量管轴线和磁力线相垂直的管壁上安装了一对检测电极，当导电液体沿测量管轴线运动时，导电液体切割磁力线产生感应电势，此感应电势由两个检测电极检出，数值大小与流速成正比例，其值为：

$$E = B \cdot V \cdot D \cdot K \qquad (7-3)$$

式中，E——感应电势；

　　　K——与磁场分布及轴向长度有关的系数；

传感器将感应电势 E 作为流量信号，传送到转换器，经放大，变换滤波等信号处理后，用带背光的点阵式液晶显示瞬时流量和累积流量。转换器有 4～20mA 输出，报警输出及频率输出，并设有 RS－485 等通信接口。

注：不同电磁流量计参数略有差异，使用时请务必查看说明书。

（2）结构

电磁流量计的结构主要由磁路系统、测量管、电极、外壳、衬里和转换器等部分组成。结构示意图如图 7-3。

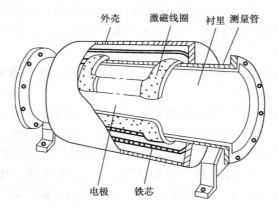

图 7-3　电磁流量计结构示意图

1）磁路系统：是由激磁线圈、铁芯组成，其作用是产生均匀的直流或交流磁场。直流磁路用永久磁铁来实现，其优点是结构比较简单，受交流磁场的干扰较小，但它易使通过测量导管内的电解质液体极化，使正电极被负离子包围，负电极被正离子包围，即电极的极化现象，并导致两电极之间内阻增大，因而严重影响仪表正常工作。当管道直径较大时，永久磁铁相应也很大，笨重且不经济，所以电磁流量计一般采用交变磁场，且是 50Hz 工频电源激励产生的。现在的电磁线圈做的很小很薄，流量计在外形上看起来如同一段管段。在磁路系统中通上不同频率的电流，可以生成不同特性的信号，称作励磁。

无论采用何种励磁方式，动态响应与零点稳定性是转换性的两种重要指标，两者之间也是一对相互制约的性能，从不同的角度考虑采用的励磁方式有所差别：

从降低传感器零点漂移、保持稳定的角度出发，通常采用 6.25～3.125Hz，甚至低到 1Hz 的励磁频率。在电池供电的电磁水表中，采用太低频率的励磁会增加测量工作时间，增大水表的功耗；若用太高的频率励磁，由于传感器线圈的电感量的影响，会使得信号的平滑采样段不够，无法测量。所以频率的选择要根据实际情况来确定，一般在 DN600 及以下用 6.25Hz，大于 DN600 管径的用 3.125Hz。

电磁水表为了省电通常不是连续励磁的，最常用的励磁间隔是 15s 励磁一次，有些厂家还有 5s、3s 可选，通常工作时都选用的是 15s。

实验证明，在管网中的大口径电磁表 15s，楼栋小口径表 3s 就可以达到水表计量准确度的要求。

2）测量导管：其作用是让被测导电性液体通过。为了使磁力线通过测量导管时磁通量不被分流或短路，测量导管必须采用不导磁、低导电率、低导热率和具有一定机械强度的材料制成，可选用不导磁的不锈钢、玻璃钢、高强度塑料、铝等。

3）电极：其作用是引出和被测量成正比的感应电势信号。电极一般用非导磁的不锈钢制成，且被要求与衬里齐平，以便流体通过时不受阻碍。它的安装位置宜在管道的垂直方向，以防止沉淀物堆积在其上面而影响测量精度。

4）外壳：应用铁磁材料制成，是分配制度励磁线圈的外罩，并隔离外磁场的干扰。现在有的电磁流量计的外壳和测量导管做成一体化。

5）衬里：在测量导管的内侧及法兰密封面上，有一层完整的电绝缘衬里。它直接接触被测液体，其作用是增加测量导管的耐腐蚀性，防止感应电势被金属测量导管管壁短路。衬里材料多为耐腐蚀、耐高温、耐磨的聚四氟乙烯塑料、陶瓷等。

衬里材料常用的有：

天然橡胶（软橡胶）：较好的弹性，耐磨性和扯断力；耐一般的弱酸、弱碱的腐蚀；测水、污水。

耐酸橡胶（硬橡胶）：可耐常温下的盐酸、醋酸、草酸、氨水、磷酸及 50% 的硫酸、氢氧化钠、氢氧化钾的腐蚀，但不耐强氧化剂的腐蚀；测一般的酸、碱、盐溶液。

氯丁橡胶（Neoprene）：极好的弹性，高度的扯断力，耐磨性能好；耐一般低浓度的酸碱、盐溶液的腐蚀，但不耐氧化性介质的腐蚀，<80℃；测水、污水、泥浆和矿浆。

聚氨酯橡胶（Polyurethane）：极好的耐磨性能；耐酸、碱性能差；可测中性强磨损的煤浆、泥浆和矿浆；<40℃。

聚四氟乙烯（PTFE）：耐沸腾的盐酸、硫酸、硝酸、王水、浓碱和各种有机溶剂；耐磨性能好，粘接性能差；−80～＋180℃；可测浓度、浓碱强腐蚀性溶液及卫生类介质。

6）转换器：由液体流动产生的感应电势信号十分微弱，受各种干扰因素的影响很大，转换器的作用就是将感应电势信号放大并转换成统一的标准信号并抑制主要的干扰信号。其任务是把电极检测到的感应电势信号 E_x 经放大转换成统一的标准信号。

（3）特点

1）测量不受流体密度、黏度、温度、压力和电导率变化的影响；

2）测量管内无阻碍流动部件，无压损，直管段要求较低。对浆液测量有独特的适应性；

3）合理选择传感器衬里和电极材料，即具有良好的耐腐蚀和耐磨损性；

4）转换器采用新颖励磁方式，功耗低、零点稳定、精确度高。流量范围度可达 200：1；

5）转换器可与传感器组成一体型或分离型；

6）流量计为双向测量系统，内装三个积算器：正向总量、反向总量及差值总量；可显示正、反流量，并具有多种输出：电流、脉冲、数字通信；

7）转换器采用表面安装技术，具有自检和自诊断功能；

8）测量精度不受流体密度、黏度、温度、压力和电导率变化的影响，传感器感应电压信号与平均流速呈线性关系，因此测量精度高；

9）测量管道内无阻流件，因此没有附加的压力损失；测量管道内无可动部件，因此传感器寿命极长；

10）由于感应电压信号是在整个充满磁场的空间中形成的，是管道截面上的平均值，因此传感器所需的直管段较短；

11）双向测量系统，可测正向流量、反向流量。采用特殊的生产工艺和优质材料，确保产品的性能在长时候内保持稳定；

12）电磁流量计在满足现场显示的同时，还可以输出 4～20mA 电流信号供记录、调节和控制用。

（4）电磁流量计选型

口径与量程选择

流量计口径通常选用与管道系统相同的口径。如果管道系统有待设计，则可根据流量范围和流速来选择口径。对于电磁流量计来说，流速以 2～4m/s 较为适宜。在特殊情况下，如液体中带有固体颗粒，考虑到磨损的情况，可选常用流速≤3m/s，对于易附管壁的流体，可选用流速≤2m/s，流速确定以后，可根据式（7-4）来确定口径。

$$q_v = \frac{\pi}{4}D^2\bar{V} \tag{7-4}$$

式中，q_v——流量；

$\quad\quad D$——管径；

$\quad\quad V$——流速。

量程可以根据两条原则来选择：一是仪表满量程大于预计的最大流量值，是正常流量大于仪表满量程的 50%，以保证一定的测量精度。

衬里选择

衬里选择要结合使用环境、测量界质特性选择不同的衬里。

（5）选型条件

1）根据了解到的被测介质的名称和性质，确定是否采用电磁流量计

电磁流量计只能测量导电液体流量，而气体、油类和绝大多数有机物液体不在一般导电液体之列。

2）根据了解到的被测介质性质，确定电极材料

一般选用不锈钢、哈氏、钛和钽等四种电极，选用哪种电极应根据介质性质查相关资料手册。

3）根据了解到的介质温度确定采用橡胶还是四氟内衬

橡胶耐温不得超过 80℃；四氟耐温 150℃，瞬间可耐 180℃；城市污水一般可采用橡胶内衬和不锈钢电极。

4）根据了解到的介质压力，选择表体法兰规格

电磁法兰规格通常为当口径为 $DN10 \sim DN250$ 时，法兰额定压力$\leqslant 1.6$MPa；当口径为 DN250$\sim$DN1000 时，法兰额定压力$\leqslant 1.0$MPa；当介质实际压力高于上述管径、压力对应范围时，为特殊订货，但最高压力不得超过 6.4MPa。

5）确定介质的电导率

电磁流量计的电导率不得低于 $5\mu s/cm$；自来水的电导率约为几十到上百个 $\mu s/cm$，一般锅炉软水（去离子水）导电，纯水（高度蒸馏水）不导电；气体、油和绝大多数有机物液体的电导率远低于 $5\mu s/cm$，不导电。

6）了解使用要求

了解是组合式就地显示还是分体式远传显示（由用户提供），当为分体远传显示时请了解最大距离，分离最大距离为 100m。

通过上述步骤后，可最后确定电磁流量计型号规格。

（6）使用与安装

电磁流量计通常有两个运行状态：自动计量状态和参数设置与检测状态。通电时，自动进入计量状态。在自动计量状态下，电磁流量计自动完成各计量功能并显示相应的计量数据。在参数设置与检测状态下，完成参数设置或检测。详细操作请按用户操作说明书执行。

电磁流量计安装注意事项：

1）电磁流量计在任何时刻必须完全注满介质，不能在不满管或空管的情况下正常工作。在介质不满管时，可采用抬高流量计后端出水管高度的方法使介质满管，避免不满管及气体附着在电极上。

2）管道内有真空会损坏流量计的内衬，并影响测量的准确性。

3）流动的正方向应与流量计上箭头所指的正方向一致。

4）既可在直管道上安装，也可以在水平或倾斜管道上安装，但要求二电极的中心连线处于水平状态。对直管段要求一般是前 5D 后 3D（以产品说明书为准）。

5）在管道法兰附近确保有足够的空间，以便安装和维护。

6）安装场所应避免有磁场及强振动源，若测量管道有振动，在流量计的两侧应有固定的支座。

7）安装聚四氟乙烯内衬的流量计时，连接法兰的螺栓应注意均匀拧紧，否则容易压坏聚四氟乙烯内衬，最好用力矩扳手。

电磁流量计的测量原理不依赖流量的特性，如果管路内有一定的湍流与漩涡产生在非测量区内（如：弯头、切向限流或上游有半开的截止阀）则与测量无关。如果在测量区内有稳态的涡流则会影响测量的稳定性和测量的精度，这时则应采取一些措施以稳定流速分

布：增加前后直管段的长度；采用一个流量稳定器；减少测量点的截面。

（7）故障分析与排查

流量计开始投运或正常投运一段时间后发现仪表工作不正常，应首先检查流量计外部情况。如电源是否良好、管道是否泄露或处于非满管状态、管道内是否有气泡、信号电缆是否损坏、转换器输出信号（即后位仪表输入回路）是否开路。切忌盲目拆修流量计。

1）故障分析

① 安装方面

通常是电磁流量传感器安装位置不正确引起的故障，常见的如将传感器安装在易积聚气体的管系最高点；或安装在自上而下的垂直管上，可能出现排空；或传感器后无背压，流体直接排入大气而形成测量管内非满管。

② 环境方面

通常主要是管道杂散电流干扰，空间强电磁波干扰，大型电机磁场干扰等。管道杂散电流干扰通常采取良好的单独接地保护就可获得满意结果，但如遇到强大的杂散电流（如电解车间管道，有时在两电极上感应的交流电势峰值 Vpp 可高达 1V），尚需采取另外措施和流量传感器与管道绝缘等。空间电磁波干扰一般经信号电缆引入，通常采用单层或多层屏蔽予以保护。

③ 流体方面

被测液体中含有均匀分布的微小气泡通常不影响电磁流量计的正常工作，但随着气泡的增大，仪表输出信号会出现波动，若气泡大到足以遮盖整个电极表面时，随着气泡流过电极会使电极回路瞬间断路而使输出信号出现更大的波动。

④ 雷电打击

雷击容易在仪表线路中感应出高电压和浪涌电流，使仪表损坏。它主要通过电源线或者励磁线圈或者传感器与转换器之间的流量信号线等相关途径引入，尤其是从控制室电源线引入占绝大部分。

2）传感器检查方法

通过对直接影响电磁水表测量准确度的传感器励磁线圈电阻和对地绝缘阻、电极接液电阻偏差率、转换器各项参数转换准确度和零点漂移等参数进行校对，从而判断电磁水表计量性能是否正常。

测试设备：$500M\Omega$ 绝缘电阻测试仪一台，万用表一只。

测试步骤：

① 在管道充满介质的情况下，用万用表测量接线端子 A、B 与 C 之间的电阻值，A-C、B-C 之间的阻值应大致相等。若差异在 1 倍以上，可能是电极出现渗漏、测量管外壁或接线盒内有冷凝水吸附。

② 在衬里干燥情况下，用 $M\Omega$ 表测 A-C、B-C 之间的绝缘电阻（应大于 $200M\Omega$）。再用万用表测量端子 A、B 与测量管内两只电极的电阻（应呈短路连通状态）。若绝缘电阻很小，说明电极渗漏，应将整套流量计返厂维修。若绝缘有所下降但仍有 $50M\Omega$ 以上且步骤①的检查结果正常，则可能是测量管外壁受潮，可用热风机对外壳内部进行烘干。

③ 用万用表测量励磁线圈引出线端子 X、Y 之间的电阻，若超过 200Ω，则励磁线圈及其引出线可能开路或接触不良。拆下端子板检查。

④ 检查 X、Y 与 C 之间的绝缘电阻，应在 200MΩ 以上，若有所下降，用热风对外壳内部进行烘干处理。实际运行时，线圈绝缘性下降将导致测量误差增大、仪表输出信号不稳定。

⑤ 如判定传感器有故障，请与电磁流量计生产厂家联系，一般现场无法解决，需到厂家维修。

如判定是转换器故障，经检查外部原因没问题的情况下，请与电磁流量计生产厂家联系，厂家一般会采取更换线路板的方式解决。

7.1.2　超声波水表

在供水行业把超声波流量计用于计量水量而称为超声波水表。外夹式或者管段式超声波流量计是以"速度差法"为原理，测量圆管内液体流量的仪表。它采用了先进的多脉冲技术、信号数字化处理技术及纠错技术，使流量仪表更能适应工业现场的环境，计量更方便、经济、准确。

（1）工作原理

根据对信号检测的原理，超声流量计可分为传播速度差法（直接时差法、时差法、相位差法和频差法）、波束偏移法、多普勒法等。

1）时差法：测量顺逆传播时传播速度不同引起的时差计算被测流体速度。

它采用两个声波发送器（S_A 和 S_B）和两个声波接收器超声流量计（R_A 和 R_B）。同一声源的两组声波在 S_A 与 R_A 之间和 S_B 与 R_B 之间分别传送。它们沿着管道安装的位置与管道成 θ 角（一般 $\theta=45°$）（图 7-4）。由于向下游传送的声波被流体加速，而向上游传送的声波被延迟，它们之间的时间差与流速成正比。也可以发送正弦信号测量两组声波之间的相移或发送频率信号测量频率差来实现流速的测量。

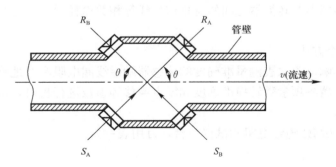

图 7-4　时差测量

2）相位差法：测量顺逆传播时由于时差引起的相位差计算速度。

它的发送器沿垂直于管道的轴线发送一束声波，由于流体流动的作用，声波束向下游偏移一段距离。偏移距离与流速成正比。

3）频差法：测量顺逆传播时的声环频率差。又称多普勒测量方法

当超声波在不均匀流体中传送时，声波会产生散射。流体与发送器间有相对运动时，发送的声波信号和被流体散射后接收到的信号之间会产生多普勒频移。多普勒频移与流体流速成正比。图 7-5 中被测流体的区域位于发射波束与接收到的散射波束的交叉之处。要

求波束很窄，使两波束的夹角 θ 不致受到波束宽度影响。也可只采用一个变换器既作为发送器又作为接收器，这种方式称为单通道式。在单通道多普勒血液流量计中，发送器间隔地发送声脉冲信号，在两个声脉冲间隔的时间中，接收从血管壁和血管内红血球反射回来的声脉冲信号。采用控制线路选择给定距离处的红血球反射信号，通过比较后得到多普勒频移，它与血液流速成正比。在已知血管横截面时可得到血液流量。

采用时差式测量原理：一个探头发射信号穿过管壁、介质、另一侧管壁后，被另一个探头接收到，同时，第二个探头同样发射信号被第一个探头接收到，由于受到介质流速的影响，二者存在时间差 Δt，根据推算可以得出流速 V 和时间差 Δt 之间的换算关系，进而可以得到流量值 Q。如图 7-6 及式（7-5）。

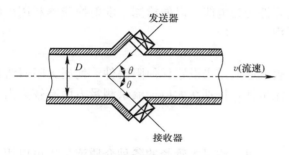

图 7-5　多普勒测量方法

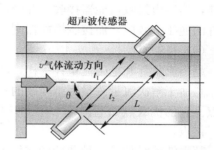

图 7-6　时差法测量原理

当超声波束在液体中传播时，液体的流动将使传播时间产生微小变化，并且其传播时间的变化正比于液体的流速，其关系符合式（7-5）：

$$V = (c^2/2L) \times \Delta t \tag{7-5}$$

式中，V——水流速度；

$\qquad c$——声音速度；

$\qquad L$——传播距离；

$\qquad t_1$——声束在正方向上的传播时间；

$\qquad t_2$——声束在逆方向上的传播时间。

$$\Delta t = t_2 - t_1$$

当声波与流体流动方向一致时（即顺流方向），其传播速度为 $c+V$；反之，传播速度为 $c-V$。在相距为 L 的两处分别放置两组超声波发生器和接收器（T_1，R_1）和（T_2，R_2）。当 t_1 顺方向，t_2 逆方向发射超声波时，超声波分别到达接收器 R_1 和 R_2 所需要的时间为 t_1 和 t_2，则

$$t_1 = L/(c+V)$$
$$t_2 = L/(c-V)$$

由于在管道中，流体的流速比声速小的多，即 $c \gg V$，因此两者的时间差为

$$\Delta t = t_2 - t_1 = 2LV/(c^2 - V^2) \text{ 可以简化为：}$$
$$\Delta t = t_2 - t_1 = 2LV/c^2$$

由此可知，当声波在流体中的传播速度 c 已知时，只要测出时间差 Δt 即可求出流速 V，进而可求出流量 Q。利用这个原理进行流量测量的方法称为时差法。

$$Q = kVs \tag{7-6}$$

式中，k——系数；

　　　　s——管道面积。

（2）主要组成

超声波流量计除表壳外主要由换能器、电子线路及流量显示和累积系统三部分组成。超声波发射换能器将电能转换为超声波能量，并将其发射到被测流体中，接收器接收到的超声波信号，经电子线路放大并转换为代表流量的电信号供给显示和积算仪表进行显示和积算。这样就实现了流量的检测和显示。

超声波流量计常用压电换能器。它利用压电材料的压电效应，采用适于的发射电路把电能加到发射换能器的压电元件上，使其产生超声波振动。超声波以某一角度射入流体中传播，然后由接收换能器接收，并经压电元件变为电能，以便检测。发射换能器利用压电元件的逆压电效应，而接收换能器则是利用压电效应。

（3）优缺点

超声流量计和电磁流量计一样，因仪表流通通道未设置任何阻碍件，均属无阻碍流量计，是适于解决流量测量困难问题的一类流量计，特别在大口径流量测量方面有较突出的优点。它的优缺点如下：

优点：

超声波流量计是一种非接触式仪表，它既可以测量大管径的各种介质流量也可以用于不易接触和观察的介质的测量。它的测量准确度很高，几乎不受被测介质的各种参数的干扰，尤其可以解决其他仪表不能解决的强腐蚀性、非导电性、放射性及易燃易爆介质的流量测量问题。

缺点：

主要是可测流体的温度范围受超声波换能器及换能器与管道之间的耦合材料耐温程度的限制，以及高温下被测流体传声速度的原始数据不全。目前我国只能用于测量 200℃ 以下的流体。另外，超声波流量计的测量线路比一般流量计复杂。这是因为，一般工业计量中液体的流速常常是每秒几米，而声波在液体中的传播速度约为 1500m/s 左右，被测流体流速（流量）变化带给声速的变化量最大也是 10^{-3} 数量级．若要求测量流速的准确度为 1%，则对声速的测量准确度需为 $10^{-6}\sim10^{-5}$ 数量级，因此必须有完善的测量线路才能实现，这也正是超声波流量计只有在集成电路技术迅速发展的前提下才能得到实际应用的原因。

（4）选型

超声波流量计正确选型才能保证超声波流量计更好的使用。选用什么种类的超声波流量计应根据被测流体介质的物理性质和化学性质来决定。使超声波流量计的通径、流量范围、被测液体特性、使用环境和输出电流等都能适应被测流体的性质和流量测量的要求。

（5）分类

1）插入式超声流量计：可不停产安装和维护。采用陶瓷传感器，使用专用钻孔装置进行不停产安装。一般为单声道测量，为了提高测量准确度，可选择三声道。

2）管段式超声流量计：需切开管路安装，但以后的维护可不停产。可选择单声道或三声道传感器。

3）外夹式超声流量计：能够完成固定和移动测量。采用专用耦合剂（室温固化的硅橡胶或高温长链聚合油脂）安装，安装时不损坏管路。

（4）便携式超声流量计：便携使用，内置可充电锂电池，适合移动测量，配接磁性传感器。

（6）安装时注意事项

选择安装管段对测试精度影响很大，所选管段应避开干扰和涡流这两种对测量精度影响较大的情况，一般选择管段应满足下列条件：

1）避免在水泵、大功率电台、变频，即有强磁场和振动干扰处安装机器；

2）选择管材应均匀致密，易于超声波传输的管段；

3）要有足够长的直管段，安装点上游直管段必须要大于 $10D$ （注：$D=$直径），下游要大于 $5D$；

4）安装点上游距水泵应有 $30D$ 距离；

5）流体应充满管道；

6）管道周围要有足够的空间便于现场人员操作，地下管道需做测试井。

（7）常见问题

1）超声波流量计探头使用一段时间，会出现不定期的报警。尤其是输送介质杂质较多时，这种问题会较常见。解决办法：定期清理探头（建议一年清理一次）。

2）超声波流量计对管道的要求非常严格，不能有异响，否则会影响测量结果，误差很大。

3）外夹式超声波流量计信号低这个取决于仪表本身的技术含量，经过现场大量的测试实例证明，像管道时间长，结垢严重，管径大的问题。解决方法：对于管径大、结垢严重，建议选用品质好的外夹式超声波流量计，探头安装处管道要打磨干净，用耦合剂或耦合片排除探头与工件表面之间的空气，使超声波能有效地传入管道内，保证探测面上有足够的声强透射率。

7.1.3　智能水表

智能水表主要分远传水表和预付费水表二大类，其共同特点是测流量的传感器仍然安装在普通的容积式或速度式的机械水表上，通过在水表的度盘指针或齿轮组的某个位置安装传感元件，或直接制成含明确电参数的指示字轮，将原水表的机械读数转换成电信号数据，然后进行采集、传输和贮存，并按结算交易方式的要求自动或人工进行控制。

预付费水表是瞬时型远传水表与电子控制装置的组合，目前主要用于居民住宅。预付费水表的设计是在水表基表上加装了电子附加装置和控制阀，要求用户先预付一定的费用购置一定数量的水量，输入后才可正常用水，至购水量或费用值用尽时控制阀会关闭或提示性关闭，免去了上门抄表所带来的不便。预付费水表在相当程度上改变了国内传统的抄表结算方式，也配合了国家建设部推行的"一户一表"政策的实施，受到一些自来水用户和物业管理的欢迎。该智能水表应大力推广。

目前国内预付费类水表主要有 IC 卡水表、TM 卡水表等，俗称卡式水表。民用的小口径预付费水表一般采取单体式，且长度尽量与同口径普通水表一致，以利于与普通水表的安装互换。

（1）远传水表

1）远传水表组网模式

远传水表是能把水量数据传输到远离水表部位的一类水表的统称。随着高层楼宇和集中连片的住宅区的大量出现和信息化的发展，传统的水表抄读方式已不能适应发展需要，二十世纪九十年代末我国开始水表远程抄读试验，发展到今主要走过三个阶段：

① 首先，出现的是楼宇或小区有线组网集中抄读模式，这种方式主要实现了一幢楼的所有水表数据可集中在底层一个点抄读，或是在小区物业中心集中抄读全小区的水表。大大减轻了爬楼层抄表的劳动强度。

② 其次，通过以太网把水量数据传到水司数据中心，这种模式除了不需要上门抄表外，还可以适时掌握每只水表运行状况，为水司供水调度和区域水压平衡提供依据。

③ 其三，把远传水表和控制阀组合成一体，形成阀控远传水表。阀控远传水表可以实现在水司控制中心对水表通水实现开、关操作。完全实现了供水管理的自动化。

④ 其四，无线远传水表或 NB-IoT 水表。无线远传水表是据于短距离无线通信技术基础上发展起来的远传方式，传输距离在空况地面约几百米远。最大优点是无需布线，对于老旧小区一户一表改造非常适用，但是由于电磁波传输受建筑物阻挡衰减，每一只表的安装位置的选择和信号强度的调试都要测试，同时在楼宇中要安装集中器，用于接收单只水表数据和向单只表传输后台指令，集中器的安装位置要经过测试取最有利于和楼宇中单表通信的位置。无线组网安装、运维工作量很大。这种远传水表都是电池供电，电池的寿命和可靠性也对系统运行具有重要影响。如图 7-7 是无线远传水表外观图。

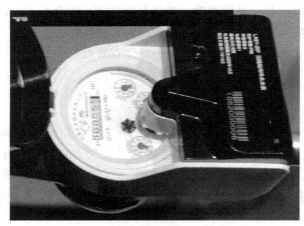

图 7-7　无线远传水表外观图

在短距离无线远传水表中，水表与集中控制部分都有一个通信问题，通信协议的标准化是影响远传水表普及的制约因素。《电子远传水表》CJ/T 224 标准对远传水表通信作规范，详见标准。

NB-IoT 水表是据于物联网技术的远传水表，通俗称物联网水表，也是现在最热门的技术。特点是单只水表和移动、电信、联通等国家主干网直接通信，不需要自行布网，省掉了大量的组网的建设和维护费用，体现出国家主干网可靠性好、广覆盖、核心网方案简单、灵活，可快速实现无线布置等优势。这种水表现在还处于试应用阶段，正如物联网应用还有待 5G 大范围应用一样，这种技术的实用还有待 5G 技术的普及。这种水表也是要用电池供电（或外接市电），电池的使用寿命和可靠性也影响着它的推广前景。

NB-IoT 水表通信协议执行手机行业通信协议标准，在此不作详述。

2）远传水表信号转换模式

远传水表信号转换模式很多，有脉冲式、开关式，刻度识别式、直读式等等，无论何种叫法，大致分两种：瞬时型、直读型。

① 瞬时型

一种能发生代表实时流量的开关量信号、脉冲信号、数字信号等的水表，其特点是以一定用水体积量为单位间隔发信号，比如，如果传感器安装在 $0.01m^3$ 的指针位置上，则用水量达到 100 升（$0.01m^3$ 的指针走一圈）就会发出 1 个信号。瞬时型远传水表是在普通机械水表的计数机械上加装了能触发干簧管、霍尔元件、MR 磁敏元件、光电元件的磁块或金属片等器件，组成机电转换传感器，借此实现机电转换功能。传感器引出相应的信号线，与采集器或抄表器连成一个电路系统，远传水表本身不带电源，与采集器连接而使用采集器电源，采集器系统接收、处理机电转换信号，实现计数、处理、传输功能。也可以通过电话线等线路实现数据远程输送。这种形式的远传水表已有较长的历史，近年来随着电子技术的发展，该产品在实际应用中不断地得到改进，加强了可靠性、抗干扰性，同时也用系统管理软件来辅助监测。

② 直读型

一种能表征水表累计水量读数的机构加装在水表计数器部位，两者共同组成机电转换传感器。这个机构能表征水表计数器的瞬时数值。其读取数值时要通电，而不读数时是不要通电的，因此这种水表最大的优点是平时不要用电。大大减少了因电池不可靠、电量耗尽而造成的多种缺点。

直读型远传水表是近年来开发出的产品，一般采用位置传感器来识别水表的读数字轮的每一个读数，一般只设计到 $1m^3$ 以上的抄读数，字轮上的 1，2，3，4，5，6，7，8，9，0 十个数分别对应不同的电参数或状态（如电阻值、开、关）。直读型水表同样也有信号线与抄表系统连成一回路，但平时不工作也不用电，只有到要求抄表时瞬间或一段时间，抄表系统发出抄读指令，接通回路，才把当前的各字轮示值传送给管理系统。直读型远传水表的传感器触点较多，个位 m^3 字轮运转频繁，其可靠性工艺要求较高。

远传水表信号转换模式详见 7.2 水表远传输出装置简介。

按水表国家标准《封闭满管道中水流量的测量饮用冷水水表和热水水表 第 1 部分：规范》GB/T 778.1—2007 的要求，水表可配置远传输出系统，水表加上远传输出装置后不应改变水表的计量性能。所以，远传水表的计量性能、耐压性能、压力损失等均与普通水表相差不大，并满足国家标准。但其涉及远传功能的使用寿命受到电子元件的质量、机械磨损、制造工艺等因素的较大影响。

（2）IC 卡水表

IC 卡水表是一种利用微电子技术、现代传感技术、智能 IC 卡技术对用水量进行计量并进行用水数据传递及结算交易的水表，结构示意见图 7-8。

IC 卡水表的最显著特点是通过一张 IC 卡来进行用水量、水表状态与后台系统间的数据传递，是将一个集成电路芯片镶嵌于塑料基片中，封装成卡的形式，其外形与覆盖磁条的磁卡相似。IC 卡水表除了可以对用水量进行记录和电子显示外，还可以按照约定对用水量自动进行控制，进行用水数据存储。由于其数据传递和交易结算通过 IC 卡进行，因而可以实现由传统的抄表员上门抄表收费到用户到营业所交费的转变。IC 卡交易系统还具有交易方便、计算准确、可利用银行网络实时进行结算的优点。

IC 卡水表由基表（发讯远传水表）、电源（一般为电池）、IC 卡读写器、通信接口、LCD 显示、微机控制模块、阀门控制机构组成，有些型号还有音响报警装置。如图 7-8IC 卡预付费水表

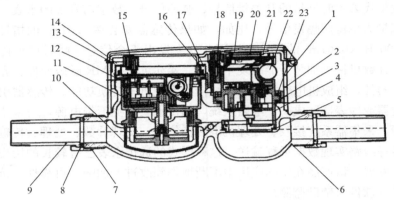

图 7-8　IC 卡预付费水表

1—表盖组件；2—表罩；3—阀上垫圈；4—阀体部分；5—阀下垫圈；6—表壳；7—连接螺母；8—接管密封圈；
9—接管；10—滤水网；11—计量机构；12—密封圈；13—垫圈；14—铜罩；15—发讯部件；16—不锈钢圈；
17—封口圈；18—卡座；19—透明片；20—LCD 集成线路板；21—线路保护罩；22—电池；23—阀体铜压环

以下对 IC 预付费水表的各部分组件做简单介绍：

1）基表

可采用容积式、速度式等机械式具有远传信号输出功能的水表作为基表。传感器安装于度盘上或计数齿轮组中，与远传水表类似，也有直接在某一位齿轮上采用凸轮微动开关来触发信号的。

2）IC 卡及读卡器

根据读卡方式不同，分接触式和感应式。

① 接触式（插卡式）

通过带有芯片的卡片，插入 IC 卡表的读卡槽中，读卡槽中的触点和芯片接触，激活芯片，从而实现数据和指令的传递。接触式简单、方便，但卡的接触面易磨损，卡座易受外界潮湿环境和人为影响，也容易受人为攻击。

② 感应式

又称射频卡，俗称非接触式 IC 卡，只要把卡靠近读卡区至一定距离内，卡中感应线圈，接受读卡器的磁场从而被激活，并实现数据、指令传递。其优点是读写卡无需触点接触，方便快捷，使用寿命长。

3）电源

电源一般为大容量电池，也有少数是用外接线作为供电电源。电池有内置锂电池、普通碱性干电池组等。IC 卡水表的电池要在较长的时间里保证各项功能正常，对电池容量和系统的功耗提出很高的要求。通常对于小口径表功耗设计标准为满足 IC 卡水表正常工作一个生命周期，并留有余量。

① 锂电池

能量高，自漏电很小，容量大，体积小，寿命长，安装方便，成本较高。目前的 IC 卡式水表多采用一次性锂电池供电。

② 碱性干电池

在水表工作的环境中易自漏电，使用寿命短，成本低。一般将电池盒子尽可能外"开放"设置，让用户可以自己更换电池。

4）阀门组件控制阀

目前使用较为广泛的卡式水表阀门组件，由机械阀门开闭部分和驱动控制部分组成。按开关阀原理可分为一次阀、二次阀，按驱动方式来分有电动阀、电磁阀等等。

一次阀，就是驱动机构直接操纵阀门开关水流，如常用的球阀，陶瓷阀等。二次阀，就是通过一个先导阀门控制一定的水流，调节主阀门前后（或上下）压力差来实现开关阀。电动阀使用电机作为驱动阀门工作的机构；

电磁阀利用一组线圈通电后产生的磁力作为驱动阀门工作的动力。

目前国产卡式水表阀门主要有：球阀、陶瓷阀和二次阀中的膜片阀。其工作原理和特点如下：

① 球阀

卡式水表中使用的球阀与普通球阀工作原理基本相同，阀门靠球面密封，能自动调心，流通能力大，压损小，抗污能力强，但要求的驱动力矩大。长期使用可能因为结垢或磨损，出现驱动所需力矩增大、漏水、开关失灵等问题。

球阀开关驱动是由电机带动一组齿轮旋转实现开关。电机分微型普通电机和步进电机，步进电机可以更好的实现对阀门开闭状态的控制。由于水体中总是会含有少量杂质，水体中溶解的无机盐在阀芯表面长期沉淀，容易造成阀门开闭困难，轻则造成功耗增加，重则造成开闭失灵。所以，卡式水表的关键技术就体现在阀门及驱动系统能否以低的能耗，可靠、稳定的开闭阀门。

② 陶瓷阀

陶瓷阀靠两片极度平整光滑的陶瓷片相互转动来实现阀门的开启与关闭。其特点是成本低，结构简单，开关可靠。缺点是压力损失大。在使用中陶瓷片容易结垢，使用时间长后操纵力矩大幅增加。现在 IC 卡表上较少采用这种阀。

③ 二次阀

又称先导型阀，分为电动型和电磁型。图 7-9 为典型电动型二次阀，它的主要优点是所需的操纵力小，控制简单，开关阀可靠，一般能保证关闭后滴水不漏。主要问题是在水质不良的情况下，进水孔 4 容易堵塞，导致阀门失效。电动阀和电磁阀相比，电动阀结构复杂，成本高，但保持开关阀状态很稳定；电磁阀结构简单，但开关阀状态不够稳定，如果阀门质量不好，有时可能因为振动导致无故关阀或开阀。二次阀图片如图 7-9。

二次阀的工作原理是：当电机带动螺杆旋转时，外磁环向上运动，带动内磁环向上运动，小阀杆周围形成泄水孔，主阀门上面的水从泄水孔泄出，压力降低，主阀门在水压的作用下向上运动，阀门打开；当电机向相反的方向转动时，带动小阀杆向下运动，关闭泄水孔，水从进水孔流到主阀门的上部，主阀门上部的压力升高，推动主阀门向下运动，阀门关闭。二次阀另一种结构是电磁阀，即把外磁环 2 换成一组线圈，通电后产生磁场，和小阀杆的内磁环 3 作用，把阀杆吸起，打开阀门；通相反的电流，产生相反的磁场，将阀杆压下，关闭阀门。

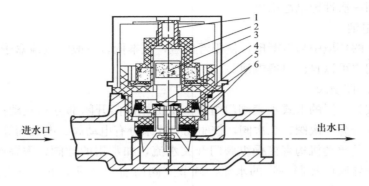

图 7-9　二次阀门

1—与电机轴相连的螺杆；2—外磁环；3—连接小阀杆的内磁环；4—进水孔；5—主阀门；6—橡胶密封

IC 卡水表的外观与一般水表的外观基本相似，其安装尺寸和安装过程也基本相同，IC 卡水表的使用很简单，用卡向读卡器里插一下或靠近感应一下就可以完成输入或其他操作。

5）IC 卡水表的工作过程一般如下：将含有金额或购置水量信息的 IC 卡片插入水表中的 IC 卡读写器中，经微机模块识别和下载金额后，阀门开启，用户可以正常用水；当用户用水时，水量采集装置开始对用水量进行采集，并转换成所需的电子信息信号供给微机模块进行计量，并在 LCD 显示屏上显示出来；当用户的用水量金额下降到一定数值时，水表的报警装置会自动进行相应报警或警告性关闭，切断供水，直至用户插入已经交费的 IC 卡片重新开始开启阀门进行供水。

射频 IC 卡是 IC 卡的一种，它是通过电磁感应原理来读取和传送卡上信息。其组成一般至少包括射频卡和阅读器。射频卡中一般保存有约定格式的电子数据，在实际应用中，射频卡附着在待识别物体的表面。阅读器又称为读出装置，可无接触地读取并识别射频卡中所保存的电子数据，从而达到自动识别物体的目的。当射频 IC 卡靠近时，阅读器电路向 IC 卡发出一组固定频率的电磁波，卡片内有一个 LC 串联谐振电路，其频率与读写器发射的频率相同，在电磁波的激励下，LC 谐振电路产生共振，从而使电容内有了电荷，在这个电容的另一端，接有一个单向导通的电子"泵"，将电容内的电荷送到另一个电容内储存，当所积累的电荷达到 2V 时，此电容可作为电源为其他电路提供工作电压，将卡内数据发射出来或接取读写器的数据。

目前国内众多型号的 IC 卡型水表绝大部分仍保留了基表的机械显示，一是因为 IC 卡水表的 LCD 显示主要是抄表读数，一般为至多到 $0.01m^3$，在检定时这样的检定分格值不够小，所以仍用机械显示；二是因为 IC 卡表的工作受诸多因素影响，尤其是电池供电的可靠性会受到各种影响，供电中断可能会造成数据消失，严重影响供水公司和用户对用水量的确认，保留机械读数是一个较可靠的水量确认依据。

IC 卡水表的可靠性受到产品质量、使用环境、水质和人为攻击等方面的影响。产品质量关键取决于读数传感器的可靠性、电池供电的稳定性和寿命、LCD 显示器的性能、控制阀的可靠性等。

IC 卡水表的计量性能、耐压性能仍与普通水表一样，应符合 GB/T 778 的要求，但其误差特性曲线由于受到所配置的控制阀的影响而与基表有所不同。IC 卡水表的压力损失也因为加装了控制阀而增大，但也可控制在 0.1MPa 内。IC 卡水表的使用寿命除与其基表有关外，还与所用电池、控制阀和电子元件的性能有关。

IC 卡水表近年来发展很快，同时也是在争议和实践中不断改进完善。2001 年 10 月建设部颁布了行业标准《IC 卡冷水水表》CJ/T 133—2001，这是预付费类水表的第一个行业标准，对该类水表的规范发展起到了积极的作用。但任何产品从设计出来样机到批量生产再到产品质量稳定，都有一个过程。按标准进行的试验项目不一定能完全模仿产品的实际工作环境和长时间的工作过程，有些试验也是一种间接推断，如用静态工作电流来判断电池的工作寿命，标准也存在一个不断完善的过程。

（3）TM 卡水表是国内较早开发的一种预付费水表，TM 卡水表除数据信息传输方式和 IC 卡水表不相同外，其余的结构和原理基本相同，都是由基表、阀门组件、控制系统组成，区别就在于数据信息的传递是通过 TM 卡进行。TM（Touch Memory）卡是美国 DALLAS 公司的专利产品（如今已非达拉斯独有了，国内的 LIY 等品牌正不断崛起），它采用单线协议通信，通过瞬间碰触完成数据读写，既具有非接触式 IC 卡的易操作性，又具有接触式 IC 卡的廉价性，是当前性价比较高的一种 IC 卡。但是卡的通用性差，不太被厂家选用。

7.2　水表远传输出装置简介

我们通常说的远传水表，其本质上是在机械式水表基础上加装信号传感器，把机械式水表的计数器上计录的水量信息转化为数字信息，再进行后期的信息分析、处理、传递等。远传水表的关键技术就是在水量信息拾取转换，这是通过传感器来实现的。本章节主要介绍常用的几种传感器

（1）干簧管

干簧管（Reed Switch）也称舌簧管或磁簧开关，是一种磁敏的特殊开关，是干簧继电器和接近开关的主要部件。如图 7-10 干簧管产品图。

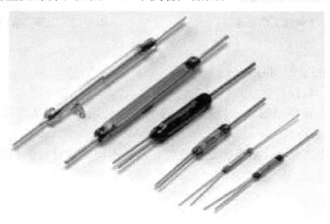

图 7-10　干簧管产品图

干簧管通常有两个软磁性材料做成的、无磁时断开的金属簧片触点，有的还有第三个作为常闭触点的簧片。这些簧片触点被封装在充有惰性气体（如氮、氩等）或真空的玻璃管里，玻璃管内平行封装的簧片端部重叠，并留有一定间隙或相互接触以构成开关的常开或常闭触点。干簧管比一般机械开关结构简单、体积小、速度高、工作寿命长；而与电子开关相比，它又有抗负载冲击能力强等特点，工作可靠性很高。

1）工作原理

干簧管的工作原理非常简单，两片端点处重叠的可磁化的簧片、密封于一玻璃管中，两簧片分隔的距离仅约几个微米，玻璃管中装填有高纯度的惰性气体，在尚未操作时，两片簧片并未接触、外加的磁场使两片簧片端点位置附近产生不同的极性，结果两片不同极性的簧片将互相吸引并闭合。依此技术可做成非常小尺寸体积的切换组件，并且切换速度非常快速、且具有非常优异的信赖性。永久磁铁的方位和方向确定何时以及多少次开关打开和关闭。如图7-11。

如此形成一个转换开关：当永久磁铁靠近干簧管或绕在干簧管上的线圈通电形成的磁场使簧片磁化时，簧片的触点部分就会被磁力吸引，当吸引力大于簧片的弹力时，常开接点就会吸合；当磁力减小到一定程度时，接点被簧片的弹力打开。

2）触点形式

干簧管触点分为A型、B型，见图7-12

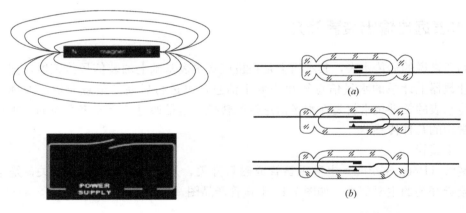

图7-11　干簧管工作原理图　　　　　图7-12　干簧管结构图

"A"型（常开）

磁场存在时开关触点[2]　将闭合

"B"型（单级、双投）

"B"型开关具有转移型触点。当施加一磁场时，公用触点将从常闭（N.C.）触点转移至常开（N.O.）触点。

另外，对于簧片之形状，接点部之构造等，常有不同的设计，但只要是使用簧片，均属于磁簧开关的范围。

3）优点和缺点

① 优点

a. 干簧管的优点是其体积小、重量轻，这使得它们易于安装且不显眼。由于操作开关体积很小，因而无需复杂的机构，所以不会出现金属疲劳现象，保证了几乎无限的使用寿命。并且能够安装在有限的空间里，很适合用于微型设备。磁簧开关和合适的磁铁价格便宜且容易获取。干簧管最主要的是一种非接触式的密封开关。

b. 磁簧开关的开关元器件被密封于惰性气体中，不与外界环境接触，这样就大大减少了接点在开、闭过程中由于接点火花而引起的接点氧化和碳化。并防止外界蒸气和灰尘等杂质对接点的侵蚀。工作寿命长。

c. 簧片细而短，有较高的固有频率，提高了接点的通断速度，其开关速度要比一般的电磁继电器快 5～10 倍。

② 缺点

a. 首先，触点和簧片是相当小而精致的，所以它们难以承受高压或大电流。电流过大时，簧片会因过热失去弹性。即开关容量小，接点易产生抖动以及接点接触电阻大。

b. 干簧管有电压和电流额定值。虽然功率 $W =$ 电压 $U \times$ 电流 I，同样的功率可能由不同的电压和电流组合得到。切记不要超过额定电流。例如，$10V \times 1A = 10W$，同时 $1V \times 10A = 10W$，在第 2 种情况下，电流会太大。如果您要使用大电流，由继电器线圈与磁簧开关组成的继电器电路是更合适的选择。

c. 故障排查工序多。故障干簧管需要用专用仪器（如 AT 值测试器、绝缘耐压测试器、内阻测试器等）检测。

d. 不适合误差范围小的产品设计：AT 值范围大，从成本角度考虑不能保证批量产品的 AT 值都相同，并且配套磁块的磁场强度也不尽相同。

e. 由于磁簧开关是相当脆弱的，如果引出线焊接到较厚器件上，很容易破损玻璃和密封件。如果你需要弯曲引出线，需要恰当选择引出线的弯曲点。如图 7-13。

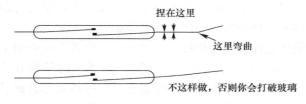

图 7-13　如何弯曲簧片开关的引线

4）应用

干簧管可以作为传感器用，用于计数，限位等等，尤其适合用于间歇性接近分离状态中。例如，水表上就是利用计数器齿轮轴的转动，带动一个小磁块，周期性的接近固定安装的干簧管，使之开、闭。有一种自行车公里计，就是在轮胎上粘上磁铁，在一旁固定上干簧管构成的。把干簧管装在门上，可作为开门时的报警用。也可作为开关使用。

干簧管在家电、汽车、通信、工业、医疗、安防等领域得到了广泛的应用。除此之外，还可应用于其他在传感器及电子器件，如液位计、门磁、干簧继电器等。

（2）磁感应元件

磁感应元件有磁阻传感器、霍尔传感器、磁阻开关等，都是由一个磁性元件和一个磁敏元件组成。工作原理也都是由一个磁性体，通过接近和远离磁感应元件或改变二者磁极性相对状态，触发磁感应元件。如图 7-14。

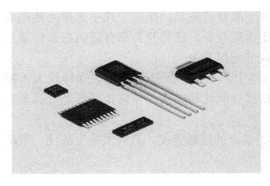

图 7-14　磁感应元件

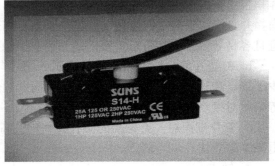

图 7-15　微动开关

1）磁阻感应器

1857 年，人们发现将一个铁块放在磁场中，注意到铁块的电阻发生了微弱变化，由此发现了磁阻效应。但直到 100 多年后的 1971 年，才又第一次提出了磁阻（MR）传感器的概念。又经过 20 年，到了 1991 年，IBM 公司在硬盘驱动器中引入了第一个 MR 头，使用一条磁阻材料来检测位数。此前，MR 传感器只是用于要求不高的价格标签和标记阅读器（只读）及磁带应用中（1985 年）。

2）霍尔传感器

金属或半导体薄片置于磁场中，当有电流流过时，在垂直于磁场和电流的方向上将产生电动势，这种物理现象称为霍尔效应。具有这种效应的元件称为霍尔元件，根据霍尔效应，霍尔电势 $UH = KHIB$，当保持霍尔元件的控制电流恒定，而使霍尔元件在一个均匀梯度的磁场中沿水平方向移动，则输出的霍尔电动势为 $UH = kx$，式中 k 为位移传感器的灵敏度。这样它就可以用来测量位移。霍尔电动势的极性表示了元件的方向。磁场梯度越大，灵敏度越高；磁场梯度越均匀，输出线性度就越好。

远传水表上把磁块固定在转动的指针上，磁感应元件置在表玻璃上或其它能被磁感应的位置，就是磁感应传感器应用实例之一。按图 7-16 所示的各种方法设置磁体，将磁感应传感器放置在不同位置。磁感应传感器电路通电后，磁体每靠近磁感应传感器一次，便输出一个脉冲。实现了对旋转运动和电信号的转换。如图 7-16 所示：

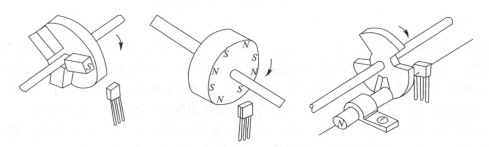

图 7-16　霍尔传感器工作原理

（3）机械微型开关

微动开关是具有微小接点间隔和快动机构，用规定的行程和规定的力进行开关动作的接点机构，用外壳覆盖，其外部有驱动杆的一种开关，因为其开关的触点间距比较小，故名微动开关，又叫灵敏开关，见图 7-15。

微动开关一般以无辅助按压附件为基本型式，并且派生出小行程式、大行程式。根据需要可加入不同辅助按压辅件，根据加入的不同的按压辅件开关可分为按钮式、簧片滚轮式、杠杆滚轮式等各种形式。

微动开关在需频繁换接电路的设备中进行自动控制及安全保护等，广泛应用在电子设备、仪器仪表、矿山、电力系统、家用电器、电器设备，以及航天、航空、舰船、导弹、坦克等军事领域，已经广泛应用于以上领域，开关虽小，但起着不可替代的作用。

目前国内市面上的微动开关根据使用要求的不同，开关的机械寿命有 3 万次至 1000 万次不等，一般有 10 万、20 万、50 万、100 万次、300 万次、500 万次、800 万次，国内一般使用铍青铜、锡青铜、不锈钢丝做簧片，国外的 ALPS 最高可以做到 1000 万次，他们的簧片是用稀有金属钛做成的。国内的最高也可以到达 1000 万次。

由于微动开关是机械式触动，触动时要有一定的力量，在水表上使用时会对水表转动产生一定阻力。较少使用。几种传感器特性对比见表 7-1：

表 7-1 几种传感器性能比较表

项目	磁传感器（MR SENSOR）	干簧管	机械开关
尺寸	小型封装	较大	较大
脉冲	磁滞作用保证信号的稳定性	可能受振动影响	可能受振动影响
可靠性	无使用限制	过多的接触可能导致失效	过多的接触可能导致失效
寿命	半永久性	几百万次或几年	几百万次
碰撞影响	防碰撞能力强	碰撞容易损坏	防碰撞能力强
灵敏度	狭窄的灵敏度分布	灵敏度取决于玻璃管尺寸	
磁体	标准尺寸磁体，灵敏度高	灵敏度不稳定，需要大尺寸磁体	不要磁体
误动作	安装不正确可能失效	磁场残留可能导致失效	接触开关沾染上灰尘可能导致失效
安装空间	较小的安装空间	较大的安装空间	较大的安装空间

（4）编码传感器

编码式传感器是一种非标传感器，是水表行业专门为把字轮组读数转化为数字信号而设计的一种传感器。如图 7-17：

编码式传感器基本工作原理都是通过检测字轮转动到不同角度，来确定字轮所表示的数字。根据检测方式来分，有三种型式：电阻式、触点式、光电式。

1）电阻式

电阻式工作原理是在字轮两侧支架上，设置有一圈电阻，字轮上安装有触片，当字轮转动到不同角度时，触片和不同位置电阻接触，从而显示出不同阻值。类似于可变电阻，标定好各阻值区间表示的数字，从而完成字轮读数的数字化转换。如图 7-18。

图 7-17 编码传感器

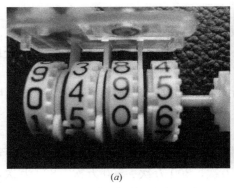 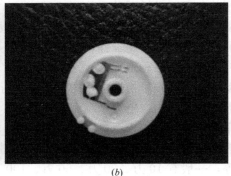

(a)　　　　　　　　　　　　　　(b)

图 7-18　电阻式编码传感器

(a) 支架和字轮；(b) 字轮

优缺点：

① 优点是应用成熟，平时可不通电，只要抄读水表时，瞬间通电即可。

② 缺点是阻值随时间会有漂移，尤其是在相邻边界区间阻值，影响判断精确。

③ 字轮和支架都要浸泡在含水液体介质中，介质成分不同影响阻值。

此种传感器已少有使用。

2）触点式

触点式工作原理是在字轮支架上，在字轮侧覆盖区域环形布局 10 个扇形区，每个扇形区对应字轮上一个数字。字轮转动到某一个角度时，字轮上的触点和某一个扇区接触，使电路导通。从而判断字轮读数。如图 7-19。

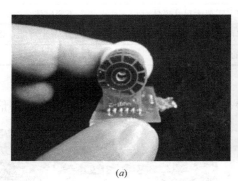 

(a)　　　　　　　　　　　　　　(b)

图 7-19　触点式编码传感器

(a) 支架；(b) 字轮

优缺点：

① 结构简单，读数精确。

② 接触部分采用镀金工艺，抗氧化性能好。

③ 缺点是触点弹片和支架接触，产生一定的摩擦力，影响水表的灵敏度。

④ 字轮和支架都要浸泡在含水液体中，对线路部分的封装提出很高要求，封装不好造成局部断路，影响读数。

3）光电式

光电式工作原理是在字轮支架上对应字轮侧一定半径环形区域均匀安装一组光电管（通常有 5 对光电管），字轮以轴为中心的同半径环形区域，开有非均匀分布的不同大小的扇形透明槽。字轮在转动到某一角度时，使光电管全通电，光电管发射一束光，处于透明槽位置的光电接收管接收到光导通，而不处于透明槽处的光电接收管接收不到光，而处于关闭。扇形槽按一定规律排布，和均匀分布的一组光电管形成一定的组合，确保光电管在字轮任何位置，形成 2^5 状态，我们通过判断这组光电管开闭状态来读出字轮读数。见图 7-20。

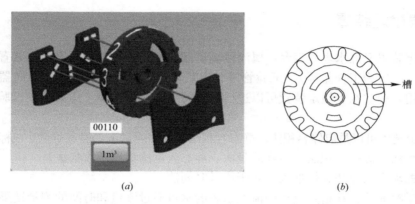

(a)   (b)

图 7-20　光电式编码传感器

(a) 原理示意；(b) 字轮

优缺点：

① 光电式技术先进，读数可靠，得到市场广泛认可。

② 电路板及光电管可以不在液封介质中，大大提高电子器件工作可靠性。

③ 随着电子元件的小型化，高灵敏性。制造工艺更容易实现。

④ 缺点是水表使用长时间后，水质、灰尘、环境变化后可能影响透光效果。

第 8 章　水表检测设备

水表的检测设备包括水表检定装置、耐压台、差压计、加速磨损试验装置和通用量具等。智能水表的检测根据其产品功能增加相应的检测工具。

8.1　水表检定装置

水表检定装置又称水表校表台，属液体流量标准装置的一种。水表检定装置的主要组成有标准器（一般为工作量器）、试验管段、夹紧器、瞬时流量指示计、换向器（大口径水表装置配用）等。水表检定装置可以进行水表的示值误差试验、压力损失试验、密封性试验。

水表检定装置可以是启停容积法、静态容积法、启停质量法、静态质量法或标准表法。

启停容积法、静态容积法、启停质量法、静态质量法都属于收集法。

活塞式配动态摄像法、标准表法属于流量时间法。

注：流量时间法：在检定过程中流经水表的水量通过流量和时间的测量结果来确定。

（1）水表检定装置分类

1）按标准器形式

水表检定装置可分为容积式、称量式、标准表式和活塞式。目前我国大多数的冷水水表的检定装置为容积式，其余形式由于效率高越来越多被采用。而热水水表检定装置考虑到安全性和介质密度变化，采用称量法和标准表法的居多。

2）按管径覆盖范围

水表检定装置一般划分为 DN（15～25）、DN（40～50）、DN（80～300）。与管径覆盖范围配套的装置整体尺寸、标准器和瞬时流量计的配置等有相应的不同，其中 $DN80$ 以上的装置还需配置换向器。

3）按用途

一般分为性能测试型、生产校验型和建标检定型。

4）按功能

有附加定值装置（到设定水位时自动关闭进水阀）的检定装置、电脑自动控制型（这同时要求水表有电信号输出，或用适当的传感器读取水表读数，标准器可以是有电信号输出的衡器或工作量器）、双表比对型装置等。

水表检定装置分类配备见表 8-1。

（2）装置的结构组成

检定水表的方法最基本的是收集法，即将流过水表的水集中到标准容器内读数并计算比较。水表检定装置是根据水表的准确度等级、流量范围和安装特点而设计的专用水流量标准装置。水表检定装置的检定按 JJG 1113—2015《水表检定装置检定规程》的要求和规定进行。水表检定装置由如下主要结构组成。

表 8-1 水表检定装置分类配备常见情况

型式规格		用途	压力表温度计	直管段、取压口	标准器	换向器	流量范围、瞬时流量指示器
容积法 DN15～DN25		性能测试型	有	满足被检表要求、有取压口	配置量筒 10、20、100L	无	(4～8000) L/h。常用 LZB 型 15、25、50 三台玻璃转子流量计
		生产校验型		满足被检表要求、无取压口	配置量筒 15、10、100L	无	同上
容积法 DN40～DN50		性能测试型	有	满足被检表要求、有取压口	配置量筒 20、100、500L	无	(4～40000) L/h。常用 LZB 型 15、25、50、100 四台玻璃转子流量计
		生产校验型		满足被检表要求、无取压口	配置量筒 20、100、500L	无	同上
容积法 DN80～DN300		性能测试型	有	满足被检表要求、有取压口	配置量筒 20、100、200、500、1000、2000、5000、10000L	有	(4～1600000) L/h。常用 LZB 型 15、50、80、100 玻璃转子流量计和分流转子流量计或电磁流量计
		生产校验型		满足被检表要求、无取压口	同上	有	同上
比较法 DN80～DN300		通用	有	满足被检表要求、有取压口	无量筒	无	标准表显示
质量法 DN15～DN200		通用	有	满足被检表要求、有取压口	电子秤	有	转子流量计或标准表显示
流量时间法 DN15～DN25		通用	有	满足被检表要求、无取压口	无量筒	无	活塞式（能起到增压泵、稳压罐、转子流量计、量筒的作用）

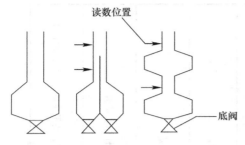

图 8-1　各种标准容器的结构示意图

1）标准器

容积法水表检定装置的标准器为三等工作量器，准确度在（0.05～0.1）%．一般为缩颈式结构。对工作量器一般可按《标准金属量器检定规程》JJG 259—2005 进行检定。量器采用缩颈式结构是为了提高量器中的水容积的计数分辨率。为增加量器的量限，较多的还采用了葫芦型或隔板型，以减少量器数量和占地面积。图 8-1 为各种标准容器的结构示意图。现在多数在显示部位安装液位传感器，指挥关闭出水阀。

标准表法水表检定装置采用准确度较高的标准表，如电磁流量计等。流过水表的体积量通过标准表记录。该结构占地空间小，数据采集自动化高。

称量（质量）法水表检定装置是用衡器作为标准器。一般的衡器现在可以选用电子衡器。这样的装置有量器少、量限设定范围大、可提高小流量点下的检定效率。电子衡器有电信号输出，有利于实现检定工作自动化。

2）换向器

在水表公称口径≥80 时，水表检定装置应加装换向器。换向装置一般采用带记忆的双线圈气动电磁阀，试验在水表起止读数时，同步切换水流，使通过水表的流量在试验期间始终恒定在选定的流量值上，防止试验过程中，由于开启和关闭阀门造成流量变化所引起的误差。换向器的工作过程可见图 8-2。对大口径水表检定装置，大部分情况并不安装计时传感器，且在到达水表起始整数位的瞬时就换向。这样 A 和 B 两点就是开始切换水流和同步读数的时刻，试验时间为 AB 所代表的时间长度。（对水流量标准装置，计时传感器一般安装在换向器行程的几何中点附近，这样其计时时刻就为 A_1 和 B_1。试验时间为 A_1B_1 长，这是比较合适的。）如果 A 至 A_2 的换进流量变化能抵消 B 至 B_2 换出流量变化，或者换向过程 A 至 A_2，B 至 B_2 非常短，则这样换向开启和关闭阀门造成流量变化所引起的误差就小。因此设计和调试时，应使行程差尽量小（一般控制在 20ms 内），行程时间尽量短。

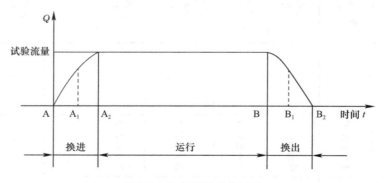

图 8-2　换向器的工作过程

换向器一般分开式换向器与闭式换向器。开式换向器（接水端动）一般用适当行程的挡板或导流车装置，承接试验管道出口的水流换向，特点是不与试验管道直接连接，避免换向过程中的冲击振动对试验管道中的仪表产生影响，但体积较大。闭式换向器（出水端动）结构紧凑，一般采用活塞结构，直接与试验管道出口端法兰相连，换向工作时的振动对试验管道有一定影响，可以通过安装扰性接头等措施来减弱这种影响。

检定时为解决人工读取水表示值产生的误差可以采用：

① 摄像法，在水表度盘上方安装一摄像系统，并与换向器系统的光电传感器相连，换向器在运动过程中经过发讯标杆时，由光电传感器发出信号触发摄像系统，拍摄下当时水表的读数影像，这样读出水表检定起止时的读数；

② 双时间法，采用两台计时器，同步测量水流量标准装置和水表在检定过程中的时间，用比较瞬时流量而得出水表的误差，也避免由换向器不规则动作引入的误差。

3）瞬时流量指示计

水表检定装置上配用的瞬时流量指示计按国家检定规程的要求，其示值误差应不超过测量值的 2.5%。水表的流量范围在流量计中是比较宽的。考虑了瞬时流量计的流量范围、组合数量、安装体积的小巧紧凑、价格、指示值的直观性、是否用电源等因素，国内一般采用玻璃转子流量计作为水表检定装置的瞬时流量指示计。

用透明管道的玻璃转子流量计还可以观察水中是否含有气泡。用其他流量计作瞬时流量指示的还应在装置的试验管道系统某个位置安装一透明管或透视窗。玻璃转子流量计的主要测量元件为垂直安装的锥形玻璃管及在其内部上下浮动的转子。转子流量计又称变面积式流量计或恒差压流量计，当水流自下而上流经玻璃转子流量计的锥形玻璃管时，在转子的上下产生差压，当转子上升到与实际流量相对应的高度时，该差压值与转子的重量、浮力相平衡。当流量增大或减小时，转子就往上或下移动，其与锥形管之间的环形面积（即流通面积）变大或变小，调整差压值，达到新的平衡。因此，流经转子流量计的流量与转子的高度存在对应关系。转子流量计的准确度由标定装置准确度、读数分辨率、锥形管锥度、介质状态参数等因素决定。对于介质为水的转子流量计，其准确度与水的密度和黏度有关，而水的温度变化会引起这两个参数的变化。不过在许多测量要求不高的场合，省去对转子流量计进口处的温度测量和相应的示值修正，简化了测量工作，也未对实际结果产生影响。

转子流量计的形状可能多种多样，其示值读数要注意一个原则，即应读取转子面积最大处所对应的刻度。图 8-3 为几种典型的转子形状及读数位置图。

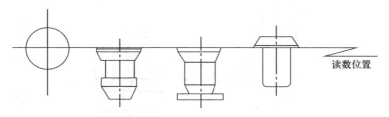

读数位置

图 8-3 转子形状及读数位置图

转子流量计的示值误差及准确度一般采用引用误差，即用满量程值误差（%FS）来表示。这类仪表在接近满量程的部分，其实际误差较小、准确度较高，而在量程的较低区域，仪表的实际准确度较低。水表检定装置配套使用的玻璃转子流量计是一种专用流量计，其流量点的选取和标定均按各种规格的水表的特性流量点，其误差计算按相对误差进行计算。尽管如此，玻璃转子流量计的准确度等级在低量程部分受分辨力影响增大，加上不对水温因素影响进行修正，因此在全部流量范围和温度范围（水表的介质工作温度范围）达到相对误差在±2.5％内的要求是不容易达到的。这样，对水表的最小流量的测量有时并不可靠。

大口径水表检定装置所用的大流量瞬时流量指示计还可用分流玻璃转子流量计、电磁流量计、旋涡流量计等。

4）试验段和夹表器

水表检定装置的试验段是根据水表的整体长度和连接方式而设计的。有些水表检定装置为了更换不同管径试验管道的方便（尤其是口径 80mm 以上的装置）。在设计制造时，将这些管道全部安置在一个转盘上，通过小电机或手工进行更换。

水表检定装置的夹表器装置一般采用单缸活塞机构，行程长度一般在（50～200）mm，可采用液动或气动。

5）压力损失试验装置

在配置了稳定的供水系统、合适准确度和量程范围的差压计后，压力损失试验就可在水表检定装置上进行。

一些单位在水表检定装置的上下游直管段的取压孔上安装二台压力表，分别读取试验时水表的上游压力和下游压力，继而计算出压力损失值，这种方法不可靠，一是由于水源的压力波动和水表运动产生的压力波动使得要同时读取上下游的压力表值比较困难，二是因为压力表的量程和分辨率达不到测量压力损失的准确度要求。

在水表国家标准 GB/T 778.2—2018 上，测量压力损失时，对取压孔相对于被试水表的位置和取压孔的规格尺寸都有具体的规定要求，详见相关标准章节。

6）管路稳压系统

水表的示值误差应该在流量稳定的条件下进行测量。稳压水源是保证这种稳定的重要条件，国内目前主要用变频泵配稳压罐或水塔（又称高位水箱）稳压。见图 8-4 和图 8-5。

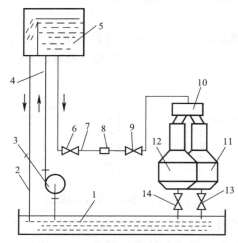

图 8-4　水塔稳压机构及管路稳压系统

1—水池；2—溢流管；3—水泵；4—上水管；5—溢流水箱；

6—出水阀；7—试验管道；8—被检水表；9—流量调节阀；

10—换向器；11、12—工作量器；13、14—底阀

水塔稳压法，是一种高位恒水头的方法。一定高度和容积的高位水箱可以保证试验所需的压力和流量。水箱一般采用溢流结构，以保持水箱的水面平稳和液位高度的恒定，从而保证供水压力和流量的稳定。图 8-4 是一种典型的水塔稳压结构示意图。水塔法的优点是水压稳，比较经典，试验时各管道互不干扰，但最大流速较小、相对造价高，在城市中还受到高建筑物的有关限制。

变频泵配稳压罐法越来越多被企业、检定站等单位采用。图 8-5 是变频泵配稳压罐法水表检定装置系统示意图。稳压罐由阻尼结构、罐体、水位管、压力表、进出水管和阀组成。稳压罐下部为进出水，上部为压缩空气，内外部结构见图 8-6。用由水泵或自来水水源的水流，经阻尼网和罐体上部的空气部分的缓冲，消除了水流的脉动，从而达到稳压和稳流的效果。稳压罐的设计、制造和使用应注意几点：

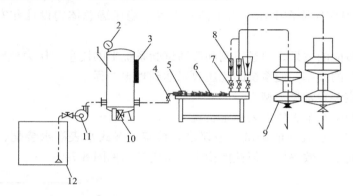

图 8-5 变频泵配稳压罐法检定装置系统示意图

1—稳压容器；2—压力表；3—液位管；4—装置进水阀；5—夹紧器；6—串联试验段；
7—流量调节阀；8—瞬时流量指示计；9—工作量器；10—稳压罐排污阀；11—变频水泵；12—水池

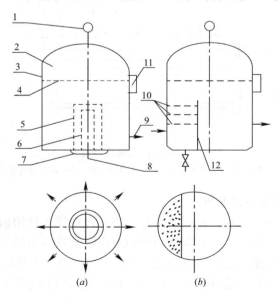

图 8-6 稳压罐内外部结构示意图

1—压力表；2—气体；3—稳压罐；4—自来水；5—外管；6—内管；
7—法兰；8—进水管；9—出水管；10—阻尼网板；11—水位管；12—隔板

① 通常工作压力下的气水容积比大体一定，一般为 1：2～1：3 左右，罐内水面到出水管的距离应大于 10 倍的出水管直径；

② 稳压罐的进出水管的设置应有足够距离，尽可能地防止进水的动能干扰出水压力的稳定；

③ 若多台水表检定装置合用一只稳压罐，则稳压罐的容积和进水管应足够大，以保证多台装置同时在常用流量（或过载流量）下使用时，能够达到流量及其稳定性要求．并在各出水口分别设置限流孔板，以消除各装置在操作时所引起的相互间压力干扰，防止和减少由此而造成的误差；

④ 多层阻尼孔的孔径和数量，应尽可能防止直通，这样有利于减小水流动能的冲击干扰；

⑤ 罐体的壁厚应保证在工作压力下的安全性，稳压罐总体的设计和安装应考虑便于维修和清洗。

变频设备有节能的效果。通过监测和反馈试验系统中的流量、压力或转速变化，由变频器自动调节供电的频率，使系统的稳压效果达到理想的程度。

（3）水表检定装置常见类型

1）DN15～DN50 单表位水表检定装置

该装置主要用于水表性能调试、争议水表检定、湿式水表灌水装配、台位比对基准等，该装置结构简单、效率低，但性能稳定。常用结构见图 8-7。

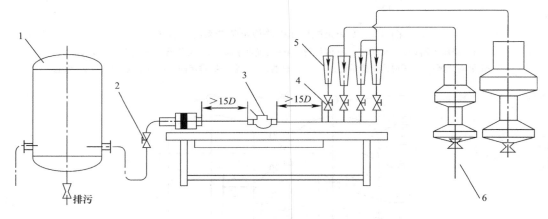

图 8-7　单表位水表检定装置

1—稳压容器；2—装置进水阀；3—被检水表；4—流量调节阀；5—瞬时流量指示计；6—工作量器

2）串联（多表）水表检定装置

该装置主要用于水表厂生产、检定站首检。串联台在投入使用前应与单台位比对，得出每个表位的台位差，进行评定。后期使用中如对串联装置得出的结果有争议，应在单台位上复检，并以单台位数据为准。目前有图 8-8 人工读表型（配量筒）、图 8-9 静态摄像型（配量筒）、图 8-10（a、b）光电读表型（配电子秤）、图 8-11 国产活塞式、图 8-12 进口活塞式、图 8-13（a、b）动态摄像型（配电子秤）、图 8-14 标准表法、图 8-15 圆盘式大表检定装置。

图 8-8 人工读表型

图 8-9 静态摄像型

(a)

(b)

图 8-10 光电读表型

图 8-11 国产活塞式

图 8-12 进口活塞式

(a)

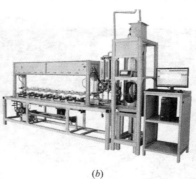

(b)

图 8-13 动态摄像配电子秤

图 8-14　标准表法（更换管道型式）

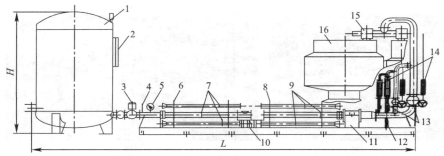

1—稳压罐；2—液位计；3—出水阀；4—水温计；5—压力表；6、8—转盘；7、9—试验管；10—试验段托架；
11—夹紧器；12—回水管路；13—流量调节阀；14—瞬时流量指示计；15—换向器；16—工作量器

图 8-15　圆盘式大表检定装置

控制系统多采用电脑软件并配备操作台，见图 8-16 操控台，图 8-17 软件界面图示。

图 8-16　操控台

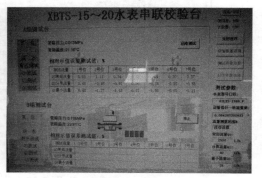

图 8-17　软件界面图示

3）在线检定（或称使用中的检验）可用标准表法进行检定，所用试验设备为标准表类的现场校验仪，也可用三等标准金属量器或相应等级的衡器进行校准。目前这方面使用的器具标准有《便携式水表校验仪》GB/T 25918—2010。

也有用超声波流量计进行大表在线检定，这要在安装水表时设计好在线检定条件，如标准直管等。

4）热水水表检定装置

热水水表检定装置由水池、加热器、水泵、消气装置、试验段、标准流量计、电子衡器和操作系统所组成，水箱、试验管道和衡器筒都用保温材料覆盖以保证试验水温的稳定和节约能耗。试验管道（15～300）mm，实际试验温度控制在50℃±10℃范围，变化不超过5℃。热水水表检定装置目前在国内还较少。

（4）检定装置量值溯源和故障排除

检定装置量值溯源常采用向当地政府计量技术部门如计量所（院）申请，作为强检计量器具目前规定是免费检定，但要按当地质监部门规定的申报流程办理。目前执行的检定规程有：

①《水表检定装置检定规程》JJG 1113—2015；

② 热水表检定执行《热水水表检定规程》JJG 686—2015；

③《液体流量标准装置检定规程》JJG 164—2000；

④《标准表法流量标准装置检定规程》JJG 643—2003。

作为检定装置使用者，应能掌握如何自行评定或校准装置准确程度，判定是否能用。常用判定方法有：

① 期间核查法，详见本篇11.2技术文件和质量管理文件编制内容；

② 使用二等标准金属量器，测量装置容器。如是电子秤，可用自备砝码称量；

③ 转子流量计上流量点，可以用秒表计时与量筒水量测算出流量计上标识是否超过2.5%。

检定装置使用中常见故障及排除方法见表8-2。

表8-2　检定装置使用中常见故障及排除方法

序号	常见故障	排除方法
1	夹紧接头漏水	更换老化或变形密封圈；夹头内孔偏小，改大；调整大表同心度或密封垫厚度；旧表进出水端修平整
2	底阀漏水	清除量筒出水口异物；更换密封圈；换阀
3	换向器往复不一致	排除空气换向阀故障；排除换向器密封圈故障；排除电器开关和线路板故障；排除换向器机械故障；更换成带记忆的双线圈气动电磁阀
4	手动流量调节阀关不紧	收紧间隙；更换阀芯或全部
5	电磁水阀关不紧	打开清洗；更换为气动阀
6	夹紧缸不伸缩	拆开上油；平时经常启用；用管子钳转动或敲击振动
7	量筒上标尺看不清楚	安装照明；更新标尺；自动采集水位
8	流量计浮子卡住	避免通水排气时开启太快；用木锤轻敲振落；拆开出水端捅下

序号	常见故障	排除方法
9	水压波动较大	解决稳压管气垫高度不够；解决稳压管体积偏小；减少同时段用水装置用水；变频增压
10	流量达不到需要值	排除增压系统问题；减少同时段用水装置用水
11	转子流量计玻璃生青苔	不让其有太阳直射；不工作时放空水；有青苔妨碍工作时用草酸清洗掉（在 100kg 水加 1kg 草酸溶液中浸泡 24 小时）
12	试压管路系统漏水（承受不住增压）	检查所有密封圈是否失效；检查液压换向阀故障；检查所有球阀是否有漏水；铝合金阀更换成铜阀
13	底阀、夹紧缸用开关阀漏水、偏紧、不工作	上黄油；紧压盖；换密封圈；通水路；更换新的或换型号
14	液位传感器出故障	排除传感器故障；排除控制器故障；更新；换摄像式
15	电脑软件发出指令不工作	排除硬件控制器故障；排除串口卡故障

8.2 水表试验装置

水表试验装置通常有：耐压试验、加速磨损试验。另外也有配备：压力损失试验、模拟使用试验、疲劳试验、流速场不规则试验、磁干扰试验、振动试验等。

（1）耐压试验装置

水表的耐压试验设备通常称为水表耐压台，是用于水压强度试验（又称压力试验）和密封性试验的装置，也是对湿式水表的钢化玻璃和水表外壳的性能检验装置。水表的耐压试验设备主要由夹紧装置、增压机构、压力显示仪表、计时器、控制阀等组成。耐压试验设备有时与水表检定装置（单台式或串联式）合二为一，方便操作，节省试验装置数量和占地面积。

夹表装置分立式和卧式两种，其外形如图 8-18（a、b）所示。（a）图是立式大表试压台，（b）图是卧式小表试压台示意图，一般采用液压传动。小表通常采用水源水经活塞缸加压把水表夹紧，大表采用电动或手动液压把水表夹紧。

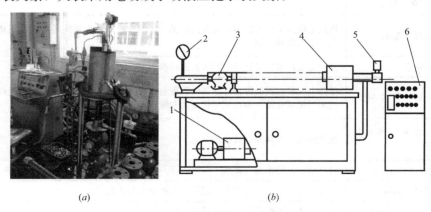

(a)　　　　　　　　　　　　　　(b)

图 8-18　耐压装置结构示意图

1—增压缸；2—压力表；3—被试压水表；4—夹紧缸；5—电磁阀；6—控制箱

　　增压机构是利用液体不易压缩的性质和静压力的传递原理，采用增压活塞缸，为装置提供试验所需的压力，增压机构也有用电动泵或手摇泵的。对于小口径水表，由于试验系统本身体积较小，直接用水源水压通过活塞缸径变化实现增压。

　　夹表接头一般可换，以适应不同口径和长度的水表。

　　压力指示仪采用准确度等级 1.6 级、测量范围（0～2.5）MPa 的压力表。其管路系统的承压能力应达试压压力的 2 倍以上。

　　计时器用来指示试验时间，一般可用机械秒表或电子秒表，也有计时器与自动试压系统配合使用的。

　　注意：由于有些电动试压泵产生的压力为脉动压力，所以一般不宜直接用这类设备进行水表的密封性试验。

　　（2）水表加速磨损试验装置

　　该装置由供水系统、管道系统和控制系统组成。供水系统由水源、水泵等组成。管道系统由截止阀、夹紧装置、连接管道、温度计、压力表、流量调节阀和瞬时流量指示计等组成。被测水表可采用串联、并联或串并联混合方式。控制系统包括持续时间控制装置、流量止通阀，周期计数器和计时器等，主要为断续流量试验服务，用来记录试验时间、开关阀试验周期数和总的排水量。

　　断续流量试验时，要进行 10 万个周期的通水与停水，单个周期的试验过程由图 8-19 表示。每个周期的通和停由专门的止通阀控制，标准和型评规定，阀门开启和关闭的时间不得少于 1s，以防止产生水锤现象，并尽可能地模拟水表在实际使用过程中的情况。

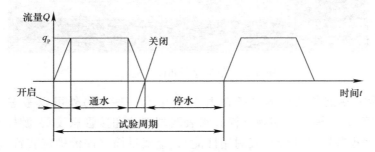

图 8-19　断续流量试验过程示意图

　　大口径水表的加速磨损试验耗水量或耗电量比较大，考虑到经济性，除了在加速磨损试验装置上试验外，也有在合适的水表使用场所进行安装试验的做法，如安装在供水系统的进水或出水管路上，而总的试验水排放量仍符合标准和规程的要求。

8.3　零部件测试器具

　　（1）电子装置测试器具

　　带电子装置（主要是预付费水表类的智能水表、带信号输出和附加装置的水表用）的测试器具还需要电参数测试仪表、电控阀试验设备、卡座试验装置、电磁兼容性试验设备、环境试验设备、电压调压器、磁性干扰器等。用于测量 IC 卡水表还有相应的软件系统等测试器具。

用于机电转换信号检测的电路通断检测仪（传感器生产单位自制），可以显示通断先后次序，图8-20。也有的还可以显示周期数，图8-21。更科学的可以显示每次通或断在360°内占比量。测量接线要按色标相同对接。驱动水表转动可以是检表时通水，也可以是气动。

图8-20　信号通断检测仪

（2）通用量具

对各零部件的加工质量进行验收，对装配质量进行控制。根据水表的生产工艺，需要的检验量具有：外径千分尺、内径千分尺、游标卡尺、高度尺、深度尺、电子秤、环规、塞规、螺纹环塞规、齿轮跳动仪、投影仪（检查齿形）、万能工具显微镜、橡胶硬度计、专用量具等。用于整机试验的设备也可用于水表部分相关部件的检测，如检测水表玻璃的耐压台、检测齿轮材料的耐磨性的加速磨损装置、调校水表装配流量误差性能的水表检定装置。对磁钢充磁的控制和对材料（水表所用的球铁、铜、工程塑料等）的分析还需专门的检测分析设备。

图8-21　信号通断和计数检测仪

作为水表检定站配备的检测设备在表11-1中有一些，另外可以考虑配有：电子秤（检验接管和接管帽）、螺纹环塞规（检验水表两端螺纹和接管螺纹）、游标卡尺（检验水表长度）、加速磨损装置（评价水表耐用性能）、金属量筒（评价检定装置量筒）。这些项目在水表检定规程中没有要求，但对质量控制能起到较重要作用。

第9章 水表零件成型与检验

水表零件的材料主要有金属件和塑料件二大类，金属件主要用做承压件，如壳体、罩子、接管等；塑料件主要用做非承压的内部结构件、运动部件。我们在此主要介绍塑料件成型。

9.1 塑料零件成型加工

（1）塑料制品的基本性能

① 优异的电绝缘性能 几乎所有熟料都具有优异的电绝缘性能，如极小的介电损耗和优良的耐电弧特性及较高的电阻率。

② 优良的化学稳定性 一般塑料对酸碱等化学药品均有良好的耐腐蚀能力，特别是聚四氟乙烯的耐化学腐蚀性比黄金还要好，甚至能耐"王水"等强腐蚀性电解质的腐蚀。

③ 耐磨 绝大多数塑料的摩擦系数小，耐磨性好，具有消音和减振作用。许多工程塑料制造的耐磨零件如齿轮、轴承都是利用了塑料的这个特性。

④ 透光和防护性能 多数塑料都可制成透明和半透明制品，其中聚苯乙烯、聚碳酸酯的透光率可达88%～92%，接近于玻璃。

⑤ 成型加工容易 塑料制品成型加工容易，制品繁多，可制成具有一定机械强度或柔软轻盈及透明的各种制品。

⑥ 缺点：塑料也有其不足之处。如耐热性较低，一般塑料仅能在100℃以下使用，少数塑料可在200℃左右使用，塑料的热膨胀系数比金属大3～8倍，容易受温度变化而影响尺寸的稳定。塑料的蠕变值较大，在载荷作用下塑料会缓慢地产生黏性流动或变形，塑料的导热性能也较差，导热系数只有金属的1/200～1/600，不易散热，但可作隔热材料，另外塑料在日光、大气、长期机械作用下会发生老化、变色、开裂现象等等。

（2）塑料制品成型工艺

塑料零件成型加工是一门工程技术专业的总称，所涉及的内容是将塑料材料转变为塑料制品的各种工艺和过程。塑料制品成型加工主要由成型、机械加工、修饰和装配四个连续过程组成。见图9-1。

1）成型是将各种形态的塑料（粉料、粒料、分散体、溶液等）制成所需形状的制品或型坯的过程，它在四个过程中最为重要，是塑料制品成型的必经的过程，成型的方法很多如挤出、注射、压延成型等。

2）机械加工是指在成型之后的制品进行钻孔、车削、攻螺纹等，它是用来完成成型过程中不能完成或完成不够准确的一些工作。

3）修饰的目的是美化塑料制品的表面或外观，也可以达到其他目的。如提高制品的介电性能、导电性能、表面的光洁度等。

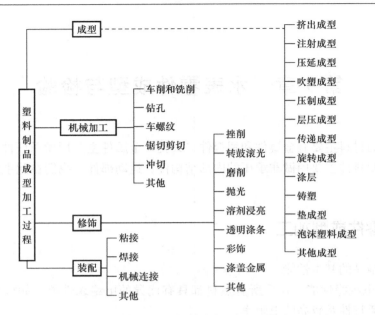

图 9-1　塑料制品成型加工

4）装配是将已经完成的零件连接或装配成一个完整部件或制品的过程。

（3）注射成型工艺过程

注射成型工艺过程包括成型前的准备，注射成型过程及制件的后处理。

1）原材料的预处理

① 原材料检验　原材料检验有三个方面：一是所用原料是否正确（品种、规格、牌号等）；二是外观（色泽、颗粒大小及匀称性、有无杂质等）；三是溶体指数、流动性、热稳定性、含水指标等。

② 染色和造粒　原色染色：对注射产品有颜色要求的，可加适量的色母料，也可加适量的染料，按一定比例搅匀。但柱塞式注射机应进行造粒染色后再使用，否则制品颜色不均匀。

③ 粒料的干燥　因塑料原料所含水会使制品出现银丝斑纹和气泡等缺陷，严重时会使高分子分解。对易吸湿的塑料如聚碳酸酯、聚酰胺、聚甲基丙烯酸甲酯等，成型前对这些料必须进行干燥。聚苯乙烯及 ABS 等，虽吸湿性不强，但一般也要干燥处理。聚乙烯、聚丙烯、聚甲醛等，只要贮存、包装良好，一般可不予干燥处理。

2）料筒的清洗　在生产中改变粒料品种，调换颜色或料筒内发生塑料分解时，都需要清洗料筒。

螺杆式注射机料筒的清洗通常采用直接换料清洗，一般采用加热料筒清洗法，清洗料常用易换塑料原料或料筒清洗剂加入塑形化，然后进行对空注射来清洗料筒。

3）嵌件的预热　有些塑料制品中设置有金属嵌件，为确保制品质量，嵌件应在110℃～150℃温度范围内预热，对带有电镀层的嵌件，其预热温度应以不损伤镀层为限，经预热的嵌件在成型前放置在模具内相应的位置上。

4）脱模剂的选用　脱模剂是使塑料制件轻易从模具中脱出而涂在模具成型表面上的一种助剂。常用的有硬脂酸锌、白油和硅油。

除聚酰胺外，一般塑料均可使用硬脂锌。白油作为聚酰胺脱模剂效果较好。硅油润滑效果好，但价格高，使用复杂，需要配制成甲苯溶液，涂抹在模腔表面，经加热干燥后方能显示优良的效果。无论使用哪种脱模剂都应适量，过少没有脱模效果；过多或涂抹不均会使制品透明度下降，制品混浊、出现毛斑。

（4）注塑成型过程

注射成型全过程可以用图 9-2 来简单表示。

图 9-2　注塑成型过程

注射成型过程表面上看有加料、塑化、充模保压、冷却和脱模等几个步骤。但实质上只是塑化、注射和模塑三个过程。

1) 塑化　塑化是注塑模、模塑的准备过程，该过程是指加入料斗的料粒，进入已加热到预定温度的料筒，经过螺杆旋转（或柱塞推挤）输运，在一定的预塑压下，熔融型化定量（足够充满模腔）的熔化均匀的物料注射使用。其塑化质量（塑化均匀性，良好的流动性）和预塑化量取决于料筒温度、喷嘴温度、螺杆转速、预塑背压、计量装置计量等。

2) 注塑、塑化良好的熔体在螺杆或柱塞推挤下注入模具的过程称为注射。熔体自料桶注射入模腔需要克服一系列的流动阻力，即熔体与料筒、喷嘴，浇注系统和模腔的外摩擦及熔体的内摩擦。同时还要对熔体进行压实，因此所用注射压力很高。

3) 模塑　该过程从塑料熔体进入模具开始，经过熔体被注满型腔，熔体在控制条件下冷却定型，直至制件从模腔中脱出为止称模塑。

模塑过程可分为充模、压实、倒流和浇口冻结后的冷却四个阶段。在此过程中，塑料熔体的温度将不断下降。

① 充模阶段：从柱塞或螺栓开始向前移动起到塑料熔体充满模腔为止，压力从零达到最大值，充模压力与充模时间有关，充模时间长（慢速充模），需要较高充模压力，反之所需压力较低。

② 压实（保压）阶段：从熔体充满模腔起到柱塞或螺料退回为止。这段时间，熔体受到冷却而发生收缩，在柱塞或螺杆的稳压下，料筒内的熔体向模腔内继续流入以补足因收缩而留出的空隙，以使制件密实。此时压力略有下降或保持压力不变，因此，又称保压阶段。

③ 倒流阶段：在这一阶段从柱塞或螺杆后退时开始到浇口出熔体冻结为止。这时腔模内的压力比流道内高，会发生熔体的倒流，而使模腔内的压力迅速下降。若柱塞或螺杆后退时浇口处已冻结，或喷嘴中装有逆止阀，倒流阶段就不存在，因此，是否倒流及倒流的多少是由压实阶段的时间决定的。

④ 冷却阶段：从浇口的熔体完全冻结起到制品从模腔中顶出为止，这阶段模内塑料继续进行冷却，以免脱模使制品变形，模内塑料的温度，压力和体积均有变化，到脱模时，模内尚有残余压力，残余压力接近零时，脱模才能顺利进行，并得到满意的产品。

（5）制件的后处理

由于塑化后不均匀或由于塑料在型腔中结晶、取向和冷却不均匀，或由于金属嵌件的影响或由于注塑件二次加工不当等原因，注塑件内部不可避免的存在一些内应力，从而导致注塑件使用过程中产生变形或开裂，因此应该设法消除之。

根据注塑件的特性和使用要求，可对注塑件进行适当的后处理，其主要方法是退火和调湿处理。

1）退火处理

退火热处理是将注塑件在定温的加热液体介质（如热水、热的矿物油、甘油等）或热空气循环烘箱中静置一段时间，然后缓慢冷却至室温，从而消除注塑件的内应力，提高注塑件的性能。退火的温度应控制在塑件使用温度以上，或塑料的热变形温度以下。退火处理的时间取决于塑件的品种、加热介质温度、注塑件的形状和成型条件。退火处理后冷却速度不能太快，以避免重新产生内应力。

退火处理消除了注塑件的内应力，稳定了尺寸，对于结晶型塑料还能提高晶度、稳定结晶结构，从而提高其弹性模量和硬度，但却降低了断裂伸长率。

2）调湿处理

调湿处理是将脱模的注塑件放入热水中，以隔绝空气，防止对塑件的氧化，加快吸湿平衡速度的后处理方法。其目的是使制件颜色、性能以及尺寸保持稳定，防止注塑件使用中尺寸变化，制品尽快达到吸湿平衡。调湿处理主要用于吸湿性强的聚酰胺等塑料件。

（6）注射成型工艺控制

注射成型最重要的工艺条件是影响塑化流动和冷却的温度，压力及各个作用时间。

1）温度

注射成型过程应控制的温度有料筒温度、喷嘴温度、模具温度等。前两种温度影响塑化和流动，后者影响塑料的流动和冷却。

① 料筒温度：料筒温度是保证塑化质量的关键工艺条件之一，料筒温度的选择与各种塑料的特性有关。料筒的温度分布，一般从料斗一端至喷嘴，温度由低到高，使塑料逐步塑化。

在实际操作中，料筒温度的控制不但与塑料品种、性能有关，而且与使用的设备，模具结构，操作时间等因素有关。

② 喷嘴温度：喷嘴温度一般略低于料筒的最高温度，以防止直通式喷嘴可能发生"流涎"现象。塑料注射时产生的摩擦热可提高熔体的温度，但喷嘴温度也不能过低，以免熔体凝固而堵塞喷嘴，或者凝料注入模腔而影响制品质量。

料筒温度和喷嘴温度的选择与其他工艺条件有关。若注射压力较低时，应提高料筒温度与喷嘴温度；反之，应降低料筒和喷嘴温度。一般都在成型前通过"对空注射法"和对制品的"直观分析法"来进行调整，以确定料筒温度和喷嘴温度。

③ 模具温度：模具温度应根据塑料的特征，制品的结晶和取向，以及制品的结构尺寸等条件来选择。一般模具温度应低于塑料的玻璃化温度或热变形温度。模具温度对制品的外观质量和内在质量影响很大，因而在生产中控制模具温度很重要。

一般熔体黏度较低的无定形塑料，结晶性塑料玻璃化温度较低的，模具均采用低模温，如聚苯乙烯、聚氯乙烯、聚乙烯、聚丙烯、聚酰胺等。表 9-1 为某些塑料选用的模具温度。

表 9-1 某些塑料选用的模具温度（℃）

塑料名称	模具温度	塑料名称	模具温度
ABS	60~70	聚砜	130~150
聚碳酸酯	90~110	聚苯醚	110~130
聚甲醛	90~120	聚三氟氯乙烯	110~130

2）压力

注射过程的压力包括塑化压力和注射压力，它们影响到塑料的塑化和熔体充模成型的质量。

① 塑化压力（背压）

采用螺杆式注射机时，螺杆顶部熔体在螺杆转动后退时，所受到的压力称塑化压力，也称背压。塑化压力的大小可以通过液压系统进行调整。

塑化压力的高低与喷嘴种类及加料方式有关，如直通式喷嘴采用后加料方式时，塑化压力应低些，以免发生"流涎"现象；自锁式喷嘴采用前加料或固定加料方式时，塑化压力可高些。

一般操作中，塑化压力的大小应在保证制品质量的前提下越低越好，而具体压力大小随所用塑料品种而异，但一般不超过 20MPa。

② 注射压力

注射压力对塑料的充模起决定性的作用。压力的大小和保证时间影响到制品的性能。

注射过程可分为两个阶段，充模期和保压期。

充模期：注射压力在充模期的作用是克服喷嘴、浇注系统的阻力，使熔体得到足够的充模速度。

一般熔体黏度高的塑料应比熔体黏度低的塑料应选择较高的注射压力；薄壁长流程的制品和高精度制品都应选择较高的注射压力；柱塞式注射机选择注射压力比螺杆式注射机高。

保压期：保压期压力一般都低于最高注射压力，或等于注射时的注射压力。保压期压力的作用是模腔内充满熔体后，对模内的熔体进行压实。塑料制品及形状不同，注射压力也不同，一般注射压力参见表 9-2。

表 9-2 注射压力范围表

制件形状、要求	注射压力（MPa）	适用塑料
熔体黏度较低、精度一般、形状一般	70~100	聚乙烯、聚苯乙烯
中等黏度、精度有要求、形状较复杂	100~140	聚丙烯、聚碳酸酯、ABS
黏度高、薄壁长流程、精度高、形状复杂	140~180	聚砜、聚苯醚、聚甲醛
优质、精度、微型	180~250	

3）时间（成型周期）

完成一次注射模塑过程所需的时间称成型周期，也称模塑周期。

完成周期由以下几个部分组成：

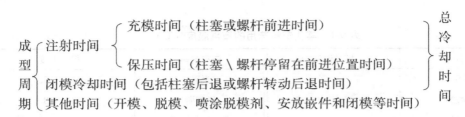

成型周期直接影响生产效率和设备利用率，生产中在保证质量的前提下，尽量缩短成型周期，在整个成型周期中，以注射时间和冷却时间最重要，它们对制品质量均有决定性的影响。

① 注射时间：充模时间越短，注射速率越短。充模时间一般为 3～5s。对于熔体黏度高，玻璃化温度高、玻璃体维增强或高填充的塑料及加工低发泡制品，薄型长流程的制品时，应采用快速注射。

保压时间是对模内塑料的压实时间，在整个注射时间内所占的比例较大，一般为 20～120s，时间的长短由制品形状及复杂程度决定，特别厚的制品也可高达 5～10min。对高速注射一些形状简单的制件，保压时间也有很短的如几秒钟。

② 冷却时间：冷却时间主要取决于制品厚度及塑料的热性能和结晶性能、模具温度等。一般以保证制品脱模时不变形为冷却时间的终点，冷却时间通常为 30～120s。

③ 其他时间：其他时间与生产过程是否自动化、连续化有关。

9.2　注塑成型机

注塑机是将热塑性塑料或热固性塑料利用塑料成型模具制成各种塑料制品的塑料成型设备，其成型原理是将塑料的颗粒在注塑机的料筒内加热并熔化至黏流态并以很高的压力和较快的速度注入温度较低的闭合模具内，经过一定时间的冷却，开启模具取出塑料的制品。

（1）注塑机的分类和规格表示法

1）注塑机的分类：目前注塑机按外形结构分类及塑化方式分类的方法较普通。

① 按外形分类

a　立式注塑机

立式注塑机如图 9-3 所示。它的注射装置和合模装置呈一线排列。并垂直于地面。优点是占地面积小，模具拆卸方便，嵌件安放容易，缺点是料斗位置较高，上料不太方便，设备稳定性差，制品顶出常需用手取出不易实现自动化，注射容量有限等。

b　卧式注塑机

卧式注塑机如图 9-4 所示。它的注射装置和合模装置沿水平轴线呈一线排列。优点是机身位置低，上料方便，操作维修方便，设备较平稳，制品顶出后易自由落下，有利于自动化操作。因此卧式注塑机是目前生产中采用的最基本的形式。缺点是模具安装较麻烦，嵌件易落下，机器占地面积大。

c　角式注塑机

角式注塑机如图 9-5 所示。它的注射装置和合模装置的轴线相互垂直排列。优缺点介于立、卧式两者之间，适用于加工中心部分不允许留有浇口痕迹的制品。

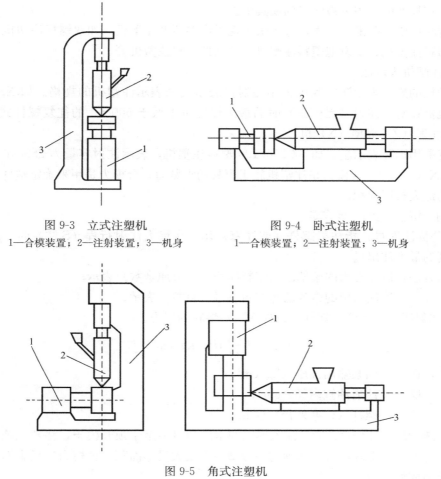

图 9-3 立式注塑机
1—合模装置；2—注射装置；3—机身

图 9-4 卧式注塑机
1—合模装置；2—注射装置；3—机身

图 9-5 角式注塑机
1—合模装置；2—注射装置；3—机身

d 多模注塑机

多模注塑机是将多副模具装在一个可以转动的圆盘上，模具随转盘定时按一定距离旋转，依次与注塑机喷嘴接触，熔料注满并经保压后，喷嘴离开模具，转盘旋转一个角度，模内制件开始冷却定型，同时下一副模具又开始注射，如此不断循环。特点是充分发挥注塑机能力，提高生产力，适合于冷却周期长或需较长时间安放嵌件的制品。

② 按塑化方式分类

a 柱塞式注塑机 柱塞式注塑机是通过柱塞将依次落入料筒内的颗粒推向料筒前端的塑化室，靠料筒外部加热使物料熔化，然后熔料由柱塞推压经分流注入到模具中去。这类机器由于塑化能力较差，塑化能力是指塑料机在单位时间内所塑化的物理量，一般生产比较小型的制品。

b 螺杆式注塑机 螺杆式注塑机通过螺杆的旋转将物料带入料筒，通过外部加热和螺杆旋转产生的剪切力及摩擦热，使物料熔化，光靠螺杆向前推进将熔料注入模具中，优点是塑化能力强，生产效率高。

c 螺杆塑化柱塞机 螺杆塑化柱塞机由螺杆将物料塑化，熔料通过止回阀进入第二料筒，并在柱塞的作用下被注射到模具中去。

随着注射成型范围的扩大，近年来出现了许多新型注塑机，如双螺杆注塑机、玻璃纤维增强塑料注塑机、低发泡塑料注塑机、热固性塑料注塑机等。

2）注塑机表示法

注塑机的规格表示法　我国采用注射量表示法来表示注塑机的规格。如 XS-ZY500，即表示机器在对空注射（无模具）时的最大注射量不低于 $500\mathrm{cm}^3$ 的往复螺杆式（Y）塑料（S）注射（Z）成型（X）机。

也有采用国际表示法，如 SZ-250/100 塑料注塑机，表示注射容量为 $250\mathrm{cm}^3$，合模力为 9.81kN（100tf）。合模力是注塑机施于模具的夹紧力，合模力是用来确定塑件在模具分型面上的最大投影面积。

① 注塑成型机的主要参数

a　公称注射量：指注射螺杆（或注塞）作一次最大注射行程（S注）时，注射装置所能达到的最大注出量。

表示方法：以注射出的聚苯乙烯熔料体积（立方厘米数）表示；

以注射出的聚苯乙烯熔料重量（克数）表示。

b　注射压力：指注射螺杆（或柱塞）对熔料的压力。

$$P_\text{注} = \left(\frac{D_0}{D}\right)P_0\,(\mathrm{kg/cm^2}) \tag{9-1}$$

式中，P_0——油泵输出油压（$\mathrm{kg/cm^2}$）；

D_0——注射油缸内径（cm）；

D——螺杆（柱塞外径）（cm）。

c　合模力（锁模力）：为使注入模腔的熔融塑料不至于顶开模子，注塑机施于模具的夹紧力，合模力用来确定可以达到的在分型面上最大投影面积。锁模力＞投影面积×注射压力（应为成型压力）。

d　拉直间距：用于确定模具最大外型尺寸的参数。

e　模具最大厚度、最小厚度及模板行程：本组数据确定了成型制品的高度范围。

3）注塑机的参数调整与操作

生产一个合格的塑料制品影响因素有制品设计和塑料品种的选择，模具设计、注塑机选择（如螺杆式还是柱塞式等）、成型工艺条件等。而成型工艺条件的调整控制主要取决于操作者的技术水平，应精心地调整与操作，以生产出满意的制品。另外，因塑料品种不同，制品不同等，也必须按情况随时调整成型工艺参数。

① 注射压力：在生产中，由于被加工塑料的黏度、制品结构的复杂程度、壁厚、模具的浇道及熔料流程等的不同，所需的压力也不相同。对于高黏度、高精度、薄壁、流程长的制品，注射压力应高，相反则可以低些。

注射成型中，目前多采用分级控制的方法。充模阶段和保压阶段对压力的要求不完全一样，一般以较低的压力保压，以降低制品内应力以便于脱模。

注射压力的调节，是通过调节油压（即通过远程调压阀或溢流阀的调节）来实现。

② 锁模力：不同的成型面积和模腔压力，要求的锁模力也不一样，对锁模力的调整，不同的合模装置，调整方法也不同。若是机械式合模装置只能用试调的方法来解决；对液

压式合模装置，只需调节合模油压，就可达到锁模力的调整；对液压—曲肘合模装置，需通过模板距离的调整来达到锁模力的调整，这种调整既困难，且调整量又微小。

③ 注射速度：塑料品种不同，制品不同，对注射速度要求也不同。对薄壁、长流程、熔料黏度高或急剧过渡断面的制品，发泡制品及成型温度范围较窄的制品，宜用较高的注射速度。对厚壁或嵌有嵌件的制品则以较低的注射速度为好。制品相对注射方向的各横断面积不一样，要求在注射过程中使用分级注射速度，二级、三级或四级注射速度，以得到满意的制品。

对液压传动的注射机，因在注射油路中设有调速回路和大小油泵的溢流阀，或是设有电磁比例流量调节阀，因此，只需调节溢流阀或电磁流量调节阀就可达到调整注射速度的目的。

④ 合模速度：在闭模过程中，模板速度有慢、快、慢的变化过程。为了适应不同制品的要求，有时速度变换的位置也需要调整，速度大小也要调整，速度变换位置的调定可用电器的行程开关和液压系统配合来实现。合模速度的调整可通过闭模油路中设有的合模速度调整节回路来实现。

⑤ 时间调整：在注射成型过程中，注射时间、保压时间、冷却时间、开模时间及其他辅助时间等，是重要的成型条件之一。这些时间与制品质量、生产效率有密切关系，必须根据情况，随时加以调整。以上各种时间的调整，主要通过调节电器部分的时间继电器来完成。

⑥ 塑化情况：塑化情况的好坏对制品的成型及质量有直接影响，可以通过调整螺杆背压、螺杆转速、料筒温度来改善塑化情况。

螺杆背压的调节是通过油路中背压阀来调整的，背压增大，可使熔料密实，塑化完全。

调节螺杆转速，可以改变物料在料筒内的停留时间，塑料的塑化程度随之改变。一般对热敏性或高黏度塑料，螺杆转速应较低。有时为平衡生产周期，也需要调节螺杆转速。料筒温度的恰当控制，对塑化质量是相当重要的。

9.3　水表表壳成型及零件选材、检验

水表表壳成型等承压件以铸造成型为主，塑料件以注塑成型为主。铸造是指将固态金属熔化为液态倒入特定形状的铸型，待其凝固成型的加工方式。被铸金属有：铜、铁、铝、锡、铅等，普通铸型的材料是原砂、黏土、水玻璃、树脂及其他辅助材料。特种铸造的铸型包括：熔模铸造、消失模铸造、金属型铸造、陶瓷型铸造等。

铸造主要有砂型铸造和特种铸造。

普通砂型铸造，利用砂作为铸模材料，又称砂铸，翻砂。砂铸好处是成本较低，因为铸模所使用的砂可重复使用；缺点是铸模制作耗时，铸模本身不能被重复使用，须破坏后才能取得成品。

特种铸造，主要是以金属为主要铸模材料的特种铸造（如金属型铸造、压力铸造、连续铸造、低压铸造、离心铸造等）。

水表表壳一般有铸铁材料和铜材二种，铸铁材料表壳是用砂型铸造；铜材表壳是有砂型铸造和金属模铸造。

（1）表壳铸造成型

1）砂型铸造

铁壳一般用砂型铸造。砂型铸造主要步骤包括绘画，模具，制型制芯，造型，熔化及浇注，清洁等。

① 制图：将表壳图根据铸造特点，把需要精加工的部位留够加工余量，非加工部位留有拔模斜度，过渡圆、角设为合适尺寸而绘制的铸件图。一般由铸造工程师设计。

② 模具：砂型铸造表壳模具一般由三部分组成，左、右半模和型芯。模具是使用木头或者其他金属材料制成。模具要便于造型、便于出模。模具尺寸略大于成品，其中的差额称为收缩余量。收缩量的大小，根据铸铁材料和铸件结构尺寸而定。其中目的是熔化金属向模具作用以确保熔融金属凝固和收缩，从而防止在铸造过程中的空洞。

③ 制型前准备：制型前要准备造型材料，砂型铸造中用来造型、造芯的各种原材料，如铸造原砂、型砂粘结剂和其他辅料统称为造型材料，按照铸件的要求、金属的性质，选择合适的原砂、粘结剂和辅料，然后按一定的比例把它们混合成具有一定性能的型砂和芯砂。

④ 制型制芯：制芯是将树脂砂粒置于模具中，以形成内部表面的铸件轮廓称为型芯。制型是把型砂置于模具与砂箱之间的空隙处压紧压实，形成铸件的外轮廓，一般分为上下二部分。然后把型芯置于上下模型腔内，共同构成表壳铸件空间。因此芯与模具之间的空隙最终成为铸件。

⑤ 成型：将溶化的铁水浇入型腔中，待冷却后就完成了表壳铸件成型。金属熔炼不仅仅是单纯的熔化，还包括冶炼过程，使浇进铸型的金属，在温度、化学成分和纯净度方面都符合预期要求。为此，在熔炼过程中要进行以控制质量为目的的各种检查测试，液态金属在达到各项规定指标后方能允许浇铸。

⑥ 清洁：把表壳铸件从型腔中取出，清除型芯和铸件表面砂粒，切除浇冒口、铲磨毛刺和披缝等凸出物以及热处理、整形、防锈处理和粗加工等。

2）金属模铸造法

金属模铸造是利用熔点较原料高的金属制作铸模。其中细分为重力铸造法、低压铸造法和高压铸造法。受制于铸模的熔点，可被铸造的金属也有所限制。

金属模最大特点是模具可以反复使用，便于实现流水线生产，生产效率高，产品质量高，铸件表面整洁，成品率高。

水表铜壳一般采用金属模制造。铜表壳铸造注意事项：

① 根据表壳技术要求所规定的铜合金牌号，查出合金的化学成分范围，从中选定化学成分；

② 加料，一般加料顺序为：回炉料、中间合金和金属料；

③ 为了减少合金液的吸气和氧化的污染，应尽快熔化，防止过热；

④ 炉料熔化后，进行精炼处理，以净化合金液，并进行精炼效果的检验；

⑤ 调整温度，进行浇铸。

（2）水表零件选材

1）零件选材原则

每一只水表由多个具有不同功能的零件组成。由于每个零件功能不一样，就该具备的性能不同，零件工作时的环境也各异，因而它们所选择的材料也不相同。但是，无论是哪一类零件，它们在选材时，都应该遵循以下的基本原则：

① 实用性

每个零件选用的材料，都应该在物理性能、化学性能、机械性能等方面都满足该零件的要求。例如，水表工作的周围环境温度可能达到$-4℃\sim+40℃$，内部水温则可能为$0\sim40℃$，在此温度范围内，各零件所用的材料，其有关性能虽可能有变化，但都仍能满足该零件的工作要求，比如罩子和壳体均应能有足够的机械强度行使封装机芯、保持密封的作用。又比如，水表机芯所用的各种材料，在洁净的自来水中应该物理、化学性能稳定，又不污染流经水表的自来水的水质。再比如为了读取计数器上指针（或字轮）指示的水表示值，由透明材料构成了读数窗。该透明材料（目前一般使用平板玻璃）除去透明性以处，对于湿式表还要求它化学性能稳定，机械性能满足密封性要求。作用在 LXS-15C 表玻璃上的内部水压力大约是 1MPa。为了密封，罩子施于表玻璃上的锁紧力必须大于这一作用，以便压紧密封橡胶圈，形成密封的条件。

② 经济性

有些零件可以由多种材料制作，那么就应该在满足使用要求的材料中选择价格便宜的材料。另一方面，若干种材料同时满足使用要求时，选材时还必须考虑材料加工的工艺经济性，以便求得低一些的加工费用，从而使零件制造成本降低，实现技术合理，经济合理的目的。

③ 可能性

由于多方面因素的影响，各种材料的供应情况会有较大的区别。为此，应该从中选择那些货源充沛、供货渠道稳定的材料，特别是应该优先选择我国的国产原材料。切忌片面追求材料的某一种性能而采用在货源供应上不稳定的无实际意义的选材方法。

2）水表主要零件的选材

无论是旋翼式水表还是水平螺翼式水表，它们的零件选材，一是取决于零件的工作环境，二是取决于零件应该具备的功能。作为水表，使用环境及机件的功能有诸多相同之处，以下一起加以介绍。

① 表壳

表壳外表面与水表安装地周围的环境空气相接触，内部是水表的工作介质——具有一定压力的自来水。为此，表壳零件要求：一、要耐大气腐蚀；二、要有承受内部水压作用的强度；三、不能影响流经它的自来水的水质。表壳具有复杂的结构形状，只有经过铸造和模塑的方式获得其造型，难以用机加工方式直接获得造型复杂的结构，鉴于以上的原因，可以选择金属铸造和塑料注射成型。铸造表壳可以选铸铁、铸铜、铸钢、铸合金铝。一般用表选用球墨铸铁或铸黄铜铸造表壳，内外表面涂上防锈漆之类防腐层。现在也有厂家尝试用不锈钢铸造或冲压加焊接形制造。对于工作压力不高的用水地区，例如多层居民住宅楼用户，大城市中低压供水区，可以选用高抗冲击型塑料注塑成型。使用塑料注塑成型的水表壳，耐腐蚀性能优越，制造工艺效率高。但塑料表壳长期使用后的老化问题还有待验证。如图 9-6 为铸黄铜表壳。

② 罩子

罩子俗称中罩或上壳，该件是下壳的延伸部分。主要用来将形成透明读数窗的表玻璃

图 9-6　铸黄铜表壳

锁紧在下壳的上端面，并借助橡胶密封件使它们之间密封。罩子的选材：要耐大气腐蚀，有足够的螺纹强度，要能同下壳合理配套使用。当下壳选用铸铁时，罩子应该使用铸造铅黄铜相配。若下壳材料为铸黄铜，罩子也选用铸黄铜。当下壳为塑料时罩子也应选用塑料。我国现在普遍选用的铸黄铜作罩子材料，成型工艺有铸造和冲压两种方法。如图 9-7 为冲压成型的黄铜材料罩子。

图 9-7　罩子

③ 齿轮

齿轮材料的选用依据以下三个特点，成型尺寸精度高，尺寸稳定性好；具有良好的耐磨性能，特别是在制作转动速度大的前几位减速齿轮时；应该具有足够的强度，特别是大口径水表的减速齿轮，由于传动扭矩大，齿轮要有足够强度。

目前齿轮常用材料有 ABS 塑料、聚甲醛等。

ABS 具有较高的抗冲击性能，良好的机械强度和一定的耐磨性，良好的尺寸稳定性，成型收缩率低（易于制成尺寸精度较高零件），因此是目前制作齿轮的主要材料。

聚甲醛具有突出的高弹性模数、很高的硬度和刚性，还具有优异的耐疲劳性能，低摩擦系数，这些特点都适合制作齿轮，但它的成型收缩率较大，为了制成尺寸精度高的齿轮，应该使用预先修正齿形的型腔。尽管这样，由于水表本身对齿轮的尺寸精度要求并不高，因此聚甲醛仍是优良的齿轮材料。如图9-8。

图 9-8　齿轮

④ 轴类零件（包括齿轮轴、叶轮轴、顶尖）

此类一要在自来水内不锈蚀，二要有一定的机械强度。特别中大口径表的叶轮轴与顶尖由于载荷大、轴长度大，对机械强度要求尤为重要；三要具有较好的耐磨性能。通常选用 1Cr18Ni9 不锈钢。在小口径表里，顶尖可以用聚甲醛制作。目前计数齿轮已制成 ABS 或聚甲醛全塑料件的。于是这些齿轮的不锈钢轴则相应由 ABS 或聚甲醛替代。如图 9-9。

图 9-9　不锈钢齿轮轴

⑤ 轴套类零件

轴套类零件要求所用的材料要具有良好的耐磨性能。常使用的材料有聚甲醛、尼龙、碳素纤维尼龙等。它们都是热塑性塑料，适合模具成型生产。聚甲醛摩擦系数低有利于改善水表灵敏性能。如图 9-10 是聚甲醛材料的叶轮轴套和上夹板轴套。

图 9-10　轴套

⑥ 轴承件

主要有叶轮轴下端部球面轴承、上夹板中心平面轴承。大口径旋翼水表中单独制成调节轴承件，水平螺翼式水表的调节轴承则安装在吊架上。轴承件要求具有高硬度，高光洁度。目前在小口径水表中，普遍采用天然玛瑙制成球面轴承和平面轴承。大口径水表中，由于叶轮重量大，叶轮上浮时对上夹板轴承冲击力亦大，故大口径水表中普遍采用刚玉。刚玉具有更高的硬度。

⑦ 夹板、托板

这是水表计数器中安装齿轮的重要零件。需要有较高的尺寸精度和尺寸稳定性，并具有较好的耐磨性。前者是为了保持计数器中各齿有较准的轴心距，以获得良好的啮合状态，后者则为了维持计数器足够的使用寿命。目前，计数器中的上夹板、下夹板、弓形夹板和托板都使用 ABS 塑料。或者选用高抗冲击的改性聚苯乙烯塑料。大口径旋翼水表中的弓形托板则选用耐磨性能更佳的聚甲醛或不锈钢薄板制成。如图 9-11。

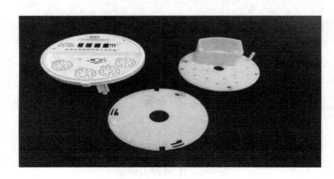

图 9-11　LXS-15E 型水表上、下夹板

⑧ 齿轮盒、叶轮盒、叶轮

这三种零件对尺寸精度和尺寸稳定性要求高，为了获得高精度的制件，使水表性能在

一次成型加工中得到保证。特别是叶轮盒采用一次成型后，决定水表性能的诸尺寸，如叶轮盒内径及进水孔尺寸，是在注塑成型时获得的，因此必须选择成型收缩率低，且尺寸稳定性高的塑料。目前，一般选用具有一定机械强度的 ABS 塑料。如图 9-12。

图 9-12　LXS-15E 型水表叶轮盒、齿轮盒、叶轮

⑨　滤水网

旋翼式水表的滤水网，有碗状和筒状两种。采用碗状多孔滤水网，筒状滤水网则只用于外调节式结构的旋翼式水表。滤水网尺寸精度要求不高，因为是多孔的，必须一次成型，否则生产率太低。多孔、一次成型、尺寸精度不高，于是要选择热状态时、冷状态时软而定型，同时有利于从复杂的型腔、型芯中取出的热塑性塑料。高压聚乙烯正是满足这一要求的理想塑料。小口径水表所用的是纯高压聚乙烯。而大口径旋翼式水表则可以使用掺有少量低压聚乙烯的混合料。以便制件有高的强度。如图 9-13。

图 9-13　LXS-15E 型水表滤水网

⑩　度盘

度盘必须是白色基板，且能牢固地印制标度图案，在水中长期工作亦不受影响。目前普遍使用的是加入瓷白色添加剂的聚苯乙烯塑料，采用专用塑料油墨印制标度图案。待图案干燥后。再涂上一层同种塑料溶化后制成的溶液，使油墨外面再覆盖一层塑料膜，于是油墨得到很好的保护。如图 9-14。

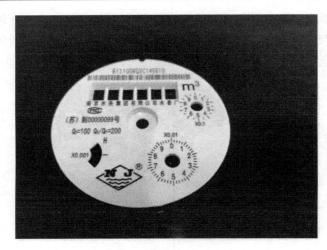

图 9-14　LXS-15E 型水表度盘

⑪ 表玻璃

表玻璃应该有足够的透明度和耐水压强度。湿式水表的表玻璃承受的水压强度和表壳承受的水压强度相同，即水表的正常允许最大工作压力 1MPa，作为水压强度试验时则应该在 2MPa 压力下 1min 不损坏。目前，广泛使用的表玻璃为经过钢化的浮法钠玻璃板。对小口径 $DN15 \sim 25$ 水表玻璃，厚度为 6mm，而对 $DN40 \sim 150$ 旋翼式表及水平螺翼式水表，则使用厚度为 8mm 的钢化浮法钠玻璃板。如图 9-15。

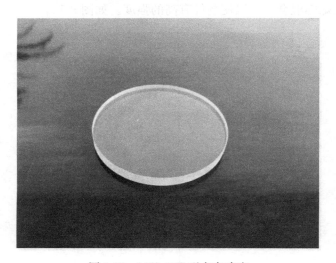

图 9-15　LXS-15E 型水表玻璃

⑫ 盖子

盖子用来防止玻璃免受外界机械损伤及污染。因此其材料应该具有一定机械强度和韧性。目前广泛采用低压聚乙烯或聚丙烯塑料。如图 9-16。

⑬ 调节板

调节板要有一定的机械强度，并且使用中不变形。成型中尺寸要求低。如图 9-17。

图 9-16 LXS-15E 型水表表盖

图 9-17 LXS-15E 型水表调节板

（3）水表主要零部件及检验项目

1）水表主要零件

水表主要零件承担的重要职能有四类：

① 决定或明显影响水表计量性能； ② 决定或明显影响水表使用寿命；

③ 决定零件互换性； ④ 构成水表商品外观质量。

主要零件中，并不是它的每一个尺寸都承担上述重要职能，而仅是其中部分尺寸或项目。为此，又把主要零件中允许任重要职能的尺寸或项目称作主要项目，简称为主项。

我国市场上流行最广的旋翼式水表和水平螺翼式水表的主件主项，如表 9-3 所示LXR/LXS 系列旋翼式水表主件主项表（不含外观）。

表 9-3 LXR/LXS 系列旋翼式水表主件主项表

序号	主件名称	主项名称	所属范围			使用量具
			LXR-50～200	LXS-80～150	LXS-15～50（C/E）	
1	表壳	1 中间孔直径		●	●	光面塞规
		2 中间孔深度	●	●	●	深度卡尺
		3 与盖板配合圆直径	●			游标卡尺

续表

序号	主件名称	主项名称	所属范围			使用量具
			LXR-50~200	LXS-80~150	LXS-15~50（C/E）	
2	上夹板	1　台阶（脚长）1	●		●	光面塞规
		2　台阶（脚长）2	●		●	光面塞规
		3　台阶（脚长）3	●		●	光面塞规
		4　上台阶厚	●	●	●	游标卡尺
		5　孔距（1号~2号孔）	●	●	●	万工显
		6　孔距（1号~2号孔）	●	●	●	万工显
		7　孔距（1号~2号孔）	●	●	●	万工显
		8　孔距（1号~2号孔）	●	●	●	万工显
		9　小孔直径1号孔	●	●	●	光面塞规
		10　小孔直径2号孔	●	●	●	光面塞规
		11　小孔直径3号孔	●	●	●	光面塞规
		12　小孔直径4号孔	●	●	●	光面塞规
		13　小孔直径5号孔	●	●	●	光面塞规
		14　中心孔直径	●	●	●	光面塞规
		15　中心孔同轴度	●	●	●	百分表、车床或专用量具
3	下夹板	1　孔距1（1号~2号孔）	●	●	●	万工显
		2　孔距1（2号~3号孔）	●	●	●	万工显
		3　孔距1（3号~4号孔）	●	●	●	万工显
		4　孔距1（4号~5号孔）	●			万工显
		5　小孔直径1号孔	●	●	●	光面塞规
		6　小孔直径2号孔	●	●	●	光面塞规
		7　小孔直径3号孔	●	●	●	光面塞规
		8　小孔直径4号孔	●	●	●	光面塞规
		9　小孔直径5号孔	●			光面塞规
4	短支柱	长度（除螺纹）		●		游标卡尺或卡规
5	长支柱	长度1（下夹板定位肩）		●		游标卡尺或卡规
		长度2（下夹板定位肩）		●		游标卡尺或卡规
6	弓形夹板	小孔直径		●		光面塞规
7	1位齿轮（151a，401，501，801，1501）	1　轴外径1	●		●	1级外径千分尺
		2　轴外径2	●		●	1级外径千分尺
		3　小齿轮节圆跳动	●		●	齿轮跳动检查仪、百分表
		4　大齿轮节圆跳动	●		●	齿轮跳动检查仪、百分表
8	2位齿轮	1　轴外径1	●		●	1级外径千分尺
		2　轴外径2	●		●	1级外径千分尺
		3　小齿轮节圆跳动	●		●	齿轮跳动检查仪、百分表
		4　大齿轮节圆跳动	●		●	齿轮跳动检查仪、百分表
9	3位齿轮	1　轴外径1	●		●	1级外径千分尺
		2　轴外径2	●		●	1级外径千分尺
		3　小齿轮节圆跳动	●		●	齿轮跳动检查仪、百分表
		4　大齿轮节圆跳动	●	●	●	齿轮跳动检查仪、百分表

序号	主件名称	主项名称	所属范围			使用量具
			LXR-50~200	LXS-80~150	LXS-15~50（C/E）	
10	中心齿轮	齿轮节圆跳动	●			齿轮节圆跳动仪、百分表
11	顶尖	1 轴径	●	●	●	1级千分尺
		2 轴径粗糙度	●	●	●	粗糙度样块
		3 轴长	●	●	●	游标卡
12	叶轮轴	1 轴轮	●	●	●	1级外径千分尺
		2 轴径粗糙度	●	●	●	粗糙度样块
		3 齿轮节圆跳动	●	●	●	齿轮跳动检查仪、百分表
13	叶轮	1 外径	●	●	●	光面环规
		2 内孔直径	●	●	●	光面环规
		3 内孔对螺纹轴线同轴度		●		同轴度检查仪、百分表
		4 内孔对轴径同轴度		●		同轴度检查仪、百分表
		5 外径对内孔同轴度	●	●		同轴度检查仪、百分表
		6 轴径			●	1级外径千分尺
		7 轴径粗糙度			●	粗糙度样块
		8 齿轮节圆对轴径跳动			●	齿轮跳动检查仪、百分表
14	齿轮盒（罩）	1 台阶高	●	●	●	游标卡尺
		2 内孔直径	●	●	●	光面塞规
15	导流套/叶轮盒	1 顶尖和导流套配合圆同轴度	●			车床、百分表
		2 内孔直径	●	●	●	光面塞规
		3 台阶高		●	●	游标卡尺
		4 螺纹对基准的同轴度		●		同轴度检查仪、百分表

2）水表零件主件主项的检验

从表 9-3 中列出的主见主项表中，我们可以将主件主项归纳为三类检验：

① 长度类：包括零件中长、宽、高、深、轴外径、孔内径、孔中心距等；

② 同轴度类：包括孔、轴及各类圆柱面轴线对基准柱面轴线的不同轴度、螺纹轴线对基准柱面轴线的不同轴度、齿轮节圆对齿轮轴线的不同轴度——齿轮节圆的径向跳动；

③ 表面粗糙度。

三类检验项目中，前两类可以称之为几何尺寸检验。它们的检验一般借助于量仪或专用量具。后一类粗糙度检验，目前普遍采用的是与标准样块比较法进行检验。

使用量具和量仪的检验。首要问题是选择合适的仪器与量具，以求得到合适的测量能力。

测量能力有两种表达方式：测量能力指数 M_{cp}，测量精度系数 K。

a. 测量能力指数 M_{cp} 的定义，见式 9-2：

$$M_{cp} = \frac{T}{2U} \tag{9-2}$$

式中，T——零件制造允差；

U——测量的极限误差。

$$U = \sqrt{U_1^2 + U_2^2} \qquad\qquad (9\text{-}3)$$

式中，U_1——计量器具（包括标准）造成的测量误差；

　　　U_2——其他各因素造成的测量误差。

这里，应该从技术和经济双重取得最佳效益作为出发点，正确选择计量器具的误差 U_1。根据大量的生产实际调查，合理选取 $U_1 = U_2$ 则 $U = \sqrt{2}U_1 \approx 1.5U_1$，并以 $U = 1.5U_1$ 代入式（9-3），得：

$$M_{\text{cp}} = \frac{T}{2U} = \frac{T}{3U_1} \qquad\qquad (9\text{-}4)$$

在实际计算中，U_1 可以用计量器具的基本误差，或者用检定出的示值误差，或仪器说明书上给定的相当于 3σ（σ 为测量的标准偏差）的误差。这些误差又可以称作计量器具的不确定度。兹将常用量具的不确定度列于表 9-4～表 9-11。

表 9-4　游标量具误差表（单位 mm）

测量范围	游标分度 0.02	游标分度 0.05	游标分度 0.10
0～300	±0.02	±0.05	±0.10
>300～500	±0.04	±0.07	±0.10
>500～700	±0.06	±0.10	±0.10
>700～1000	±0.06	±0.10	±0.15
>1000～1500		±0.15	±0.20
>1500～2000		±0.20	±0.25

表 9-5　千分尺误差表（单位 mm）

测量上限	示值误差 0 级	示值误差 1 级	两测量面不平行度 0 级	两测量面不平行度 1 级	测量上限	示值误差 1 级	两测量面不平行度 1 级
10;25	±0.002	±0.004	0.001	0.002	400	±0.008	0.008
50	±0.002	±0.004	0.0012	0.0025	500	±0.010	0.010
75;100	±0.002	±0.004	0.0015	0.003	600	±0.012	0.012
125;150		±0.005		0.004	700	±0.014	0.014
174;200		±0.006		0.006	800	±0.016	0.016
225;250		±0.007		0.007	900	±0.018	0.018
275;300		±0.007		0.007	1000	±0.02	0.02

表 9-6　杠杆千分尺最大示值误差（单位 μm）

表盘刻度值	表盘示值误差	总示值误差 测量范围（mm）	总示值误差 新制	总示值误差 修后及使用
1	±10 格内±0.5	0～25	±2	±3
	±10 格外±0.8	25～50		
2	±10 格内±0.1	0～25	±3	±4
	±10 格外±0.15	25～50		
3	±10 格内±0.1	50～75	±4	±6
	±10 格外±0.15	75～100		

表 9-7　百分表最大示值误差（单位 μm）

精度等级	0～3mm	0～5mm	0～10mm 内	任意 1mm 内示值误差	示值变化	回程误差
0	9	11	14	6	3	4
1	14	17	21	10	3	6
(2)	20	25	30	18	5	10

表 9-8　千分表最大示值误差（单位 μm）

精度等级	刻度值	全程内	任意 0.2mm 内	任意 0.5mm 内	示值变化	回程误差
0	1	4	3		0.3	2
1	1	6	4		0.5	2.5
	5	9		5	2	3

表 9-9　杠杆百分表最大示值误差（单位 μm）

精度等级	在任意 0.1mm 刻度段内	在全部示值范围内	示值变化
1	6	12	3
(2)	10	25	5

表 9-10　杠杆千分表最大示值误差（单位 μm）

刻度值	示值范围	在全部示值范围内		任意 0.2mm 段内		示值变化	回程误差	
		0 级	1 级	0 级	1 级		0 级	1 级
2	200	3	5	2	3	0.7	2	3

表 9-11　万能工具显微镜最大示值误差

测量项目		影象法	轴切法
在平台上测量长度	纵向	$\pm\left(3+\dfrac{L}{30}+\dfrac{HL}{4000}\right)$	$\pm\left(2.7+\dfrac{L}{30}+\dfrac{HL}{4000}\right)$
	横向	$\pm\left(3+\dfrac{L}{30}+\dfrac{HL}{4000}\right)$	$\pm\left(2.7+\dfrac{L}{50}+\dfrac{HL}{4000}\right)$
在顶针上测量光滑圆柱体直径		$\pm\left(6+\dfrac{L}{67}\right)$	$\pm\left(2.7+\dfrac{L}{67}\right)$
测量螺纹中径		$\pm\left(4+2/\sin\dfrac{\alpha}{2}+\dfrac{L}{67}\right)$	$\pm\left(1+1.7/\sin\dfrac{\alpha}{2}+\dfrac{L}{67}\right)$
测量螺纹螺距		$\pm\left(1+2/\cos\dfrac{\alpha}{2}+\dfrac{L}{32}\right)$	$\pm\left(1+1.7/\cos\dfrac{\alpha}{2}+\dfrac{L}{67}\right)$

表中　L——测量长度（mm）；

　　　$\dfrac{\alpha}{2}$——螺纹半角（°）；

　　　H——被测工件的测量面高出平台玻璃面的毫米数；

　　　B——被测角度边长（mm）。

我们利用各表所列的数据，来计算一些零件使用不同量具时的 M_{cp} 值。

例 9-1： 齿轮轴外径尺寸为 $\phi 1.7^{0}_{-0.02}$，试计算使用 1）游标卡尺，2）千分尺测量能力指数 M_{cp} 值。

计算：$T=0-(-0.02)=0.02\mathrm{mm}$

① 当使用游标分度值为 0.02mm 游标卡尺时，卡尺测量误差 $U_1=0.02\mathrm{mm}$（查表 9-3）

$$M_{cp}=\frac{T}{3U_1}=\frac{0.02}{3\times 0.002}=0.33$$

② 当使用 1 级千分尺时：

千分尺测量误差 $U_1 = 0.004$mm（查表 9-4）

$$M_{cp} = \frac{T}{3U_1} = \frac{0.02}{3 \times 0.004} = \frac{0.02}{0.012} = 1.67$$

③ 当使用 0 级千分尺时：

千分尺测量误差 $U_1 = 0.002$mm

$$M_{cp} = \frac{T}{3U_1} = \frac{0.02}{3 \times 0.002} = \frac{0.02}{0.06} = 3.33$$

在我国，工业企业检验检测精度状况分五个级别档次，其能力评价列于表 9-12。

表 9-12　工业企业检验精度表

级档	A	B	C	D	E
M_{cp}	3～5	2～3	1.5～2	1～1.5	<1
能力评价	足够	一般	一般	不足	低

从表 9-12 我们可以明白，测量水表齿轮轴的外径，使用游标卡尺是不符合要求的，应该使用 1 级千分尺或 0 级千分尺。

b. 测量精度系数 K：

精度系数 K 定义为

$$K = \frac{U}{T} \tag{9-5}$$

式中，K——精度系数；

$\quad\quad U$——测量极限误差；

$\quad\quad T$——公差。

将式（9-5）代入式（9-2），可得

$$M_{cp} = \frac{1}{2K} \tag{9-6}$$

通常，K 值在 $\frac{1}{3} \sim \frac{1}{10}$ 范围内选取，在高精度测量时，亦可选 $\frac{1}{2}$。从式 9-6 可知，对应于 $K = \frac{1}{2} \sim \frac{1}{10}$，$M_{cp} = 1 \sim 5$。

我们仍以测量水表齿轮轴外径为例，计算使用不同量具测量时的精度系数 K 值。

已知 $\quad\quad\quad\quad\quad\quad\quad K = \frac{U}{T}$，$T = 0.02$

由于 $U = 1.5U_1$，那么对应于各量具的 U 值如下：

使用游标卡尺时，$U = 1.5U_1 = 1.5 \times 0.02 = 0.03$（mm）

使用 1 级千分尺时，$U = 1.5U_1 = 1.5 \times 0.004 = 0.006$（mm）

使用 0 级千分尺时，$U = 1.5U_1 = 1.5 \times 0.002 = 0.004$（mm）

那么，使用各量具时的精度系数如下：

对于游标卡尺：$\quad\quad\quad\quad\quad K = \frac{U}{T} = \frac{0.03}{0.02} = 1.5$

对于 1 级千分尺：$\quad\quad\quad\quad K = \frac{U}{T} = \frac{0.006}{0.02} = \frac{3}{10}$

对于 0 级千分尺：
$$K=\frac{U}{T}=\frac{0.004}{0.02}=\frac{1}{5}$$

测量零件时，应该根据零件的精度（因而也就是根据公差），选择 K 值，进一步选择量具。

表 9-13 与被测零件公差等级相应的测量方法

工件的公差等级	IT5	IT6	IT7	IT8	IT9	IT10	IT11
K（%）	32.5	30	27.5	25	20	15	10

我们仍用前面齿轮轴检验测量为例。

例 9-2 已知：齿轮轴外径 $\phi 1.7^{0}_{-0.02}$，试选择检测工具。查公差表，直径为 $\phi 1.7$ 时，公差 $T=0.02\text{mm}$，其尺寸相当于 IT9 至 IT8 精度之间。据此，我们按表 9-13，选 $K=25\%$。

$$\because K=\frac{U}{T}, \qquad \therefore U=KT=0.02\times 25\%=0.005 \text{（mm）}$$

$$\because U=1.5U_1, \qquad \therefore U_1=U/1.5=0.005/1.5=0.0033 \text{（mm）}$$

查表 9-5，1 级千分尺，$U_1=0.004$（mm），可以选用，
　　　　　0 级千分尺，$U_1=0.002$（mm）亦可选用。

3）光滑极限量规

量具的选择是检验中的重要环节，检验方法的选择亦是不可忽视的环节。为了使主件主项的检查具有统一性、可比性，我国水表工业界共同拟定了主件主项统一的检查方法。凡是使用通用计量器具按常规方法检查的，不再介绍。这里只介绍一些有专门规定的检查方法。

① 利用光滑极限塞规检查孔径

光滑极限塞规能够检验出孔径是否在规定的公差范围内，并同时检验了其形状公差，检验效率高。但它不能检出孔的具体尺寸，适宜批量生产中的孔的检验。

光滑极限塞规每套中有通规与止规两个：通规检验孔的最小尺寸，它的尺寸等于孔的最小尺寸（保留有适量的安全裕度），长度为待测孔全长。测量时，应依靠塞规的自重，全部通端进入孔内，孔的最小尺寸为合格。

止规检验孔的最大尺寸，它的尺寸等于孔的最大尺寸（并保留适当的安全裕度）。测量时，止规不能通过孔。

制造厂对工件进行检验时，操作者应该使用新的或者磨损较少的通规，检验部门应使用与操作者相同型式且已磨损较多的通规。前者常称为工作量规，后者称为验收量规。实际上，有时也制作专用验收量规。验收量规的通规尺寸接近孔的最小尺寸而不留安全裕度。止规则接近孔的最大尺寸而不留安全裕度。

光滑极限塞规的形状如图 9-18 所示：

测量上夹板脚长的光面塞规制成长方条规，如图 9-19。使用时，配合专用平板进行测量。

② 用光滑极限环规测外径

与光滑极限塞规相似，光滑极限环规也分为通止规。通规检查外径的最大极限尺寸（保留有安全裕度），止规检查外径的最小极限尺寸（保留有安全裕度）。其外形如图 9-20。

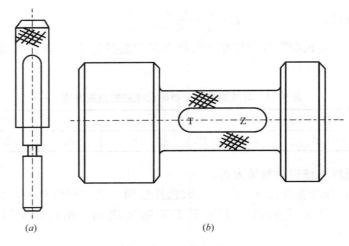

(a)　　　　　　　　　　　(b)

图 9-18　光滑极限塞规

(a) 小孔用塞规（前端为通规后端为止规）；(b) 大孔用塞规（T 为通规，Z 为止规）

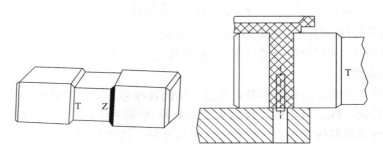

图 9-19　长方条形光滑极限塞规（测夹板脚长专用）

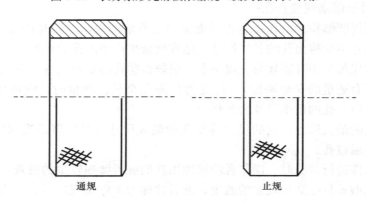

通规　　　　　　　　　　　止规

图 9-20　光面环规

③ 夹板齿轮轴孔中心矩测量

使用透明样板和投影仪，可以类似使用量规的方法测量孔中心矩。孔距专用样板如图 9-21。

实际测量时，先将一个孔的中心对准样板左侧的两圆中心（孔的光影两个圆线成为二个同心圆），使另一孔光影落在样板右侧的两个半圆之间，孔中心距为合格。若另一孔光影落在两个半圆所转的椭圆区之外，则孔距为不合格。使用样板的检测，只判断合格与否，而不得出具体尺寸，工作效率高。

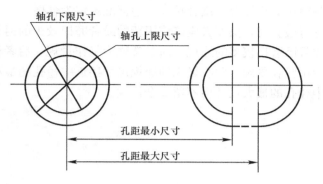

图 9-21 中心孔距样板

4) 螺纹极限环塞规

螺纹极限环塞规用于测量内、外螺纹尺寸的正确性的专用量具。小口径水表表壳两端螺纹和接管螺纹的检验都是用螺纹环塞规进行的。每种规格螺纹极限塞规又分为通规（代号 T）和止规（代号 Z）两种。如图 9-22。

(a)　　　　　　　　　　　　　　　(b)

图 9-22 螺纹极限环塞规
(a) 螺纹塞规；(b) 螺纹环规

螺纹极限塞规能够检验出螺纹孔中径是否在规定的公差范围内，检验效率高。但它不能检出螺孔的具体尺寸，适宜批量生产中的螺纹孔的检验。

螺纹极限塞规每套中有通规与止规：通规检验螺纹孔中径的最小尺寸，它的尺寸等于螺纹孔中径的最小尺寸（保留有适量的安全裕度），长度为待测螺纹孔全长。测量时，应能轻松旋进待测长度为合格。止规检验螺纹孔中径的最大尺寸，它的尺寸等于螺纹孔中径的最大尺寸，旋进长度不超过二个有效螺距为合格，否则为不合格。

螺纹极限环规也分为通、止规。通规检查螺纹中径的最大极限尺寸（保留有安全裕度），止规检查螺纹中径的最小极限尺寸。通规完全通过为合格。止规以旋进长度不超过二个有效螺距为合格，否则为不合格。

螺纹环、塞规使用时：应注意被测螺纹公差等级及偏差代号与环规标识的公差等级、偏差代号相同（如螺纹环规 M24×1.5－6H 与 M24×1.5－5g 两种环规外形相同，其螺纹公差带不相同，错用后将产生批量不合格品，其中 6H 与 5g 为螺纹精度）。

检验测量应注意：首先要清理干净被测螺纹油污及杂质，然后先用通规与被测螺纹对正后，转动环、塞规，使其在自由状态下旋合通过螺纹全部长度判定合格，否则以不通判定。再用止规与被测螺纹对正旋合，旋合长度不超标准规定为合格。

　　制造厂对工件进行检验时，操作者应该使用新的或者磨损较少的通规，检验部门应使用与操作者相同形式且已磨损较多的通规。前者常称为工作量规，后者称为验收量规。实际上，有时也制作专用验收量规。验收量规的通规尺寸接近中径孔的最小尺寸而不留安全裕度。止规则接近中径孔的最大尺寸而不留安全裕度。

第 10 章　水表的安装与维护

作为水表检定站，除了做好水表检定，及时保障提供检定合格的水表外，还可提供水表计量服务，包括水表选用、安装涉及事项、抄读维护、问题识别处理、水表专业知识培训等。

理想测量结果的获得，除了仪表本身性能的因素外，还要与所选择的测量方法、口径范围、流量范围、安装是否妥当、维护使用是否正确等有关。因此根据使用目的、价格因素的考虑，选用合适的水表是优先做好的工作。

10.1　水表的选用

对水表的选型，一要了解自身计量要求，二要从技术角度了解各种水表的技术特点和不足，三要从经济方面了解产品价格及性能价格比的情况，四要结合国家对水表管理政策和当地供水部门对抄表收费方法的规定进行综合考虑。其水表选型应遵循以下原则：

1）选择水表规格

选择规格时，应先估算通常情况下所使用流量的大小和流量范围，然后选择常用流量最接近该值的那种规格的水表作为首选，水表适合在常用流量和分界流量之间使用，比较符合设计要求，在此基础上，根据流量范围，选择合适量程比 Q_3/Q_1，理论上说该值越大越好，但也要结合使用寿命和价格来最后决定。如果考虑为未来的通水能力留有余量，选择水表时可以在口径规格上降低一档。如口径为 200mm 的管道因目前流量不足，可选用安装口径 150mm 的水表，等将来流量增大为 200mm 管道的正常流量时，再换同口径水表。大型耗水工业用户选用水表时也可用数台相对较小口径水表并联的方法或多路供水计量，这样还能在不影响用户正常供水的情况下对个别发生故障的水表进行维修或换表。

2）选择水表指示型式

一般以字轮式为好，读数清晰、抄读方便。液封式计数器能保持抄读字面清晰，已成为主流产品。但也有人认为在不能近距离抄表的场合，还是安装指针式反而好，因为这种型式可以根据指针指向的几何角度判断读数，而不需要看清标度圆主分格上的数值。远传水表和预付费类水表的读数是由电子装置显示或用集抄器进行数据采集和传输的，但其基表读数仍是要保留的，以便在抄读的电子装置出问题时进行对照。

3）考虑安装维修的方便性

对大口径水表来说，尤其要考虑这一点。因此那种能不停水安装和更换表或进行维修的水表（如可拆卸式水表）可以满足这些要求。水表的安装长度和连接方式也是要考虑的一个因素，不同的表型连接长度会有不同，详见水表国家标准 GB/T 778.4—2018 中表 1和表 2 已规定。

民用水表到期更换，不可以维修。选表要考虑更换下来的旧表材料再利用性。

4）考虑水质适应性

由于各种原因，自来水中会有杂质（如锈块、砂石、麻丝等）对水表计量产生影响，电磁水表和超声波水表不易卡；水平螺翼水表没有滤网，在管路中没有过滤器时，容易卡住；容积式水表对水质要求最高；对有防晒防冻要求的可以考虑选用干式表。

5）前后直管长度适用性

满足水表前后直管段长度要求，在旧管道上更换原有水表尤其要考虑新表的适用性。

6）性价比

购置任何商品都需考虑其性能价格比。水表作为一个用水的贸易结算计量器具，其性能价格比有其特殊性。在符合水表检定规程中的基本要求或者说通过水表首次检定的前提下，水表所用材质的卫生耐用、抄读的可靠方便、压力损失的大小、维修拆装的方便性、对安装地点的适应性（如可能安装在室外）、寿命周期等是水表的主要性能。对于小口径居民住宅用水表，尤其要避免选用价低质次的水表，远传水表、预付费类水表等智能型水表的使用会方便抄表结算并增加住宅用户的安全感，但投入成本要与人工成本对比核算，还要结合当地用水抄表结算的管理方法来决定；对于作为总表用的大口径水表，压力损失是反映水表工作引起能耗的技术指标，应作为一个重要因素来考虑。

7）政策和抄表管理方式

近年来，国家建设部推行"一户一表"政策，各地执行该政策采取多种形式。有的采用"移表出户"，有的采用预付费类智能水表，有的采用远传水表和抄表系统。在选用水表时，要充分考虑所在地对水表抄表结算的管理方法和变化趋势。

综上所述，选择水表可以从以下几点考虑：

① 计量准确可靠；

② 适应管网水质、直管段长度条件，安全耐用；

③ 结构适用，量程比优，性价比高；

④ 流通能力大，水头损失小；

⑤ 修理方便，容易调整，维修成本低，环保；

⑥ 体积小重量轻，拆装方便；

⑦ 抄表准确方便，并与当地管理相配套。

以上因素有些是相互矛盾的。选择时，应针对需解决的主要问题是什么，结合实际情况，分析利弊来确定，切忌一刀切选表，每种水表都有其特点，适合用户用水特性是首要的，其次才是要统筹考虑的。

10.2　水表的安装

水表的正确安装是保证水表计量准确的必要保障。水表国家标准 GB/T 778.5—2018 是关于水表安装要求的标准。

水表的安装须考虑安全性、方便性和正确可靠性。

（1）安全性

在新铺设的管道上安装水表前，必须将管道内的杂物冲洗干净后再安装，以免损坏水表，或通水以后影响水表的正常工作。

水表安装的场合，必须考虑现场使用的水压和水温都在水表的最大使用压力和最大使用温度之内。小口径民用水表的安装，还应注意一下水表的连接接管和管螺母是否手感特别单薄，避免安装假冒伪劣水表。

室外安装的水表一般应有防晒和保温措施，防止外来的伤害。

要考虑防盗（包括盗水），特别是铜外壳水表。

安装水表的位置，还应避免腐蚀气体的侵蚀。

工业用水表如装在锅炉附近，表后应加装止逆阀，以防热水倒回，损坏水表零件。

水表井要安全，易于作业。

现在高层建筑较多，常用二次增压手段把自来水送上楼，这样在有些楼层会出现水压过高情况，目前解决办法是在水表进水端安装减压阀，保护水表和出水端用水器具，见图10-1。

在单元立管顶端会集聚管道内气体，使水表产生不用水自转，目前采用在立管顶端安装排气阀来解决，见图10-2。

图 10-1 减压阀使用情况　　图 10-2 排气阀使用情况

（2）方便性

水表安装的位置应尽可能方便抄读查表，还要考虑维护和换表的方便性。

安装在室外的水表，选择一个干燥、防泥砂、防地下水浸没、防虫类进入的位置应该是十分必要的。要让抄表人员便于打开表箱，以及易于观察表盘。

水表安装在地下时，为了便于更换水表，在水表两端必须加装两个阀门和一个伸缩器。水表进水口前端安装的滤水箱、滤水网通水面积，应为水表口径截面的1～2倍，以便于检查、更换或清洗。

（3）正确性

水表的安装须符合其工作方式要求，应在安装方位、度盘朝向和上下游直管段方面做到符合水表的使用要求。

大部分水表都有安装方法要求。度盘或铭牌上的 H 代表水平安装，无这个符号表示可任意方向安装。水表的度盘应向上，不得倾斜。不能光考虑读数方便而调整读数水表指示度盘的朝向。有些干式水表的读数指示器可以 360°水平旋转以方便读数。水表的流向应与管道内水的流向保持一致。部分水表（如容积式水表等）可以任意方向安装。

水表安装应让其表壳上的箭头方向与管道内水的流向保持一致，并与管道同轴安装。

水表上下游的直管段必须符合使用说明书的要求，水平螺翼式水表、电磁水表和超声波水表对直管段的要求尤为重要。

水表的下游应有高出水表的部位（如水龙头）或保持一定的压力，以使水表始终在充满水的管道条件下运行。

10.3　水表抄读和维护

（1）水表抄读

水表抄读分现场和智能非现场，智能非现场应确认智能电子读数与水表机械读数是否一致再放心使用，后续发生智能数据异常时，应确定异常原因再进行后续工作。

现场抄读电子式水表，如电磁水表、超声波水表、液晶显示机械水表时，应注意有的水表有休眠状态，应熟悉如何触发，还有就是除能记录累计正向水量，还能显示反向水量、瞬时流量、电量等信息，不要把其他数据当作累计水量抄读。

现场抄读机械式水表，度盘为指针式、数字式或数字和指针组合式显示，人工抄读时可以参考下列方法：

① 核对用户（表号）与手抄器（表卡）显示一致；

② 抄读立方米的整数，个位允许差 1（也有个位按 0 或 5 取整）；

③ 两位数字之间读小数，指在数字上时要看小一位数如过零读该数，不过零读小一位数；

④ 指针和数字同时存在时，要观察确认是否有黑色指针，如有黑色指针，常显示为个位数（如只有 1 位黑色指针）；

⑤ 数字是红色的不抄读；

⑥ 指针表偏针严重时要报换。

智能水表已广泛使用在千家万户，实现模式多样化，都可以达到不需要人工到现场看表抄读。智能水表工作模式学习本教材第 7 章相关内容。目前常用水表数据接收模式见表 10-1。

表 10-1　常用水表数据接收模式

序号	模式	数据接收方	备注
1	（户）远传水表，（楼）无线抄表器，（小区）GPRS 集中器，（公司）主站计算机系统	抄收部门计算机；手机 APP	可实现与收费系统对接
2	（每只表）无线远传，公共通信网，（公司）主站计算机系统	抄收部门计算机	可实现与收费系统对接；用于非民用表
3	IC 卡水表	用户	预付费充值
4	（户）远传阀控水表，（楼）无（有）线抄表器，（小区）GPRS 集中器，（公司）主站计算机系统	用户和抄收部门计算机	预付费充值，监控提醒
5	（户）远传水表，（楼）集中器	营销员用手抄器上门录入集中器数据	
6	（户）有线远传水表，（小区）集中器无线远传，（公司）主站计算机系统	抄收部门计算机；手机 APP	物联网

（2）水表维护

水表的使用维护多是抄表时发现需要，有的自行可以处理，多数情况要报管理部门安排处理。抄表时检查要注意的情况，以及管理部门要注意处理的情况有：

① 水表连接处有无漏水；

② 表井有无安全隐患，有无障碍物，不利操作；

③ 水表玻璃处不要用硬物刮（用水冲、湿布擦）；

④ 智能化的远传水表、电磁水表是否水淹、鼠咬、人为破坏、天线要置于上端；

⑤ 室内外安装的水表冬季要有防寒措施，应连同管道一道保温；

⑥ 水表前后的阀门应进行开闭检查确定其功能是否正常，要全开使用，不可以把进水阀作为调节出水量来使用；

⑦ 避免阳光直射度盘和高温烟熏影响；

⑧ 滤水器定期（一个检定周期1次）清理；

⑨ 检查人为破坏痕迹；

⑩ 逆流加单向阀（有水泵二次供水、两路供水、可能热水回流）；

⑪ 根据用户反映的情况，检查水表有无异常，决定水表是否需要检定计量性能或是否需要更新。

10.4 水表常见问题和处理方法

水表常见问题（故障）分为生产中和使用中，经常出现的问题和解决的方法见表10-2。

表 10-2 常出现的问题和处理方法

序号	问题现象（有的不是水表故障）	原因	处理方法
1	校表时发现始动流量差及最小流量负超差	中心齿轮与第一位相邻齿轮啮合过紧； 齿轮组转动不灵活； 前几位指针碰标度盘或上夹板； 前二位齿轮啮合面上有毛发或垃圾； 叶轮轴与上夹板衬套配合过紧； 顶尖头过平； 顶尖、整体叶轮、上夹板衬套同轴度差； 齿轮158的大齿片吸附在上夹板下平面； 调节孔开启过大； 叶轮盒、滤水网与表壳台肩平面接触不严； 叶轮上有毛刺； 上夹板变形后叶轮上下顶死； 叶轮位置过低； 进水孔切线圆半径过小； 水温过低； 机芯组装后，叶轮转动不灵活	调整中心距或调小齿轮直径； 检查轴孔配合、齿轮径向跳动； 调整标度盘位置； 清除脏物； 使间隙为0.15～0.20mm； 适当修尖及磨光顶尖头； 分别找出原因剔除； 计数器充满水或换齿轮； 叶轮调高，孔关小； 旋紧中罩或更换不合格零件； 去除毛刺； 调顶尖，使叶轮窜量约0.8mm； 调高叶轮，关调节孔； 放大切线圆半径，重新调试； 等水温高时，或改进材料； 查找原因，改进机械阻力

续表

序号	问题现象（有的不是水表故障）	原因	处理方法
2	校表时发现水表走快或特别快	叶轮盒进水孔有溢边或毛刺； 叶轮盒进水孔太小； 叶轮位置过低； 错装大一档规格水表的计数器，或前三位齿轮装错	去除有溢边或毛刺； 修正进水孔； 调高叶轮； 按要求更正
3	校表时发现水表走慢或特别慢	大口径水表齿轮盒筋低于表壳平面，使盖板盖不住机芯； 叶轮盒、滤水网与表壳台肩平面接触不严； 叶轮盒进水孔太大； 叶轮空间位置过高； 错装小一档规格水表的计数器，或前三位齿轮装错	筋上垫橡皮，使略高表壳平面； 旋紧中罩或更换不合格零件； 更换叶轮盒； 调低叶轮空间位置； 按要求更正
4	使用中变快	叶轮盒进水孔表面结垢或杂物堵塞； 滤水网孔严重堵塞； 顶尖头略有磨损（叶轮下降）； 水表不用水自走	换表； 换表； 换表； 解决自走问题
5	使用中变慢	顶尖严重磨损，机械阻力增大； 叶轮衬套落下碰叶轮盒； 上夹板变形； 叶轮盒中有杂物； 被冻过； 被烫过； 人为破坏	换表； 换表； 换表； 清除杂物； 换表，防冻； 换热水表； 换表，追责
6	水表发出"嗒嗒"声	管网水压剧烈波动	装排气阀； 避免在管网中直接抽水等
7	不用水自走（不是水表故障）	漏水； 管网中有气和水压波动	分辨是漏水还是其他原因； 如不是漏水，要在管网中装排气阀或开龙头排气，并在水表进或出水端装单向阀
8	灵敏针停走	叶轮被异物卡住； 第一位齿轮损坏； 人为破坏； 叶片折断； 冻、烫坏变形； 干式表脱磁	清理异物。装滤水器、单向阀； 换表； 换表，追责； 换表，提升水表流通能力； 阻隔热水进入（换热水表）、防冻； 改进磁铁或用湿式表
9	指针或字轮停走	齿轮被异物卡住或损坏； 字轮被卡住或损坏	换表； 换表，改进字轮结构

序号	问题现象（有的不是水表故障）	原因	处理方法
10	水表乱跳字	字轮在字轮盒中间隙过大，拨轮对字轮失去自锁作用； 指针孔大而松动	改进结构； 减小指针孔径
11	度盘起雾	湿式表水没有充满水； 干式表进水或气密性差； 温差引起	现场热毛巾热敷； 使用液封表或液晶显示表； 改进水表加工工艺
12	度盘发黑	表盖没有盖好； 阳光照射	表盖、表井盖盖好； 使用干式表
13	烫坏	太阳能热水器热水流入； 供水停水	换热水表； 装耐高温单向阀
14	倒转	有多路供水； 有二次泵站供水	装单向阀； 装单向阀
15	偏针	装配不对； 指针孔大而松动； 被冻过； 人为偷盗	减小间隙的影响； 减小指针孔径； 防冻； 防范和打击
16	用水量突增（非正常用水）	马桶漏水（有时漏，有时不漏）； 管道漏水； 太阳能漏水（有时漏）； 多路供水	马桶进出水阀有时会失效，关注解决； 通过夜间流量识别，找到漏点解决； 关注并解决； 每个水表出水端装单向阀
17	远传数据与基表不一致	传感器出故障；电源出故障	专业人员现场检查处理

第 11 章　水表检定（生产）管理

11.1　检定（生产）工艺流程管理

对于不同加工模式单位工艺流程有较大区别，目前自来水公司主流情况是接受成品表检定和维修，少数是生产。确定流程后，明确人员职责，使过程控制程序化。下面是常见模式：

（1）检定流程模式

评价接受送检水表→登记存放→确定检定操作注意事项（编制作业指导书）→安排检定（包含外观、功能、密封、示值误差）→检定标识（如检定合格证或铅封）→抽检（评价检定质量）→办理入库手续→出具检定证书（可以省略）→通知用户取表或送表。

注：自来水公司自用水表检定不合格时，可做相应处理。如由生产单位来维修或自行调节等。

（2）简单生产流程模式

根据需求制定采购计划（包括机芯、表壳、罩子等零部件）→验收入库→安排生产→领料→组装成水表（湿式表灌水以及罩子上做表号，有的在度盘上做表号）→调校示值误差→密封性检查→铅封→抽检（评价生产质量）→办理入库手续→包装。

注：如自来水公司有授权水表检定，可以考虑生产与检定之间的协作关系，但检定公正和独立性应有保证。

（3）较复杂生产流程模式

设计水表零部件→通过型批→根据需求制定采购计划（包括 ABS 工程塑料、表壳、罩子等零部件和材料）→验收入库→安排生产→领料→注塑机芯零件等→机芯装配→组装成水表（湿式表灌水以及罩子上做表号，有的在度盘上做表号）→示值误差校表→密封性检查→铅封→抽检（评价生产质量）→办理入库手续→包装。

注：这种模式全国自来水公司已很少。

11.2　技术质量管理

（1）技术文件编制

技术文件是企业内部作业指导书，也是质量准则，生产或检定人员以及管理员要有没有规矩不成方圆意识，明确作业要求，形成文件化管理，并且执行文件要通过批准，发放使用要有签收登记（可以采用电子文档共享）。常见作业文件有：产品图纸、装配工艺卡、零部件检验文件、密封性检查作业指导书、水表示值误差检定程序、注塑工艺文件、抽样规定、记录表格等。

工艺和技术文件应由专业人员编制和后续管理，如有更改应把发放出去的对后续有质量影响的都更改掉。下面举例说明作业文件：

例 11-1　水表示值误差检定程序（启停容积法为例）

如是湿式表，把水表度盘灌满水，注意半液封小盖子下面也要灌满水，并且不会漏

掉。(该部分属生产、检定无此过程)

① 检查所用装置和配套设备是有效正常状态;

② 装夹水表:把水表按水流方向同轴安装在上下游直管段上(从出水端第一个装表,依次装到进水端,开启夹紧阀),密封件不得凸入管内,大表应有支撑和定位;

③ 在出水阀关闭状态下打开管路进水阀,然后先大后小打开出水阀排气,关注转子流量计内是否有气泡;(此时量筒底阀是开启状态)

④ 无气泡时先小后大关闭所有出水阀和进水阀,按密封试验程序要求做;

⑤ 关闭量筒底阀,抄读水表初始示值,选择要试验的流量点(通常是 Q_3),选择对应的流量计打开开关到需要的流量值。实际流量值应分别控制在:$0.9Q_3 \sim Q_3$ 之间;$Q_2 \sim 1.1Q_2$ 之间;$Q_1 \sim 1.1Q_1$ 之间;

⑥ 关注量筒水位升到规定体积量如 100L(也有用液位计或摄像自动检测的),关闭流量计阀门;

⑦ 在量筒水位静止和水表静止时抄读量筒水位体积量和抄读水表体积量;

说明:每次读数的最大内插误差一般不超过 1/2 最小检定分格值。因此在测量水表的排出体积时,总的内插误差可达到 1 个最小检定分格值。水表的初始读数和终止读数要求判读至水表的检定分格值或最小分度值。例如旋翼式水表 LXS-15E 型的检定分格或最小分度值为 0.05L,则检定时水表读数的最小位应读至这一位,如 100.05L 或 110.10L。如不读到水表的检定分格,则可能在稳定用水量较小时引起超过 0.5% 的测量误差,这种情况较多地出现在分界流量和最小流量的示值误差的检定。(注:期间核查时不推荐这样读表)

有些指针式水表可能存在指针错位情况,即某一位指针指向零时,其相邻上一位的指针不指向整数位置。这种情况对水表不会产生累计的系统差,但会给检定时读数带来麻烦。此时的水表示值读数应通过读数经验进行一些人为纠正,避免给示值误差的检定结果带来不合常理的误差值,同时当检定示值误差的计算出现这种情况时,也要留心一下是否存在指针错位现象。

当人工读数的可靠性无法得到保证时,为提高检测结果的可靠性,可以用专用的读数传感器进行读数。

(重复前面步骤再检其余流量点)

⑧ 计算评定水表示值误差是否合格,对合格表和不合格表都做标识;(不合格的生产表拆开调整,不合格的检定表退给送检单位)

注:示值误差应保留小数点后几位,目前没有发现较权威说法,现实中常用流量误差可以计算到小数点后 2 位,分界和最小计算到小数点后 1 位。编者结合水表使用要求等认为:水表所有示值误差保留小数点后 1 位,且小数点后第二位不论有多大都舍去。

⑨ 关闭进水阀,打开一个流量计出水阀泄压,松开夹表器,卸下每只水表倒出余水并分类放置。打开量筒底阀排水。

编制:×××
批准:×××
日期:201×年×月×日

例 11-2 密封性检查操作程序

① 先把水表单台或串联夹紧安装在试压台上(可以把度盘朝下。立式试验装置上的被检水表,其表玻璃应背向试压人员),打开进和出水阀,通水将试验装置和水表内的空

气排除干净（此时增压阀关闭、锁压阀开启状态）；

② 关闭出和进水阀（先关出后关进）；

③ 关注压力表，缓慢打开增压阀门增压，到达 1.6MPa 压力时停止增压，同时关闭锁压阀，观察 1 分钟；

④ 检查压力表有无降压现象（一般无降压现象就无漏水）和水表有无漏水，对漏水水表做标识；

⑤ 到规定时间（发现有漏的可以不到规定时间），把增压阀回零（回到起始位）和锁压阀开启泄压，打开出水阀（如在检定装置上无漏水情况下，此时要打开进水阀开始流量误差检定），松开夹表装置卸表。

⑥ 倒出余水，把水表按是否合格分类放置（通常放在沥水车上）；

试验过程中应保证装置本身无泄漏，压力表状态正常，有安全防护。

编制：×××

批准：×××

日期：201×年×月×日

例 11-3　远传水表探头安装规定，见图 11-1。

远传水表探头安装规定

远传水表传感器安装分为旋翼式液封远传水表和垂直螺翼远传水表两种，在确定信号检测无误后，方可进行安装。

旋翼式液封远传水表传感器安装通过螺丝固定，传感器线朝表度盘里（见图一）

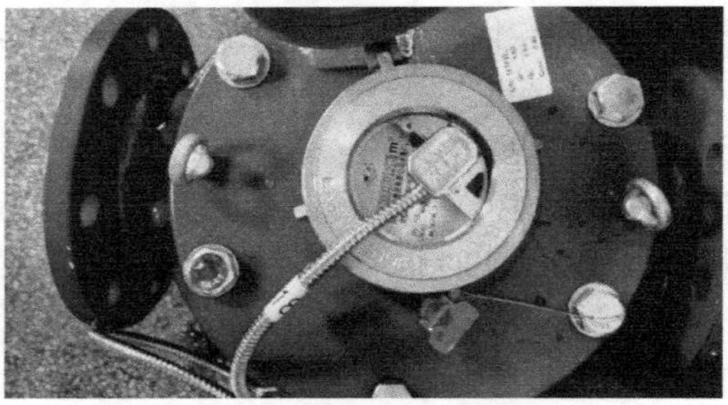

旋翼式液封远传水表传感器安装图（图一）

垂直螺翼远传水表传感器安装通过铜铆钉固定，传感器线朝外（见图二）。

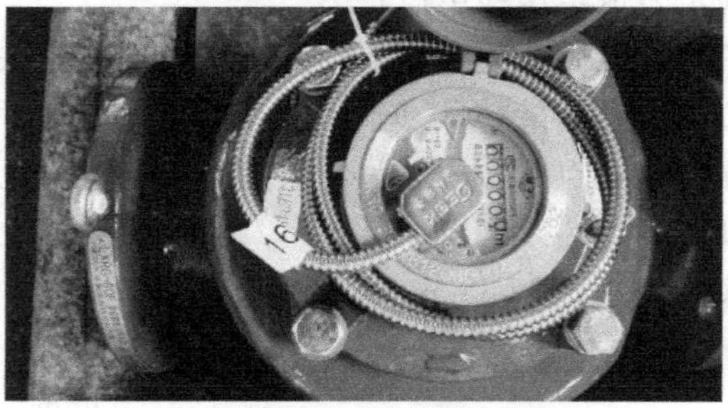

垂直螺翼远传水表传感器安装（图二）

制定人：×××

审　核：×××

日　期：2018.1.10

图 11-1　远传水表探头安装规定

例 11-4 机芯进货检验文件，见图 11-2。

南京水务集团有限公司
水表厂

工艺检验卡片

示图：

产品型号	LXS-15~50E/C		零(部)件图号		共页 第1页
产品名称	旋翼湿式水表		零(部)件名称 外购件	交往何处 机芯	量具(仪器)编号 库房

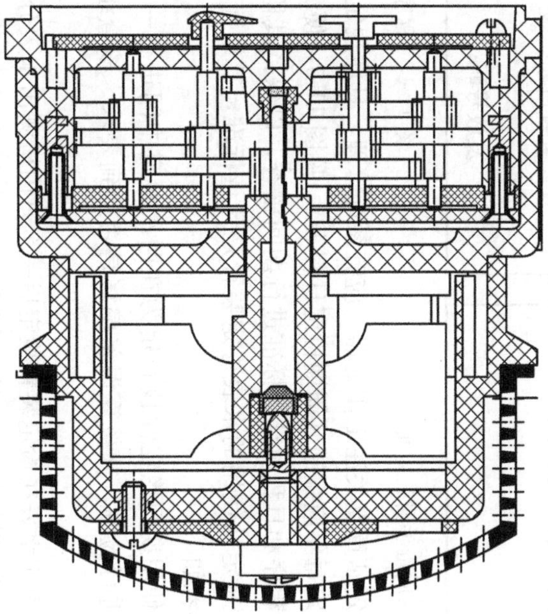

生产经营科

被检工序

车间 序号	检查项目	尺寸	公差	检查方法	量具(仪器)编号
1	度盘面瓷白色，标识、刻度等符合图纸要求.			目测	
2	拨动圆指针，要求旋转灵活，无急停现象.			目测	
3	连接部位不自行脱落（垂直拿时）			目测	
4	齿轮材料为POM，齿轮轴上下有串量			目测	
5	同规格叶轮盒模号相同			目测	
6	指针装配不易脱落且对位正确			手动	
7	流量性能调试合格			检定装置	
8	上轴承材料	玛瑙		用针划或截无痕迹	

编制(日期)	审核(日期)	会签(日期)	批准日期	编号
×××18.4.20	×××18.4.20	×××18.4.20	×××18.4.20	×××××

描图					
描校					
图号	标记	处数	更改文件号	签字	日期
装订号	标记	处数	更改文件号	签字	日期

图11-2 机芯进货检验工艺卡

（2）质量管理文件编制

作为水表检定站应按 JJF 1033 和 JJF 1069 要求管理，需要编制质量管理文件作为日常工作要求，目前通用《质量手册》和《程序文件》中涉及内容基本能够用了，编制这些文件的同志要对规范和检定站管理较熟悉。图 11-3 是《质量手册》封面，图 11-4 是《程序文件》封面。

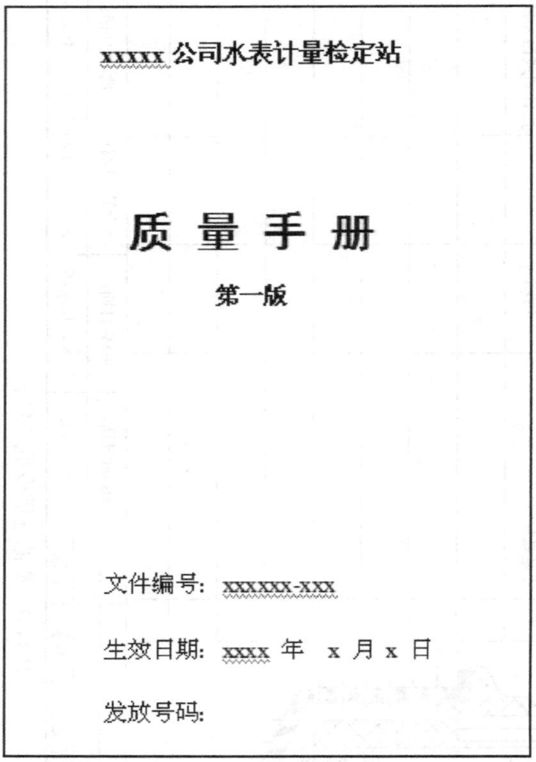
xxxxx 公司水表计量检定站

质 量 手 册

第一版

文件编号：xxxxxx-xxx

生效日期：xxxx 年　x 月 x 日

发放号码：

图 11-3 《质量手册》封面

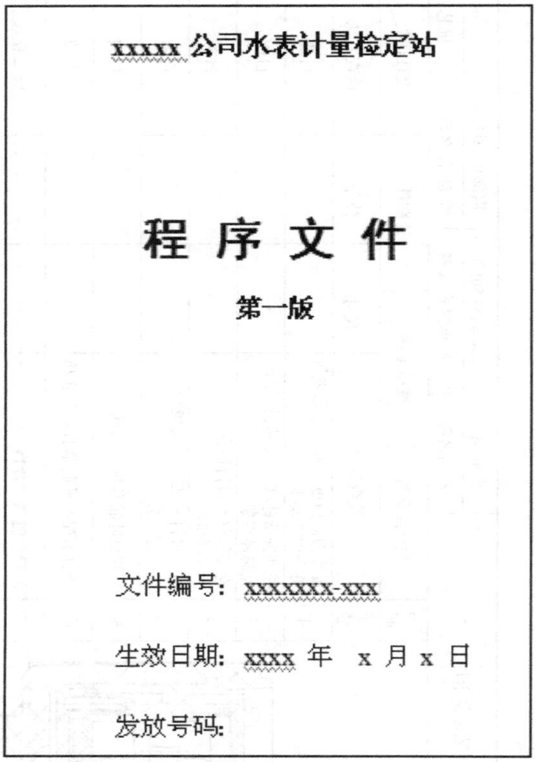
xxxxx 公司水表计量检定站

程 序 文 件

第一版

文件编号：xxxxxxx-xxx

生效日期：xxxx 年　x 月 x 日

发放号码：

图 11-4 《程序文件》封面

计量器具是检定站重点关注工作量器，应有系统管理，具体规定应在《程序文件》中描述，其中周期检定每年应编制《周期检定日程表》，见图 11-5，便于执行。

应根据规定的程序和日程对计量标准进行期间核查，以保持其检定置信度。这是 JJF 1069 中要求，水表检定站使用的水表检定装置是计量标准，其期间核查规定应在《程序文件》中描述，参考如下：

水表检定装置使用期间稳定性核查定为在两次检定中间进行一次，核查方法：使用 DN20 容积式水表进行检测，并核算误差偏移是否达到要求。核查组织人：技术负责人。要求细则如下：

使用 DN20 容积式水表在检定装置检定后一个月内检测出水表分界流量和常用流量点 10 次的误差值，计算出平均值 x_1 和实验标准差 σ，期间核查时用该水表测出水表分界流量和常用流量点 10 次的误差值，计算出平均值 x_2 和实验标准差 S_r。（实验标准差计算看 6.2.1 中（6）部分）

计算评判同时要满足下列两式

计量器具周期检定日程表

部门　　　　　　　　年　　　　　　　　　　　　　　　　　　　　　　　第　页

序号	计量器具名称	型号	测量范围	精度级	出厂编号	本站编号	使用地点	检定部门	周期	检定日程(实际/计划)												备注
										一月	二月	三月	四月	五月	六月	七月	八月	九月	十月	十一月	十二月	

批准　　　　　　　　制表

图 11-5　周期检定日程表格样式图

$$|x_2 - x_1| \leqslant 0.2\% \tag{11-1}$$
$$S_\mathrm{r}^2 \leqslant 1.9\sigma^2 \tag{11-2}$$

S_r 是核查时实验标准差，σ 是参照实验标准差。

满足上式时，装置稳定合格。反之不合格，必须查找原因，解决后重新核查并合格，或溯源检定。

核查时应记录试验情况，保留相关记录。

（3）有关术语理解如下：

① 首次检定是为了确定新生产的计量器具其计量性能是否符合其批准时型式所规定的要求，应在实验室进行；

② 后续检定是为了确定计量器具自上次检定并在有效期内使用后，其计量性能是否符合所规定的要求。后续检定包括有效期内的检定、周期检定及修理后的检定，一般在实验室进行；

③ 使用中检查是为了检查检定标记或检定证书是否有效、保护标记是否损坏、计量器具状态是否受到明显变动和误差是否超过使用中的最大允许误差，一般在现场检查；

④ 检定证书：证明计量器具已经过检定，并获得满意结果的文件；

⑤ 检定结果通知书：声明计量器具不符合有关法定要求的文件。

（4）现场检测（使用中检查）方法

现场检测是利用现场条件，将流经被测表的流体接入标准计量器进行比对。有时标准计量器的准确度等级与被测表相比不一定满足 1/3 要求，因此在检测之前需对这种检测的可行性和检测结果的可接受性作出判定。目前常用检测方法有：

① 利用与水表相连通的存储容器、工作容器、水池的体积作为标准；

② 衡器的容器质量法；

③ 在被测表管线合适场所预留位置，以备接入标准计量器，比对法；

④ 外夹装超声换能器的超声流量计法。住宅民用水表采用②或③方法较多，工业用大口径采用①或④方法较多。

采用④方法时应评估系统不确定度，因除超声流量计本身准确度（0.5%～1.5%）外，还应包括现场不利因素，通常总不确定度在2%～5%之间，若测量粗糙或无法获悉确切流通面积，系统不确定度或超过5%。

（5）电子装置功能检查

带电子装置水表目前主要是远传水表和 IC 卡水表。

① 检查内容的选择

功能检查至少包括与水表主示值有关的显示和信号转换。其他功能检查项目可根据产品功能特点和管理需要，按不需拆除水表保护封印、不会对水表产生损坏的原则进行选择和确定。如对带阶梯水价设定功能的用水段和价格设定等。

功能检查可能需要制造商提供水表产品说明书与其产品相配套的检测设备、仪表或软件。

应注意水表附加电子装置的原理结构是否与型式批准的型号一致。必要时，检查结果还应根据型式批准证书的内容进行判定是否符合。

② 主示值显示功能检查

按产品的操作方法，对法制计量管理要求的水体积、金额等主示值的显示功能进行检查，结果应符合其产品标准和说明书的要求。

③ 信号转换功能检查

远传水表和 IC 卡水表应进行信号转换功能检查。

一般可在通水前或通水后，比较水表机械指示读数与电子显示读数的一致性。通水量一般不小于 2 个机电转换信号当量对应的水量。

直读式水表，远传示值应与机械指示器的读数一致。

瞬时发讯式水表，远传示值应与机械指示器的读数差不大于 1 个机电转换信号当量。

检定结束后应在检定记录和检定证书中"功能"一栏注明所检查内容。

11.3　水表检定（生产）工艺装备及质量分析方法

（1）工艺装备

水表检定与生产所需装备有所不同，生产型企业配备应符合《水表制造计量器具许可考核必备条件》（计量法修正版发布前按此规定，2017 年 12 月 28 日后没有强制按此规定）；自来水公司常规配备检定水表装备没有上述要求，但要通过计量标准考核，及通过《计量标准考核规范》JJF 1033—2016 考核，还要通过授权考核。

装备配备应考虑满足水表检定量和规格范围覆盖，还应考虑先进性、效率、自动化程度以及资金能力。装备配备还应考虑厂房配套性、人员技能的要求等。

作为水表检定站需配备设备可参考表 11-1，常用设备中需要建标进行量值传递的是水表检定装置。

表 11-1 检定水表常用设备一览表

序号	设备名称	型式	规格范围	备注
1	水表检定装置	多表串联	15～25	带有耐压密封性检测功能，配有智能装置更好；数量根据产能需要来确定
2	水表检定装置	单表	15～25	
3	水表检定装置	单表	40～50	如有耐压密封性检测功能就可以不配试压装置
4	水表检定装置	单表	80～300	可多表串联
5	大表吊装设备			行车或悬臂吊
6	供水增压系统			常用变频水泵
7	稳压罐		(1～20)t	按装置规格和用于几台来配
8	空气压缩机			自动无人值守
9	试压装置	手动或电动	80～300	
10	检表用水循环系统			
11	水表沥水推车		每车100只表	
12	叉车			车间之间搬运和上下货

（2）质量分析方法和常见质量问题处理

1）质量分析方法

不论是检定还是生产，都离不开质量控制，都会发生质量问题，质量分析有若干个方法，但都需要有基础数据，作为管理层和执行层都应注意保留和收集相关质量信息参数，利用统计技术和逻辑关系发现问题所在，找到问题原因，制定纠正和预防措施。

如发现水表分界流量误差负超差，查找以下原因（水表以外原因）：

① 用水量是否达到 200 倍最小分格要求（启停法）；

② 前期量筒内余水是否排完；

③ 内部管线是否会有虹吸可能；

④ 换向器来回是否有明显不一致；

⑤ 台位差是否相差较多；

⑥ 检表员看错数据；

⑦ 底阀更新后量筒体积发生变化。

如发现水表分界流量误差正超差，查找以下原因（水表以外原因）：

① 水表出水端管线或底阀有漏水；

② 用水量是否达到 200 倍最小分格要求；

③ 水表进水端密封橡皮是否有凸出到进水口；

④ 水中含有气泡；

⑤ 检表员看错数据；

⑥ 水表进水口与装置错位（偏心）过多。

对检定水表或生产校表中发现是水表自身原因导致不合格较多时，可以统计一段时间内（如 1 个月）所有该种水表的检定误差数据，进行比例计算，看各自占比，发现其中规律，报告给供应单位，以便有针对性的采取措施。统计技术分析有多种方法，可以学习相关文献和本教材并运用到工作中。表 11-2 和图 11-6 举例说明使用柱状图直观看出分布情况。

表 11-2　误差数值表

误差值	百分比		数量
$x \leqslant -2.5$	4%	200	8
$-2.5 \leqslant x < -2$	4%	200	8
$-2 \leqslant x < -1.5$	5%	200	10
$-1.5 \leqslant x < -1$	13%	200	25
$-1 \leqslant x < 0$	46%	200	92
$0 \leqslant x < 1$	9%	200	17
$1 \leqslant x < 1.5$	6%	200	12
$1.5 \leqslant x < 2$	4%	200	7
$2 \leqslant x < 2.5$	7%	200	13
$\geqslant 2.5$	4%	200	8

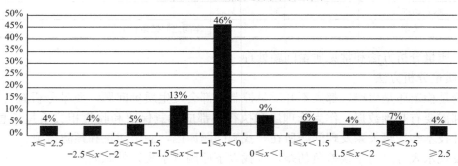

图 11-6　误差分布柱状图

2）常见问题处理

检定站日常工作涉及许多方面，质量问题不只是面对水表，应该按 JJF 1069 和内部管理规定作为行为准则，去发现和处理常见质量问题，表 11-3 所列情况仅供参考，工作中远不止这些。

表 11-3　常见质量问题及处理方法

序号	常见质量问题	处理办法
1	检定员不按检定规程做	1　加强流程管理； 2　巡查； 3　明确责任处罚
2	检定记录填写缺信息	1　加强培训，让工作人员清楚缺信息的危害； 2　适当处罚
3	执行文件无管理	1　明确管理规定； 2　内审或巡查执行情况
4	对检定规程要求掌握不够	1　内部研讨统一认识； 2　参加培训； 3　与同行交流
5	发现质量问题缺少系统原因分析	1　不要只看到产生问题那个点，要从流程防线上看有哪些做的不到位； 2　领导者要有全局观
6	记录管理混乱	1　明确管理规定； 2　内审或巡查执行情况； 3　执行者明白记录有何用

11.4　水表维修

1）修表顺序：

① 拆卸水表（借助专用工具）；

② 清洗壳体和机芯（机芯要在 100kg 水加 1kg 草酸溶液中浸泡 24h）；

③ 检查出明显磨损或损坏的零件；

④ 利用新的零件替代不宜再用的零件，修复可用零件；

⑤ 完成装配任务；

⑥ 调试性能；

⑦ 检定；

⑧ 压力试验加封印。

2）维修应注意问题：

① 应有相适应的设施、人员和检定仪器设备；

② 维修更换的零部件应是原水表生产单位的该类型水表用的；

③ 告知用户维修成本（费用）得到用户认可；

④ 维修应由专业人员，在熟悉该表结构情况下拆装调试等；

⑤ 水表冻坏玻璃时机芯也会冻变形（有时肉眼看不清的）；

⑥ $DN15\sim DN40$ 水表使用到期后不可以维修再用；

⑦ 目前维修常用于 $DN50\sim DN300$ 水表后续检定发现有不合格时。

第三篇　安全生产知识

第 12 章　安全生产知识

《中华人民共和国劳动法》和《中华人民共和国安全生产法》的内容可概括为：事故预防、事故处理和法律责任三个主要方面。

安全泛指没有危险、不受威胁和不出事故的状态。而危险是指可能导致人身伤害或疾病、设备或财产损失以及工作环境破坏的状态。事故就是造成人员伤亡、疾病（职业病）、伤害、损坏及其他损失的意外情况。事故是突然发生的，安全防护就是防止事故发生和保护人员与设备安全所采取的措施。

12.1　安全生产基础知识及法律法规

安全，人们传统的认识就是平安，没有危险和事故。由于社会的进步发展，安全的内涵被赋予新的含义，现在通常是指各种事物对人、物、环境不产生危害，实质是消除能导致人员伤害、疾病或死亡、引起设备财产损失、危害环境的条件。安全生产是指在生产经营过程中，为避免发生人员伤害和财产损失，而采取相应的组织措施和技术措施，以保证从业人员的人身安全，保证生产经营活动得以顺利进行的相关活动。

安全，是一个极为重要的课题。人类要生存、要发展，就需要认识自然、改造自然，就会有生产活动和科学研究，生产活动的增加和科学技术的发展使人类生活越来越丰富，同时也产生了威胁人类安全和健康的安全问题。特别是重大生产事故的相继发生，造成了大量的人员伤亡和财产损失，给企业和社会带来了极大的危害。所谓安全生产管理就是指国家应用立法、监督、监察等手段，企业通过规范化、标准化、科学化、系统化的管理制度和操作程序，对危害因素进行辨识、评价、控制，实现生产过程中人与机器设备、物料和环境的和谐，达到安全生产的目标。

安全生产管理包含宏观的安全生产管理和微观的安全生产管理。宏观的安全生产管理主要是指能体现安全生产管理的所有法律、法规、规范和管理措施及其活动；微观的安全生产管理主要是指企业生产经营过程中的具体安全生产管理活动。我们一般把宏观的安全生产管理称为安全管理，而把微观的安全生产管理称为安全生产经营管理。安全管理的内容包括安全生产管理体制与法制、安全生产管理制度、事故统计、事故调查与处理和应急救援等。安全生产经营管理的基本对象是人，涉及企业生产经营过程中的所有人员、设备设施、物料、环境、财务、信息等各个方面。安全生产经营管理作为管理学的一个分支及生产经营管理的重要组成部分，它遵循管理的一般规律和基本原理，但也有其特殊性。

做好安全生产的意义在于：在政治方面，它是维护和巩固我国政权基础的有力保障，是实现安全发展的基础和创建和谐社会的需要；在经济方面，它是发展经济、实现中国梦的重要条件，是企业生产和国民经济健康发展的前提条件；在社会方面，它关系到社会、企业的安定。

12.2　安全操作规程

以下列举了水表装修方面多个工种的安全操作规程：

（1）车工安全操作规程

① 开工前扎紧衣袖，女同志戴工作帽，严禁戴手套、围巾。

② 机床运转前各加油孔必须加油一次，运转时人不得离开应严密注视运转情况。

③ 换保险丝需另一个人监督，连续熔断应由电工去检查。

④ 机床防护罩不准拆除，如需拆除修理应经班组长同意。

⑤ 下班后必须关闭通电闸刀，打扫车床并用油将大小托板内金属屑清除，并加油保养，三星轮放入空挡。

⑥ 切削黄铜和铜铁元件及使用砂轮时，要戴眼镜。切削铸铁应戴口罩，如有砂落在机床上应及时清扫。车制不规则工件，应先盘动车头检查工件是否碰床面。

⑦ 车制偏心工件，应先校正轻重平衡再加设临时栏杆。车制 $\Phi25mm$ 及以下内孔，不准用手指拿砂布内孔。切削下的铜铁屑应用铁钩清除，不准用手去拿。用千分尺，游标卡应停车测量，并经常擦油保养。

⑧ 行车或抬运起重时，应检查所用工具是否良好。

（2）钳工安全操作规程

① 钻床事项：

钻头运转时，碎屑禁止用手擦、嘴吹。应用毛刷清扫。严禁戴手套操作钻床。钻 $\Phi20$ 以上的孔接近穿通时，不准用手去摸底部。钻小薄或圆形工件必须打样冲眼压紧后再钻。拆除钻帽时应用斜度销子，严禁手放在钻帽下。使用砂轮应戴眼镜，活动扳手禁止当榔头使用。非本组人员不得使用钻床。下班后应清扫钻床擦净，油孔加油关闭通电闸刀。

② 台钳事项：

使用台钳手柄处不得用锤硬敲或加管子硬扳。使用台钳工件不得夹紧过夜，转动处每周应加油。2/16 以下铁板不得在钳口上钻，精细工件应加铜皮。

③ 搬运事项：

吊大件需检查绳子链条，下面垫牢后才准放下。抬大件需检查扁担和绳子，两人同时站起，防止扭腰。$\Phi300mm$ 以上盖板不得站起来搬运，应抬运或用小平车运输。

④ 榔头事项：

榔头应配铁销子，防止使用时榔头飞出伤人。榔头手柄不得有油渍，不得戴手套，以防敲时伤人。榔头手柄不宜太长太短，一般以 12″ 为适当。

⑤ 锉刀事项：

使用锉刀必须配有木手柄，严防锉刀插入手掌。使用锉刀后适当存放。不准放在台钳或台边。

⑥ 斧子事项：

使用斧子应严格注意对面是否有人，防止误伤。使用撬棍时棍柄不能置于头顶上方，防止滑落伤人。

（3）修表工安全操作规程

① 拆紧水表时，水表要夹紧牢固。

② 扳手要符合要求，两脚分开避免跌跤及避免砸伤手脚。

③ 操作人员对大表洗涂漆时，不得坐着翻身，要站着翻身，预防人体损伤。

④ 清理水表零件时，不得使用刀、锤、钳损伤零件。

⑤ 水表机芯从表壳中倒不出时必须用水力顶击（机芯向下）。

⑥ 装校大表时，水表必须垫平，装夹时水和前后直管对直，防止脱落伤人。

⑦ 吊装大表的铁链每周应检查一次，水表在铁链上应平稳，水表吊起高度不得超过0.5m。

⑧ 运输大表应用手推车。

⑨ 冬季结冻期间下班后应关闭自来水开关，打开落水开关。

（4）仓库保管员安全规程

① 仓库重地，非工作人员不得入内。

② 仓库内严禁明火，吸烟，火种不得带入仓库内。

③ 仓库内应有必要的消防器材，保管员应懂得正确使用。

④ 易燃易爆物品应分开贮存，并有醒目标记不得存放在车间里。

⑤ 保管员下班前要检查物件是否完好，电源要切断，窗要关好，门要上锁。物品堆放要合理，堆放整齐，防止滑落。

（5）电工安全操作规程

① 400A，380V 配电板合闸时，必须戴橡皮手套。

② 在各小组检修线路时，必须在 400A，380V 总配电闸把上挂"严禁合闸"的警告牌。

③ 各个小组在检修工作切实完毕后，必须取得厂部负责人同意后才准取下警告牌，再合闸送电。

④ 电工因公离开配电闸应将大门锁闭。

⑤ 配电间严禁小孩进入和闲人进入聊天。

⑥ 安装或检修工作，严格严禁带电操作。

⑦ 在使用梯子时，应将梯子顶牢或人扶稳。

⑧ 配电间应保持整洁整齐。

（6）校表工安全操作规程

① 操作工人进入车间，夏天不准穿拖鞋、打赤膊。

② 水位玻璃管，应经常保持明洁畅通，每月冲洗一次。

③ 严寒冬季每日下班后，必须将进、出水总闸关闭，再放泄标准容器和水位计内的存水，防止冻坏设备。

④ 每天下班后，须关闭电闸，关闭进水闸，清理校表台。

⑤ 紧表时扳手要端平，两脚分开防止滑跌。

（7）电热器具操作人员防火守则

① 凡使用电烙铁、远红外取暖器、干燥箱等电热器具人员必须懂得设备性能，严格遵守操作规程和防火安全制度。

② 电热器具应在专用房间使用，不准随便移动，凡有易燃液体，可燃气体，粉尘场所，严禁装设、使用电热器。

③ 安装电热器具要离开可燃建筑构件和可燃构件，必须放在不可燃烧材料的垫座上，不准直接放在桌上，台板等可燃构件上。

④ 必须根据电热器具功率，正确选用导线和保险装置，防止超过负荷，发现导线绝缘不良，线芯裸露，要及时更换，以保持完好。

⑤ 烘烤物品，应放在固定的可燃烧材料支架上，与电热器具保持一定的安全距离。

⑥ 较大的电热设备应控制好温度，防止烤燃物品起火。

⑦ 下班和使用电热器具完毕后，要进行安全检查，切断电源，消除火险后，方能离开工作岗位。

⑧ 要学习防火，灭火知识，掌握一般消防器材的性能和使用方法。

（8）注塑工安全操作规程

① 开车前必须空车运转数次，观察各部位是否正常，有无异常反应。

② 喷嘴发现阻塞，应取下进行清理，切忌用增加压力的方法清除。

③ 压力表在操作过程中，一般应关闭，以免因压力波动剧烈而损坏。

④ 在油泵电机工作的情况下，不可在模板间放置任何物体。

⑤ 装卸螺杆或料筒，应检查各螺栓是否拧紧。

⑥ 试模时，注射压力应逐渐提高，禁止任意调高。

⑦ 机器不生产时，电热要停止，关闭电源及水源，并把本班机器运转情况详细告诉下一班。

⑧ 禁止移动模板，在运动中和合模时停车，否则会引起倒转而损坏，应注意电机发热情况，一般不应超过电机温升上限。

⑨ 充分保证冷却水（冬季必须放净存水），工作油温不得超过 50℃。

⑩ 液压系统压力不得超过 6.5MPa。

⑪ 应严密注意防止水杂物混入油中，油箱应保持一定的油量，每半年要求滤油清洗一次，包括齿轮箱。

⑫ 上班要求高度集中思想，注意油泵机械运转情况，发现问题及时检修机械运转部分，不允许离开机器或看书报，烘箱禁止放易燃品、衣物，出事由个人负责。

⑬ 烘箱应保持正常温度 120℃以下，随时注意温度变化，烘箱的鼓风机加热，快加热，三相电流要求平衡，如有一相发生故障，及时关闸检修。

（9）电梯（升降机）安全操作规程

① 电梯（升降机）是生产运输工具，必须确保人与货物的安全。

② 必须指定专人操作，不准超负荷载人和物（质量不得大于 500kg/次），操作人员必须熟悉电梯（升降机）性能，预防事故的紧急措施。

③ 开机前要检查电梯（升降机）运行是否正常，机器是否稳定。

④ 升降机上升、下降时须关好门，门不关好不得操作。

⑤ 开动前要将物件放稳。严禁电梯（升降机）带病运行，发现异常及时报告以便修理。

（10）装配工安全操作规程

① 装配工必须熟悉自己本职工作，方可独立工作。

② 必须按工艺安全要求进行操作。对大口径水表的安装必须做到放稳放妥，注意安全操作。

③ 保持工作场所清洁整齐，禁止吸烟。

④ 进入工作场地要按规定换衣、换鞋帽。

⑤ 下班要关闭台灯，大门上锁。

(11) 试压检验工安全操作规程

① 试压前，启动水泵，检查稳压罐压力是否符合要求，检查水泵及其管道是否泄漏和有其他问题，如发现异常现象，必须先停机检查，及时向生产部门报告，待排除故障后，方能使用。

② 在每日首次试压检验前，将阀门缓慢打开，排尽管道中可能的污水，夹表后应将水缓慢注入表中，待表内的空气排尽，再打开增压阀开关，防止损坏水表。

③ 试压前，水表的指示部分不应对着操作者，以免被受压破坏玻璃片击伤。

④ 下班前，清理好自己的工具，阀门手柄应放在卸荷的位置上，关闭阀门水泵，进行日常保养，清扫工作场地。

⑤ 严寒冬季，下班前必须将进水总阀门关闭，再把落水阀门打开，防止冻坏设备。

(12) 计量工安全操作规程

① 每天上班先打扫室内卫生，擦洗设备、用具、桌椅，工作间内严禁吸烟。

② 进入工作间时，必须先换拖鞋，换工作服。

③ 进入工作间必须随手关门，防止尘土进入。

④ 常用电的计量仪器要有良好的接地线路，防止操作者触电，设备用完以后，要立即切断电源才能离去。

⑤ 计量仪器精密度高，必须有专人使用管理，不熟悉操作规程的人员，严禁运用仪器，以防损坏仪器。

⑥ 下班前，要将所用工具擦干净，放入工具箱内。

⑦ 切断一切电源，关灯，关好门窗才可离去。

(13) 检验工安全操作规程

① 提倡文明生产，对零件做到轻拿轻放，轻搬轻运、整齐清洁。

② 返修品、废品，及时处理，做到班班清。

③ 爱护各种测试仪器和工作量具，并按规定定期对精密仪器进行精度检查。

④ 发现质量事故及时上班，不得隐瞒。

⑤ 安全用电。对仪器台灯等发现漏电现象应立即停止使用，通知检修工，不得自己处理和隐瞒交班。

⑥ 认真做好交接班制度，交清仪器设备，零件数质量情况，每天对仪器设备和室内进行打扫，下班后关好电源和门窗。

(14) 车间公用砂轮机安全操作规程

① 必须熟知砂轮机性能和各种砂轮型号的用途、使用范围。

② 不得拆掉防护罩。调换新砂轮（要有专人负责）应事先检查砂轮质量（有无裂纹不平衡，圆度等现象）。

③ 凡不符合质量要求不能使用。操作时，不要站在砂轮正面，以防砂轮开裂和工作

物飞出伤人，磨工件或者刀具时不准戴手套。

④ 不准手拿棉纱，不准磨有色金属及非金属（如木料、塑料、胶木等），不准有二人以上同时操作一台砂轮机。

⑤ 磨工件或者刀具时要在砂轮上左右移动，保持砂轮平行。磨细长型工件不可向下磨，以防工件脱手伤人。在修正砂轮时，一律要戴口罩和眼镜。

（15）油漆工安全操作规程

① 严禁在工作间内吸烟和使用明火。

② 严格按工艺程序操作，非联系工作者不得进入工作间闲谈。

③ 保持工作场地清洁整齐，安全使用电器，如遇电路故障立即停止使用，并向生产部门报告。

④ 限额领取易燃易爆物品并做到妥善保管，不得把油漆间作为存放汽油等易燃易爆物品的仓库。

⑤ 工作间内外必须备有消防器材，工作人员要做到会正确使用。

（16）包装工安全操作规程

① 工作间禁止一切明火，不准吸烟。

② 包装过程中，对成品做到轻拿轻放，轻搬轻运，按区域堆放整齐，交通畅通，堆放高度不得超过制度规定的标准。

③ 若发现产品的质量问题，应及时上报。

④ 安全用电，对灯具发现漏电现象应立即停用。

⑤ 下班前，打扫包装间，关好电灯和门窗。

⑥ 大门应上锁，钥匙须专人保管，做好防盗工作。

12.3　安全生产事故管理

（1）事故的概念

从广义角度讲，事故是指人们在实现有目的的活动中，由不安全行为或不安全状态所引起的、突然发生的、与人的意志相反的事先未能预料到的意外事件，它能造成人员伤亡和财产损失，导致生产中断，对社会产生不良影响。

从狭义角度讲，是指从业人员在劳动过程中发生的人身伤害、急性中毒事故。即从业人员在本岗位劳动，或虽不在本岗位，但由于生产经营单位的设备和设施不安全、劳动条件和作业环境不良、管理不善，以及生产经营单位负责人指派到单位外从事本单位负责人活动，所发生的人身伤害（即轻伤、重伤、死亡）和急性中毒事故。

在伤亡事故中，我国重点抓了企业职工的伤亡事故，先后制定了国家标准《企业职工伤亡事故分类》GB 6441—1986、《企业职工伤亡事故调查分析规则》GB 6442—1986 和《企业职工伤亡事故经济损失统计标准》GB 6721—1986。这三个标准中所指的伤亡事故是狭义的定义，即企业职工在生产劳动中发生的人身伤害、急性中毒事故。《生产安全事故报告和调查处理条例》（国务院 493 号令发布，2007 年 6 月 1 日起执行）中对事故的范围作了定义：生产经营活动中发生的造成人身伤亡或者直接经济损失的生产安全事故，包括急性工业中毒事故和没有造成人员伤亡但是社会影响恶劣的事故（环境污染事故、核设施事故、国防科研生产事故除外）。

（2）事故的分类

事故的分类主要是指伤亡事故特别是企业职工伤亡事故的分类。伤亡事故分类总的原则是：适合国情，统一口径，提高可比性，有利于科学分析和积累资料，有利于安全生产的科学管理。

伤亡事故的分类，分别从不同方面描述事故的不同特点。根据我国有关安全生产法规和标准，目前应用比较广泛的事故分类主要有以下几种。

1）按伤害程度分类

指事故发生后，按事故对受害者造成损伤以致劳动能力丧失的程度分类。表 12-1 为事故伤害程度轻重的判定标准：

表 12-1 伤害程度分类表

伤害程度	损失工作日	备注
轻伤	≥1d，<105d	无
重伤	≥105d，≤6000d	无
死亡	>6000d	这是根据我国职工平均退休年龄和平均死亡年龄计算出来的

说明：此种分类是按伤亡事故造成损失工作日多少来衡量的，而损失工作日是指受伤害者丧失劳动能力（简称失能）的工作日。各种伤害情况的损失工作日数，可按国家标准 GB 6441—1986 中的有关规定计算或选取。

2）按事故严重程度分类

《生产安全事故报告和调查处理条例》国务院令第 493 号（以下简称 493 号令）将生产安全事故一般分为 4 个等级，见表 12-2 所示。

表 12-2 事故严重程度分类表

等级	死亡人数（人）	重伤人数（人）	直接经济损失（元）
特别重大事故	≥30	≥100	≥1亿
重大事故	<30，≥10	<100，≥50	<1亿，≥5000万
较大事故	<10，≥3	<50，≥10	<5000万，≥1000万
一般事故	<3	<10	<1000万

3）按事故类别分类

国家标准《企业职工伤亡事故分类》GB 6441—1986 中，将事故类别划分为 20 类。具体分类如下：物体打击、车辆伤害、机械伤害、起重伤害、触电、淹溺、灼烫、火灾、高处坠落、坍塌、冒顶片帮、透水、放炮、瓦斯爆炸、火药爆炸、锅炉爆炸、容器爆炸、中毒和窒息和其他伤害，凡不属于上述伤害的事故均称为其他伤害。

（3）事故报告的程序和要求

1）事故报告内容。伤亡事故一旦发生，为了让有关部门及时掌握情况，迅速采取救援及预防等措施，必须按照有关程序及时报告，其内容如下：

① 事故发生单位概况；

② 事故发生的时间、地点以及事故现场情况；

③ 事故的简要经过；

④ 事故已经造成或者可能造成的伤亡人数（包括下落不明的人数）和初步估计的直

接经济损失；

　　⑤ 已经采取的措施；

　　⑥ 其他应当报告的情况。

　　事故发生后，事故现场有关人员应当立即向本单位负责人报告；单位负责人接到报告后，应当于 1 小时内向事故发生地县级以上人民政府安全生产监督管理部门和负有安全生产监督管理职责的有关部门报告。情况紧急时，事故现场有关人员可以直接向事故发生地县级以上人民政府安全生产监督管理部门和负有安全生产监督管理职责的有关部门报告。

　　2）根据安全事故的严重程度，安全生产监督管理部门和负有安全生产监督管理职责的有关部门对接到事故报告后，应当依照下列规定上报事故情况，并通知公安机关、劳动保障行政部门、工会和人民检察院：

　　① 特别重大事故、重大事故逐级上报至国务院安全生产监督管理部门和负有安全生产监督管理职责的有关部门；

　　② 较大事故逐级上报至省、自治区、直辖市人民政府安全生产监督管理部门和负有安全生产监督管理职责的有关部门；

　　③ 一般事故上报至区的市级人民政府安全生产监督管理部门和负有安全生产监督管理职责的有关部门。

　　安全生产监督管理部门和负有安全生产监督管理职责的有关部门按规定上报事故情况，应当同时报告本级人民政府。国务院安全生产监督管理部门和负有安全生产监督管理职责的有关部门以及省级人民政府接到发生特别重大事故、重大事故的报告后，应当立即报告国务院。必要时，安全生产监督管理部门和负有安全生产监督管理职责的有关部门可以越级上报事故情况。安全生产监督管理部门和负有安全生产监督管理职责的有关部门逐级上报事故情况，每级上报的时间不得超过 2h。事故报告后出现新情况的，应当及时补报。自事故发生之日起 30 日内，事故造成的伤亡人数发生变化的，应当及时补报。道路交通事故、火灾事故自发生之日起 7 日内，事故造成的伤亡人数发生变化的，应当及时补报。

　　3）事故发生后必须采取相应的应对措施：

　　① 事故发生单位负责人接到事故报告后，应当立即启动事故响应应急预案，或者采取有效措施，组织抢救，防止事故扩大，减少人员伤亡和财产损失。

　　② 事故发生地有关人民政府、安全生产监督管理部门和负有安全生产监督管理职责的有关部门接到事故报告后，其负责人应当立即赶赴事故现场，组织事故救援。

　　③ 有关单位和人员应当妥善保护事故现场以及相关证据，任何单位和个人不得破坏事故现场、毁灭相关证据。因抢救人员、防止事故扩大以及疏通交通等原因，需要移动事故现场物件的，应当做出标志，绘制现场简图并做出书面记录，妥善保存现场重要痕迹、物证等。

　　④ 事故发生地公安机关根据事故的情况，对涉嫌犯罪的，应当依法立案侦查，采取强制措施和侦察措施。犯罪嫌疑人逃逸的，公安机关应当迅速追捕归案。

　　4）事故调查目的与任务

　　事故调查分析的目的主要是为了弄清事故情况，从管理和技术等方面查明事故原因，分清事故责任，提出有效改进措施，从中吸取教训，防止类似事故重复发生。事故调查分析的主要任务是：

① 查清事故发生的经过；

② 找出事故原因；

③ 分清事故责任；

④ 吸取事故教训，提出预防措施，防止类似事故的重复发生。这也是事故调查分析的最终目的。

12.4 常见安全生产防护用品的功用

尽管各种安全保护措施十分理想，但仍会有一些不安全因素无法用技术和设备去排除，或者尚无经济能力去排除。这时可使用个人防护用品保护人身安全。作业人员要穿戴防护用品，以防止遭到伤害或在发生伤害时，所用的防护用品也能大大减轻其伤害的程度。例如，建筑工人在工地劳动时，为了防备物体从高空处坠落砸伤头部，就必须戴上安全帽。

一般来讲，大部分伤害的防护，都包含在防护用品防护效果所保证的安全限度内。当然，也有超出这一限度的特殊情况，这时就不能依靠防护用品来防止事故。但是对于大多数作业，防护用品都能确保操作安全。所以，只要穿戴这种防护用品，就可使生命危险的重大事故转变为轻微伤害；若发生中等强度的事故时，它就可以减轻事故强度而转化为一般事故。从这种意义来说，防护用品具有消除或减轻事故的作用。

生产过程中存在着各种危险或有害因素，会伤害职工的身体，损害健康，有时甚至致人死亡。长期以来，人们汲取了各类事故的教训和经科学试验，在劳动中按规定使用劳动防护品是十分必要的。劳动防护用品种类很多，不同种类的防护用品，可以起到不同的防护作用。

常用劳动保护用品及安全标识如下：

(1) 头部防护用品

为防御头部不受外来物体打击和其他因素危害而配备的个人防护装备。根据防护功能要求，目前主要有一般防护帽、防尘帽、防水帽、防寒帽、安全帽、防静电帽、防高温帽、防电磁辐射帽、防昆虫帽等九类产品。

(2) 呼吸器官防护用品

为防御有害气体、蒸气、粉尘、烟、雾从呼吸道吸入，或直接向使用者供氧或清净空气，保证尘、毒污染或缺氧环境中作业人员正常呼吸的防护用具。按防护功能主要分为防尘口罩和防毒口罩（面罩），按形式又可分为过滤式和隔离式两类。

(3) 眼（面部）防护用品

预防烟雾、尘粒、金属火花和飞屑、热、电磁辐射、激光、化学飞溅等伤害眼睛或面部的个人防护用品称为眼面部防护用品。眼面部防护用品种类很多，根据防护功能，大致可分为防尘、防水、防冲击、防高温、防电磁辐射、防射线、防化学飞溅、防风沙、防强光九类。目前我国生产和使用比较普遍的有三种类型，即焊接护目镜和面罩、炉窑护目镜和面罩以及防冲击眼防具。

(4) 听力防护用品

防止过量的噪声侵入外耳道，使人耳避免噪声的过度刺激，减少听力损失，预防由噪声对人身引起的不良影响的个体防护用品，称为听觉器官防护用品。听觉器官防护用品主要有耳塞、耳罩防噪声头盔三大类。

（5）手臂防护用品

保护手和手臂的功能，供作业者劳动时戴用的手套称为手部防护用品，通常人们称作为劳动防护手套。按照防护功能分为一般防护手套、防水手套、防寒手套、防毒手套、防静电手套、防高温手套、防 X 射线手套、防酸碱手套、防油手套、防切割手套、绝缘手套。每类手套按照材料又能分为许多种。

（6）足部防护用品

足部防护用品是防止生产过程中有害物质和能量伤害劳动者足部的护具，通常人们称劳动防护鞋。按照防护功能分为防砸鞋、防尘鞋、防水鞋、防寒鞋、防足趾鞋、防静电鞋、防酸碱鞋、防油鞋、防烫脚鞋、防滑鞋、电绝缘鞋、防振鞋等，每类鞋根据材质不同又能分为许多种。

防砸鞋：在大口径水表检定时常常因为体积大、质量重，搬运中的操作失误、铁链绳索突然断裂等导致重物砸伤脚面事故的偶发，须在日常工作中穿戴好防砸鞋等护脚用品。

（7）躯干防护用品

躯干防护用品就是我们通常讲的防护服。如灭火人员应穿阻燃服，从事酸（碱）作业人员应穿防酸（碱）工作服，易燃易爆场所应穿防静电产生的工作服等。根据防护功能，防护服分为一般防护服、防水服、防寒服、防砸背心、防毒服、阻燃服、防静电服、防高温服、防电磁辐射服、耐酸碱服、防油服、水上救生衣、防昆虫服、防风沙服等十四类产品，每一类产品又可根据具体防护要求或材料分为不同品种。

（8）防高处坠落防护用品

防坠落用品是防止人体从高处坠落，通过绳带，将高处作业者身体系接于固定物体上，或在作业场所的边沿下方张网，以防不慎坠落。这类用品主要有安全带和安全网两种。劳动防护用品是劳动保护的辅助性措施，它是劳动者防止职业毒害和伤害的最后一项有效措施。劳动保护的主要措施是改善劳动条件，采取有效的安全、卫生技术措施，劳动防护用品的使用属于劳动保护的辅助性措施。不能因为使用和配备了有效的劳动防护用品就忽视了劳动条件的改善和安全、卫生技术措施的实施。一般情况，对于大多数作业，防护用品具有消除或减轻伤害的作用。但防护用品对人的保护是有限度的，当伤害超过允许的防护范围时，防护用品就会失去其作用。

（9）标识牌

标识牌用来警告工作人员此处危险、不准接近设备带电部分等，提醒工作人员在适当位置采取必要的安全措施，以及表明禁止向某设备合闸送电，告示为工作人员准备的工作地点等。按其用途分为警告、允许、提示和禁止 4 类 9 种，其式样如图 12-1 所示。

(a)　　　　　(b)　　　　　(c)

图 12-1　标识牌示意图

标识牌用木质或绝缘材料制作，不得用金属板制作，标识牌悬挂和拆除应按照《电力安全工作规程》进行。悬挂位置和数目应根据具体情况和安全要求确定。在现场工作中，也可以根据需要，制作一些非标准（字样、尺寸）的标识牌，悬挂在醒目处。

12.5 安全应急方案的制定

为防止重大生产安全事故发生，完善事故应急管理机制，迅速有效地控制和处置可能发生的事故，保护员工人身和公司财产安全，本着预防与应急并重的原则，生产经营单位应结合单位实际制定一整套合理、有效的应急预案。

根据预案针对的对象不同，生产经营单位应急预案分为综合应急预案、专项应急预案和现场处置方案。综合应急预案，是指生产经营单位为应对各种生产安全事故而制定的综合性工作方案，是本单位应对生产安全事故的总体工作程序、措施和应急预案体系的总纲；专项应急预案，是指生产经营单位为应对某一种或者多种类型生产安全事故，或者针对重要生产设施、重大危险源、重大活动防止生产安全事故发生而制定的专项性工作方案；现场处置方案，是指生产经营单位根据不同生产安全事故类型，针对具体场所、装置或者设施所制定的应急处置措施。

生产经营单位主要负责人负责组织编制和实施本单位的应急预案，并对应急预案的真实性和实用性负责；各分管负责人应当按照职责分工落实应急预案规定的职责。

根据水表装修作业的实际危害程度，列举了某工厂的一些专项应急预案以供参考：

1）电器受潮

检定水表时偶尔出现操作失误导致的喷水现象，因管网压力在瞬间被释放，将喷水点周围的设备、电器开关等打湿，极有可能导致漏电、电器故障等安全事故，如发生此类事件，现场人员应立即关闭车间总电闸，关闭进水闸门，并第一时间上报安全员和主管科室，待相关人员确认安全后，方可进入车间操作检表。

2）断水

① 预防措施，科室人员关注停水通知，发现有相关信息及时上报科室领导。提前做好生产检定工作的计划和安排，错时工作确保进度不受影响。

② 突发断水情况时，工作人员及时关闭所用装置进水阀，并立刻上报科室领导，由科室领导和组长协同安排停水期间工作以及来水以后的生产检定任务。如果当天不能恢复供水，下班前需放光检定装置管道内积水（尤其是冬天）。

3）断电

① 预防措施，科室人员关注停电通知，发现有相关信息及时上报科室领导。提前做好生产检定工作的计划和安排，停电当天不进行需要使用行车的大表生产检定工作，其他任务错时进行确保进度不受影响。

② 突发断电情况时，立刻上报科室领导，及时关闭本组总电闸，检定工作人员关闭所用装置进水阀。由科室领导和组长协同安排停电期间工作以及来电以后的生产检定任务。如果当天不能恢复供电，需放空检定装置管道内的积水（尤其是冬天）。

③ 电动行车在使用中突发断电情况时，需在行车周围安放警示标识，确保无人靠近直至恢复供电为止。

4）设备故障

① 发现检定设备出现故障时，检定工作人员及时关闭所用装置进水阀，并汇报组长。行车出现故障时检定工作人员需在行车周围安放警示标识，并汇报组长。设备故障统一由组长报修。

② 在设备维修期间，为确保不会误用故障设备，需在故障设备上挂维修标识。

③ 故障设备维修好后，需经维修工作人员确认后方可投入使用。

5）质量问题（略）

6）人员缺失（略）

12.6　安全文明生产

（1）定义

安全生产是指在生产经营活动中，为了避免造成人员伤害和财产损失的事故而采取相应的事故预防和控制措施，使生产过程在符合规定的条件下进行，以保证从业人员的人身安全与健康，设备和设施免受损坏，环境免遭破坏，保证生产经营活动得以顺利进行的相关活动。而文明生产是指企业运用科学方式，创造一个保证质量的内部条件和外部环境。内部条件主要指生产要节奏，要均衡生产，物流路线的安排要科学合理，要适应于保证质量的需要；外部条件主要指环境、光线等有助于保证质量。生产环境的整洁卫生，包括生产场地和环境要卫生整洁，光线照明适度，零件、半成品、工夹量具放置整齐，设备仪器保持良好状态等。

没有起码的文明生产条件，企业的质量管理就做不好。安全文明生产是安全生产和文明生产的有机结合与灵活运用。

（2）意义

安全文明生产的意义重大，具体体现在：

1）有利于安全管理体系的建立和完善。

安全文明建设包括了物质层、制度层和精神层三个层次，把人、机、环境有效地统一协调起来，达到人、机、环境的和谐。安全文明建设强调制度建设，有利于安全规章制度的建立、完善和落实。

2）有利于弥补生产力水平、技术装备存在的缺陷。

3）规范职工安全生产行为，营造浓厚的安全生产氛围。

人不仅是安全管理的主体，而且是安全管理的客体。在安全生产的人、机、环境三要素中，人是最活跃的因素，同时在导致事故主要因素，扮演着主导角色。因此，能否做到安全生产关键在人。能否有效地消除事故，取决于人的主观能动性，取决于人对安全工作的认识、价值取向和行为准则，取决于职工对安全问题的个人响应与情感认同。而安全文明建设的核心就是要坚持以人为本，全面培养、教育和提高人的安全文化素质，完全符合安全生产工作规律。同时，通过人性化安全活动的开展，能够营造"关注安全、关爱生命"的良好氛围。

4）提高企业安全管理的水平和层次，树立良好的企业形象。

安全管理由经验型、事后型的传统管理向依靠科技进步和不断提高员工安全文明素质的现代化安全管理转变，是安全管理的发展趋势。安全文明是一种新型的管理形式，它区别于传统安全管理形式，是安全管理发展的一种高级阶段，其特点就是将安全管理的重心转移到提高人的安全文明素质上来，转移到以预防为主的方针上来。通过安全文化建设提高职工队伍素质，树立职工新风尚、企业的新形象，增强企业的核心竞争力。

（3）安全文明生产原则

安全文明生产是企业管理工作的一个重要组成部分。同时也是企业安全生产的基本保证，体现着企业的综合管理水平，文明的生产环境是实现职工安全生产的基础。其具体内容如下：

1）"以人为本"原则。即要求在生产过程中，必须坚持"以人为本"的原则。在生产与安全的关系中，一切以安全为重，安全必须排在第一位。必须预先分析危险源，预测和评价危险、有害因素，掌握危险出现的规律和变化，采取相应的预防措施，将危险和安全隐患消灭在萌芽状态。

2）"谁主管、谁负责"原则。即安全生产的重要性要求主管者也必须是责任人，要全面履行安全生产责任。

3）"管生产必须管安全"原则。即指企业各级领导和全体员工在生产过程中必须坚持在抓生产的同时抓好安全工作。他实现了安全与生产的统一，生产和安全是一个有机的整体，两者不能分割更不能对立起来，而是应将安全寓于生产之中。

4）"安全具有否决权"原则。即安全生产工作是衡量管理工作的一项基本内容，它要求对各项指标考核，评优创先时首先必须考虑安全指标的完成情况。安全指标没有实现，即使其他指标顺利完成，仍无法实现项目的最优化，安全具有一票否决的作用。

5）"三同步"原则。即安全生产与经济建设、深化改革、技术革新同步规划、同步发展、同步实施。

6）"四不放过"原则。即事故原因未查清不放过，当事人和群众没有受到教育不放过，事故责任人未受到处理不放过，没有制订切实可行的预防措施不放过。

7）"五同时"原则。即企业的生产组织及领导者在计划、布置、检查、总结、评比生产工作的同时，同时计划、布置、检查、总结、评比安全工作。

参 考 文 献

[1] 李书堂. 电工基础（第三版）[M]. 北京：中国劳动社会保障出版社，2001：2-78

[2] 李玉柱，苑明顺. 流体力学（第2版）[M]. 北京：高等教育出版社，2008：1-150

[3] 詹志杰. 水表（第1版）[M]. 北京：中国计量出版社，2008：42-60、70-76、87-114、174-180

[4] 董守椿、洪恩钊. 水表与供水计量（第1版）[M]. 北京：中国城镇供水协会供水计量仪表专业委员会，1992：25-64、140-147

[5] 钱高龙、倪德良. 塑料应用指南（第1版）[M]. 北京：轻工业出版社，1987：32-45、151-155

[6] 机械工业技师考评培训教材编审委员会编制，金属材料及加工工艺（第1版）[M]. 北京：机械工业出版社，2004：1-5、164、181-210

[7] 刘文华、赵建军. 企业安全生产管理 [M].

[8] 孙春雷、刘继兵. 计量技术与计量管理基础 [M].（计量技术与计量管理人员培训教材）